# 山地城市设计的重庆实践（2006—2016）

重庆市规划设计研究院　编著

中国建筑工业出版社

# 序 言

重庆是一座具有鲜明三维立体特征的山水之城，独特的自然环境与社会经济条件，使重庆人更早地意识到，在城市的规划和建设中，需要更加注重因地制宜，借助城市设计的手段来构建城市空间秩序，实现城市与山水环境的融合协调。十年前，重庆市大部分远郊区县仍处于城镇化发展初期，开发建设势头迅猛，为进一步彰显城市风貌特色，避免在快速发展中出现对山水的遮挡破坏，2005年3月，根据市政府要求，以及对《重庆市规划局关于开展我市重要地区规划设计工作的请示》的重要批示，我局成立了区县重要地区规划设计领导小组办公室，启动了远郊区县重要地区城市设计工作。

为保证城市设计成果质量，我局采用了方案征集的方式，遵循公开、公平、择优的原则来选拔技术实力较强的设计承担单位；为规范方案征集工作，我局还出台了《重庆市区县重要地区规划设计编制单位征集办法》、《重庆市城市设计编制技术导则》等系列文件；在方案论证过程中，注意集思广益，群策群力，广泛汇集区县政府、专家以及管理人员等各方意见。工作机制的逐步建立与完善，推动了城市设计工作有条不紊的长期开展，并在全国规划业界产生了良好的反响。重庆区县重要地区城市设计工作自2005年启动以来一直持续到今天，其规模、持续性和系统性在国内城市设计领域独树一帜。10年间，我局共组织开展了117个远郊区县城市设计项目，其中，总体城市设计31个，覆盖面积1235.31平方公里，涉及涵盖22个区县；详细城市设计86个，覆盖面积211.32平方公里，涉及30个区县。项目完成后，有70%以上的成果在各类评比中获奖。据不完全统计，先后有112家国内外设计单位报名参加城市设计方案征集，其中建筑或规划甲级单位有97家，包括中国城市规划设计研究院、重庆市规划设计研究院、江苏省城市规划设计研究院、清华同衡规划设计研究院、上海同济城市规划设计研究院、重庆大学城市规划与设计研究院、天津大学城市规划设计研究院等。经过十年的努力，城市设计观念和意识已在区县深入人心，城市设计提出的控制要求在管理中也逐渐受到重视和实施应用。城市设计成果还转化到区县相关法定规划中，在优化城市空间秩序，提升城市环境品质和土地价值，增强城市魅力和市民的归属感等方面发挥了重要作用。

这本《山地城市设计的重庆实践（2006—2016）》收录了2006～2016年期间我局组织开展的重庆远郊区县部分具有代表性的城市设计成果，包括总体城市设计18项，详细城市设计36项。我们从项目背景、设计构思、设计结构、设计要点四方面对各项设计的主要内容进行了归纳，文中的图纸完全从原城市设计成果中选取，以充分呈现项目原有的特色。我们希望通过这本书的出版，真实记录过去十年间重庆在山地城市设计领域的探索历程，并以此作为未来开展城市设计的基础与借鉴。

回顾十年来取得的累累硕果，我要衷心感谢市领导对城市设计工作的高度重视与鼎力支持，衷心感谢为此项工作付出了辛勤汗水的领导、专家、管理人员和设计人员。当前，城市设计的重要性已为社会所广泛共识，2017年4月，住房和城乡建设部颁布了《城市设计管理办法》，这标志着我国城市设计工作正式步入城市规划的规范化体系。我们相信，在总结经验的基础上，重庆城市设计工作也必将在更广阔的地域更加深入地开展。

我们从未停歇，探索的脚步正不断前行!

重庆市规划局局长

2017年6月

## 总体城市设计篇



## 详细城市设计篇

附录



后记

# 总体城市设计篇

# COMPREHENSIVE URBAN DESIGN

总体城市设计是对城市风貌特色塑造、自然山水格局保护、城市形态格局优化、公共空间体系构建等的总体谋划与设计，也是从整体层面护山、理水、展文的有效途径。由于各区县城区空间范围相对较小，相比重庆主城区而言，更有条件、也更便于从总体层面进行把控，因此，从2006年城市设计工作开展初期，重庆市规划局就将总体城市设计作为了一种主要的城市设计类型。

从2006年到2016年的10年间，重庆市规划局依托区县重要地区规划设计领导小组办公室共组织开展远郊区县的总体城市设计31项，编制面积达1235平方公里，覆盖22个区县，本书选取了其中17项具有代表性的项目进行介绍。

从总体城市设计的编制思路与技术方法演变而言，大致经历了以下三个阶段：

一是从2006年到2013年的探索尝试阶段。工作开展初期，国内对覆盖整个城区或整个片区这样大范围的城市设计研究还比较少，因而编制总体城市设计具有极大的探索性质。虽然在2004～2006年两年间，重庆主城已经开展了“重庆都市区总体城市设计研究”工作，对区县总体城市设计工作有一定的指导意义，但由于研究尺度的巨大差异，无法进行照搬，再加之当时详细城市设计编制经验相对丰富，形成了一定的惯性思维和方法，因而导致最初的总体城市设计类似在更大范围内开展的详细城市设计，成果中常常采用大尺度的建筑总平面布局、示意性的大场景效果图等表现方式。从某种程度上而言，它适应了当时的社会经济发展需要，对城市拓展新区土地价值的提升发挥了积极作用，但对法定规划编制的指导作用相对较弱，与规划管理实施的结合度不足。2007年7月，重庆市规划局印发了《重庆市城市设计编制技术导则（试行）》，技术导则明确提出：总体城市设计的主要任务是从宏观上研究确定城市空间的总体形态，提出改善城市景观形象和空间环境质量的总体目标，构建富有特色的城市空间形态格局与人文活动场所的总体框架。此后，总体城市设计与详细城市设计逐渐从编制目的、内容、深度、表达方式等方面拉开差别。这一时期的总体城市设计更加关注空间格局、系统结构等宏观、中观层面的内容，对区县总体规划、控制性详细规划的编制工作起到了一定的指导作用，也通过一系列城市设计成果的推出，使社会逐渐认识到了自然山水、社会人文等要素对城市的重要性。但该阶段的总体城市设计控制要求较为原则，项目多偏研究性质，较少在设计中提炼刚性控制要求，主要是作为区县城市规划与建设的参考。

二是从2013年到2015年的优化完善阶段。为了进一步增强总体城市设计对法定规划编制和规划实施的指导作用，2013年以来，对总体城市设计的编制思路和方法作了进一步优化完善。鉴于在城市总体规划中，城市的总体空间结构、用地布局、绿地、道路系统等已经多方论证得到审批明确，因此，提出总体城市设计的重点首先是对规划中比较薄弱的城市特色、文化传承、景观风貌等方面内容进行深化与设计。其次，由于总体规划受编制年限，以及人口、用地规模等因素的限制影响，无法对远景用地拓展边界进行划定控制，难以协调以滨水临山为主要环境特征的区县城在城市建设用地增长边界与自然山水保护边界方面的冲突与矛盾，因此，市规划局要求，总体城市设计应参考主城区“四山”管控规划方法，借助等高线或其他明确界限，划定自然山水的生态保护红线，并对山体周边协调区提出管控要求。另外，由于总体城市设计编制范围较大，难以面面俱到，如何做到重点明确、特色鲜明、有的放矢是一个难点。在编制实践中发现，城市空间存在均质部分与特质部分，其中特质部分往往成为城市形象的缩影，也最能彰显城市的特色。因此，市规划局要求，总体城市设计应准确挖掘各区县自身的特色，提取归纳各系统中公共性最强、最能体现城市特色的空间要素，并制定有针对性的刚性控制要求。其中，总结提炼的“划定特色空间要素范围”的思路，与近期住房和城乡建设部出台的《城市设计管理办法》中提出的“划定城市设计重点地区”，可谓异曲同工，是该阶段在设计实践方法上的一项重要突破。

三是2016年以后的拓展提升阶段。通过多年的探索与实践，总体城市设计的思路与方法逐渐趋于成熟。与此同时，国家层面也将城市设计的重要性提升到新的高度，出台了《城市设计管理办法》、《城市设计技术导则》等一系列文件，进一步明确了总体城市设计的任务与重点内容。可以认为，2016年既是对先前创新探索的固化与总结，又是对新形势、新要求贯彻与落实的新开端。当前，区县总体城市设计在延续原有编制经验的同时，更加注重了城市的特色挖掘与问题分析，在总体管控要求的前提下，明确需要下一步开展专项城市设计的对象，划定城市设计重点地区、地段，为下阶段详细城市设计的开展提供设计范围和方向的依据与指导。

# 黔江区正阳组团总体城市设计

## *Comprehensive Urban Design Of Zhengyang, Qianjiang*

### 一、项目背景

黔江区位于重庆市东南部，地处武陵山腹地、渝鄂边区结合部，是重庆市乃至西部地区进入东南沿海陆上通道的重要门户。正阳组团地扼黔江区的东南大门，国道319线从组团边缘西侧和西南侧通过，渝怀铁路黔江火车站和渝湘高速公路黔江区内唯一下道口位于组团南部，城市设计区域面积10.17平方公里，由重庆市规划设计研究院于2008年担纲完成。

现状土地利用规划图

**总体城市设计范围内规划土地利用汇总表**

| 序号 | 用地名称 | | 用地代码 | 面积（$hm^2$） | 占城建用地（%） |
|---|---|---|---|---|---|
| 1 | 居住区用地 | | R | 392.41 | 46.57 |
| | 其中 | 一类居住用地 | R1 | 156.74 | 18.60 |
| | | 二类居住用地 | R2 | 216.55 | 25.70 |
| | | 中小学用地 | R22 | 19.12 | 2.27 |
| 2 | 公共设施用地 | | C | 85.52 | 10.15 |
| | 其中 | 商业金融用地 | C2 | 56.24 | 6.67 |
| | | 文化娱乐用地 | C3 | 14.19 | 1.68 |
| | | 体育运动设施用地 | C4 | 4.73 | 0.56 |
| | | 医疗卫生用地 | C5 | 10.36 | 1.23 |
| 3 | 道路广场用地 | | S | 141.44 | 16.79 |
| | 其中 | 道路用地 | S1 | 126.67 | 15.03 |
| | | 广场用地 | S2 | 14.77 | 1.75 |
| 4 | 市政公用设施用地 | | U | 1.05 | 0.12 |
| 5 | 对外交通用地 | | T | 1.91 | 0.23 |
| 6 | 工业用地 | | M | 123.17 | 14.62 |
| 7 | 绿化用地 | | G | 97.13 | 11.53 |
| | 其中 | 公共绿地 | G1 | 74.75 | 8.87 |
| | | 防护绿地 | G3 | 22.38 | 2.66 |
| 合计 | 城市建设用地 | | | 842.63 | 100.00 |
| | 城市非建设用地 | | | 174.51 | |
| 总计 | 规划区面积 | | | 1017.14 | |

建筑高度控制图

## 二、设计构思

正阳组团定位为城市东进的重要拓展区，带动黔江区发展的新兴增长极，集居住、旅游接待、行政服务、现代工业物流、对外交通、文教科研于一体的综合性的城市新区。基于对现状与未来发展潜力的综合分析研究，正阳组团城市设计主题确立为“绿色正阳、民族乐园”。“绿色正阳”通过对基地现状生态环境要素的保护、破碎地形的生态化处理、绿色步行系统的构建来实现；“民族乐园”则通过人文内涵、建筑风貌、景观营造展示等方面来实现。

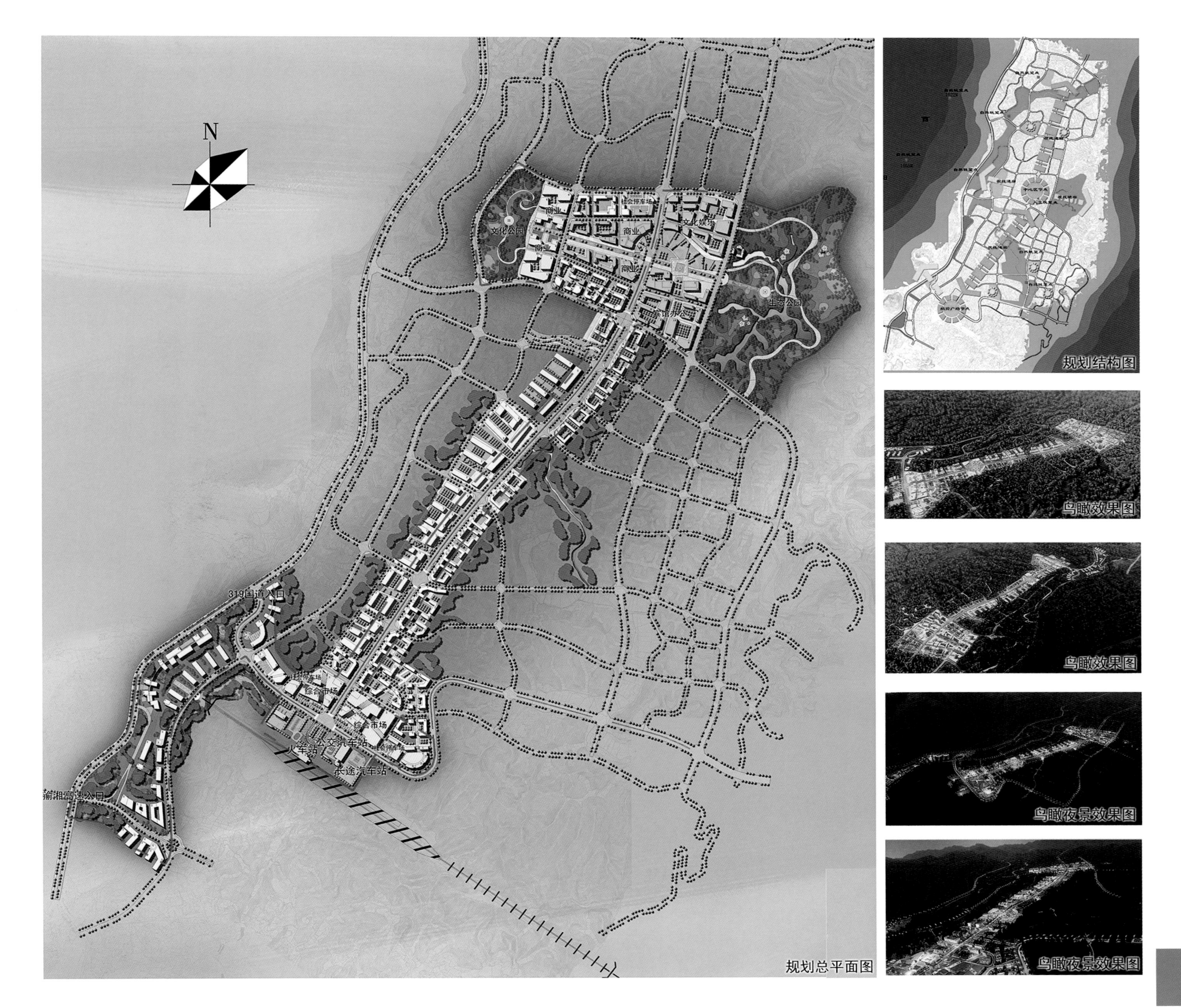


规划总平面图

规划结构图

鸟瞰效果图

鸟瞰效果图

鸟瞰夜景效果图

鸟瞰夜景效果图

# 黔江区正阳组团总体城市设计

*Comprehensive Urban Design Of Zhengyang, Qianjiang*

三、空间结构

方案借鉴生物学的细胞结构，利用正阳组团内网络状的生态系统将规划区有机划分为“五区七片”，各风貌区主导功能明确，空间布局相对独立，网络状的生态系统则是城市“细胞”之间的“细胞液”，每个“细胞”都有自己的细胞核。方案基于对基地特质的深入解读和发掘，表达了创造一个舒适优美特色城区的愿景和诗情画意，同时，方案环境脉络易于识别、功能配置合理高效、交通通畅层次清晰，体现了实用规划和理性开发的思想。

效果图

效果图

效果图

四、主要内容

设计方案从绿色步行系统、建筑风貌、开敞空间、绿地系统、景观视廊、道路交通、开发强度、建筑高度、建筑色彩、建筑界面、民族风情传承等方面展开。方案充分结合了地形地貌与周边自然环境条件，实现了对生态环境的保护和城市与自然的融合，基于对区域历史和现实背景的分析研究，以管控建筑风貌强化与整体环境协调为抓手，较好地彰显了“绿色正阳、民族乐园”的设计主题。

效果图

效果图

效果图

# 黔江区总体城市设计

*Comprehensive Urban Design Of Qianjiang, Chongqing*

一、项目背景

黔江区定位为渝东南地区的唯一区域性中心城市，重庆市“一圈两翼”中心城市，渝鄂湘黔四省市交通枢纽、产业集聚中心和公共服务中心。城市设计区域面积5平方公里，由哈尔滨工业大学深圳研究生院于2010年担纲完成。

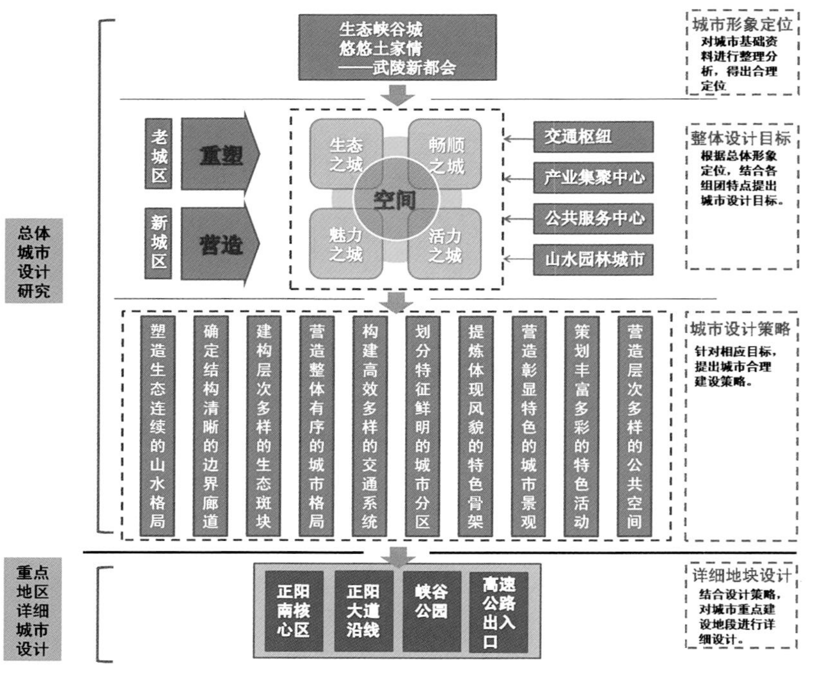


黔江区位分析

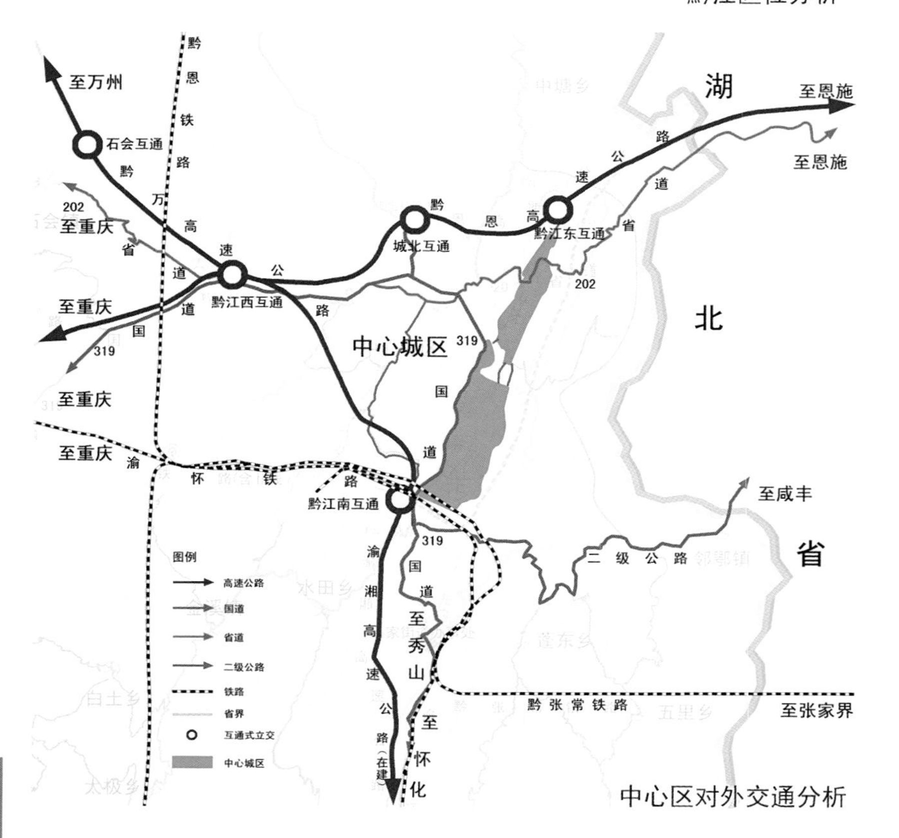


中心区对外交通分析

黔江自然风光

老城区俯瞰图

老城区俯瞰图

## 二、设计构思

总体城市设计分为两个层次，第一个层次是对黔江中心城区城市空间结构的总体把握。根据城市发展战略的内在需求，针对城区建设的现状问题，建立把握黔江中心城区整体空间结构的四个目标：生态之城、秩序之城、魅力之城、活力之城，通过达成四个目标来实现“生态峡谷城，悠悠土家情——武陵新都会”的城市发展定位。第二个层次是在城市设计总体引导下，针对四个目标提出设计策略，即在城市总体发展方向指导下，对各具体城市要素进行控制。

正阳南效果图

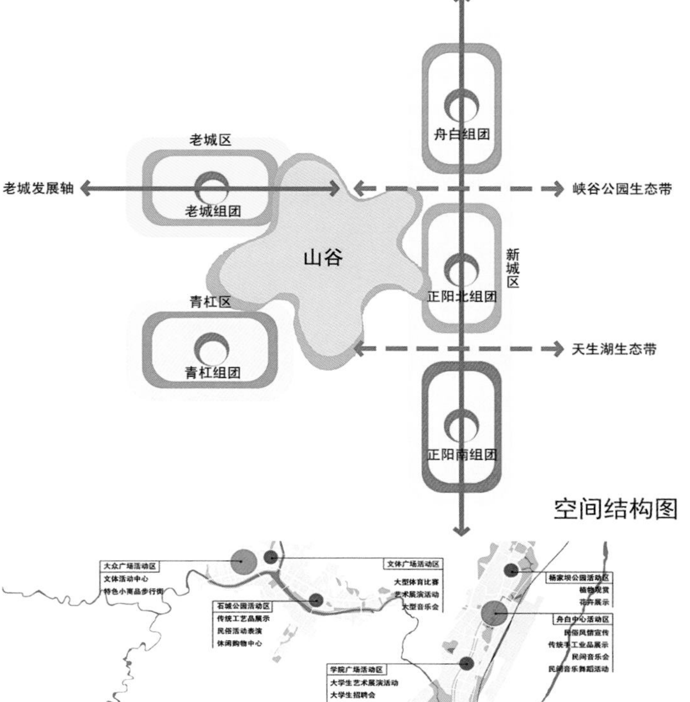


空间结构图

舟白效果图

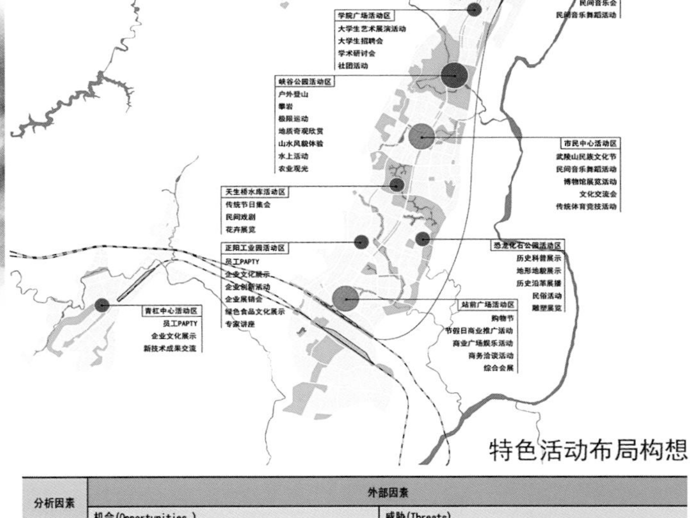


特色活动布局构想

| 分析因素 | 外部因素 | |
|---|---|---|
| | 机会(Opportunities ) | 威胁(Threats) |
| 发展战略 | 西部大开发战略为黔江的发展带来巨大的潜力和机遇 | 目前城镇化水平低，在重庆市各区中处于落后地位 |
| | 依据重庆市建立国家统筹城乡综合配套改革试验区的目标，将把黔江建设成为重庆市东南部地区和武陵山区的重要增长极 | 对于新建的主城区，面临着如何聚集人气和吸引投资的关键性问题 |
| 地理区位 | 黔江区位于重庆“一圈两翼”的东南翼上，是渝、鄂、湘、黔四省市的结合部，素有“渝鄂咽喉”之称，同时也是武陵山区的中心城市之一 | 区位相对偏远，地处四川盆地盆周山地区域，地形地貌复杂，部分地区为地质灾害易发区，建设成本高 |
| 自然资源 | 周边地区自然资源丰富，有小南海、武陵仙山、阿蓬江等景区，资源品位较高 | 各景区相对分散且距城区较远，不利于组织旅游路线 |
| | 有良好的生态植被，主城区东侧分布有阿蓬江生态空间、自然丘陵林地生态空间，西侧为酉阳山生态空间，为建设森林城市和新城绿地系统创造了有利的条件 | 黔江山区土地瘠薄，缺乏大江大河，自净能力差，总体生态环境脆弱；黔江河污染日趋严重 |
| 人文资源 | 黔江区是以苗族、土家族为主的少数民族聚集地区，拥有歌舞、手工艺品等丰富多彩的民俗文化和艺术精华 | 人文资源未能在城市空间中充分利用，而在现代价值观的影响下，土家族、苗族的一些非物质文化遗产遭受破坏，甚至走向消亡 |
| 交通资源 | 将形成以渝怀铁路为主轴的铁路网和“三环四通”的骨架公路网络形态，加上舟白机场的建设，使黔江中心城区成为渝东南地区的交通门户 | 受地形地貌影响，交通建设投入成本高，周期长 |

老城区俯瞰图

三、空间结构

黔江区整体呈现多中心、多组团的城市空间结构，在城市峡谷的分割下形成了一城三片区的城市格局，每个片区依山就水而建，通过道路、铁路、隧道相互联通，依照自然山体、水系走势，形成黔江河水系—峡谷公园和天生桥水库这两个生态带，以及老城区东西横向、新城区南北纵向的两条城市发展轴，城市格局通过“峡谷引导、三区五组团共荣、山水相拥、双轴联动”等策略加以强化。

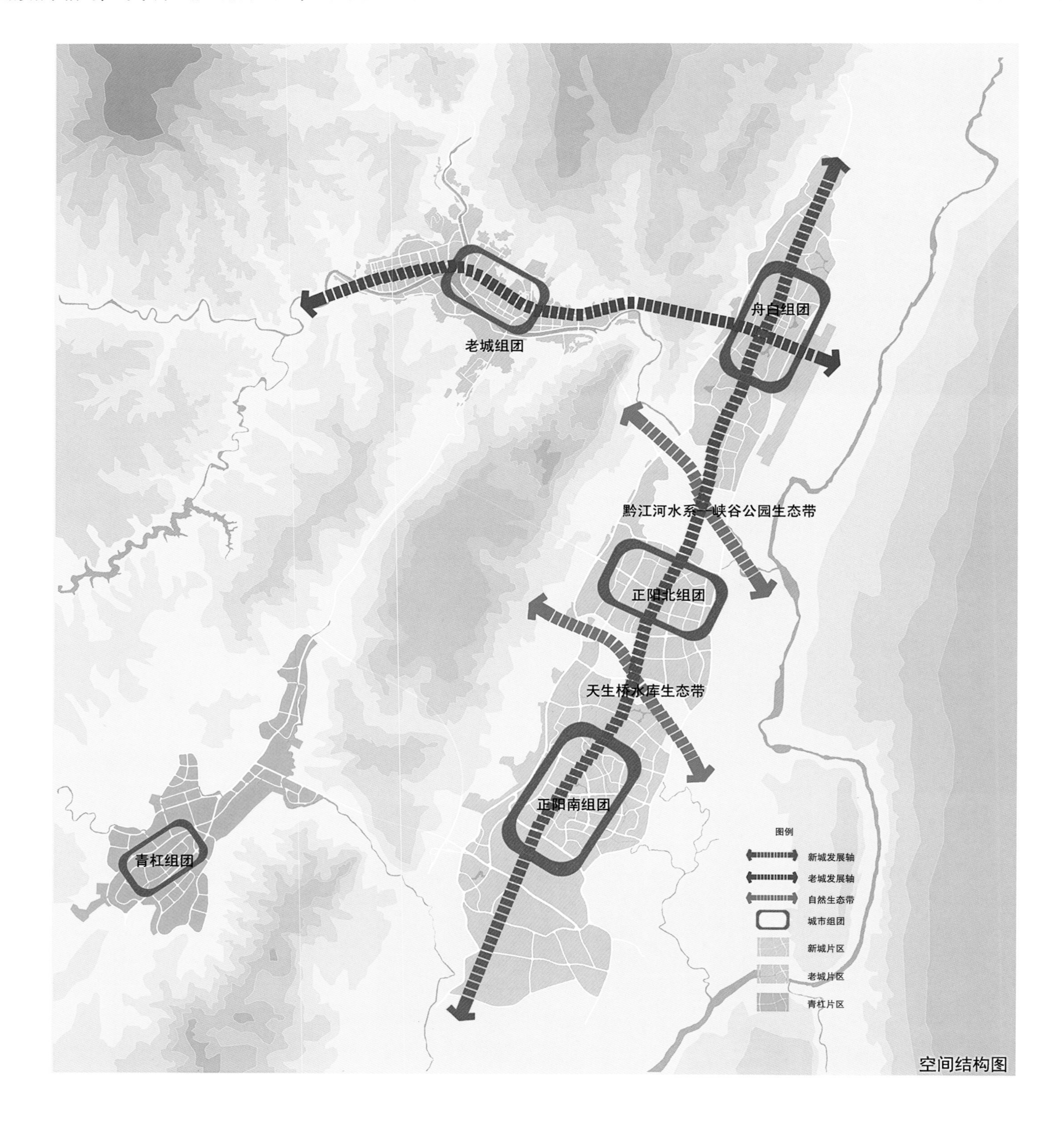


空间结构图

四、主要内容

设计方案从塑造生态连续的山水格局、确定结构清晰的边界廊道、建构层次多样的绿地斑块来打造生态之城；从营造特色鲜明的城市格局、构建多重高效的交通系统来演绎多心辉映的秩序之城；从提出特征鲜明的城市分区、提炼展现风貌的特色骨架、营造彰显特色的城市景观来打造形象良好的魅力之城；通过策划丰富多彩的特色活动、营造层次多样的公共空间，构筑独具风情的活力之城。

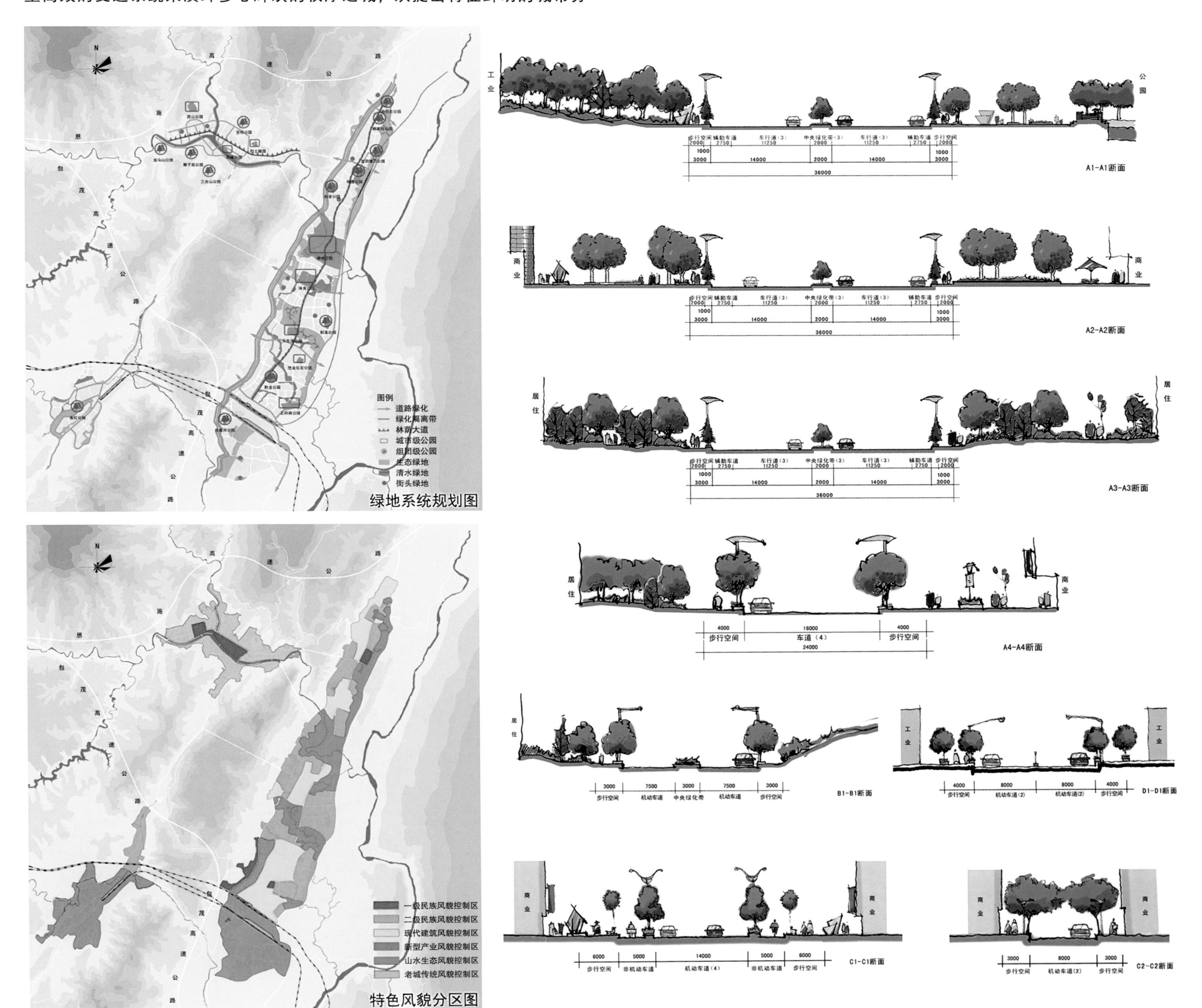

# 合川区中心城区总体城市设计

*Comprehensive Urban Design of Central Area in Hechuan, Chongqing*

## 一、项目背景

合川区地处重庆市西北部，距重庆主城区56公里，是重庆知名旅游城市和生态宜居江城，也是重庆北部增长极和区域性中心城市。为提升合川区城市形象，传承城市悠久历史文脉，增强旅游城市意象，特编制本次城市设计。城市设计范围以嘉陵江、涪江交汇处为中心向外扩展，包含合阳、南屏、东渡、东津沱、小安溪、大学城、花滩片区在内的区域，总面积约94.42平方公里，其中建设用地面积约40.92平方公里，由林同棪国际工程咨询（中国）有限公司于2016年担纲完成。

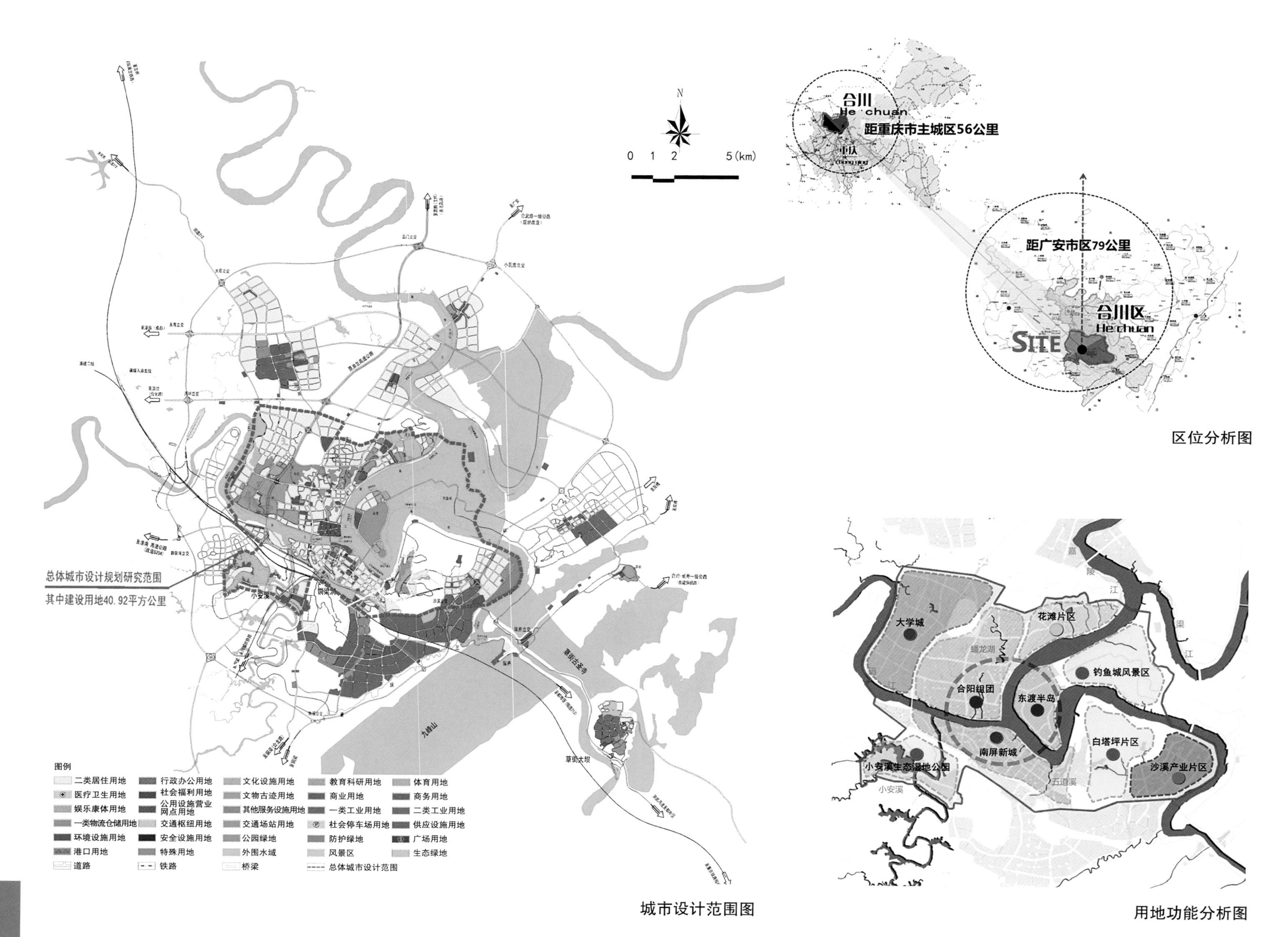


城市设计范围图

区位分析图

用地功能分析图

二、设计构思

设计方案以“水蕴翠城、古韵秀城”为设计愿景，提出了彰显气质、丘绵川汇秀城，以人为本、宜居活力合川，传承历史、古韵彩润名都的目标，并提出了三大设计策略：一是清山·活水，梳理山水格局，确定空间脉络；二是悦城·塑区，丰富强化片区风貌特色；三是彰文·游故，挖掘人文底蕴，建构游览系统。

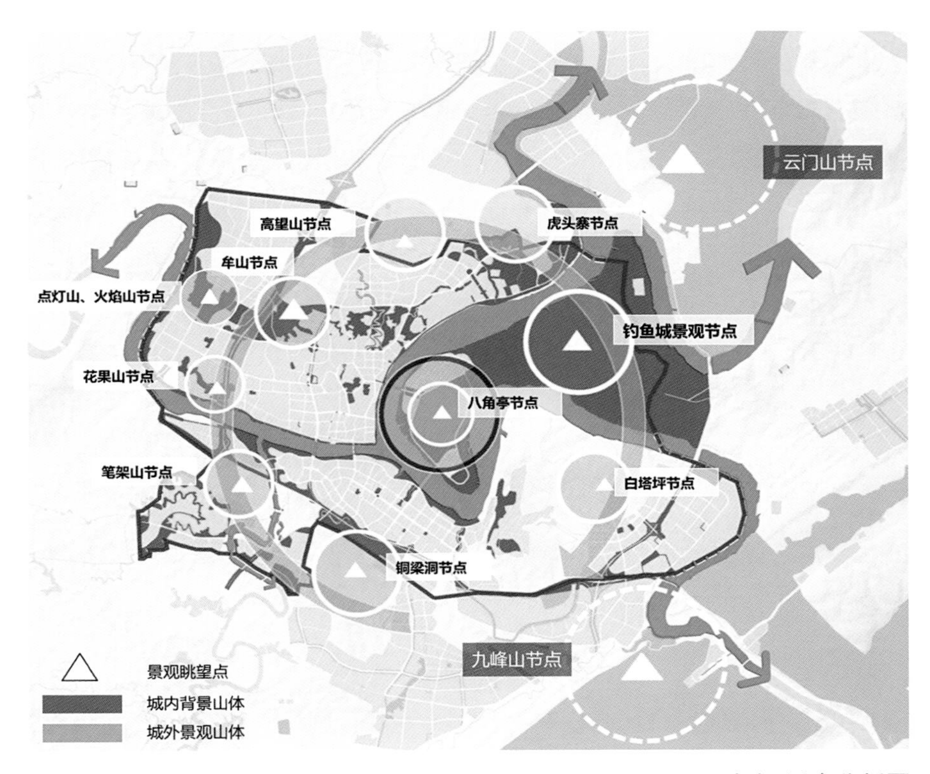


清山•活水分析图

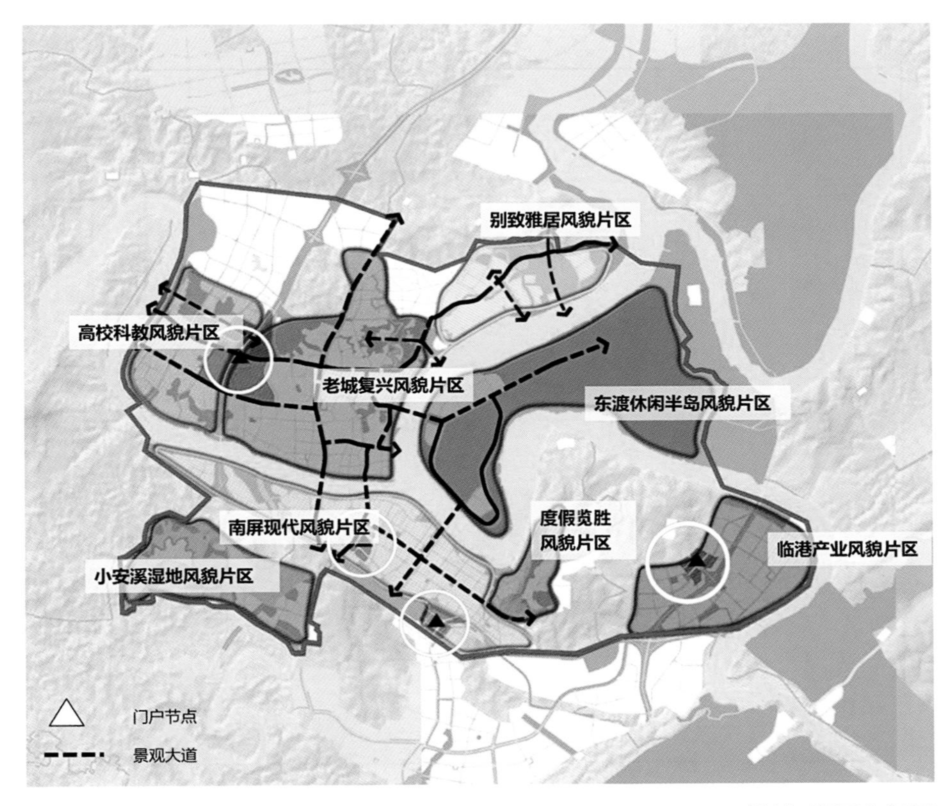


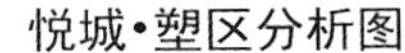

悦城•塑区分析图

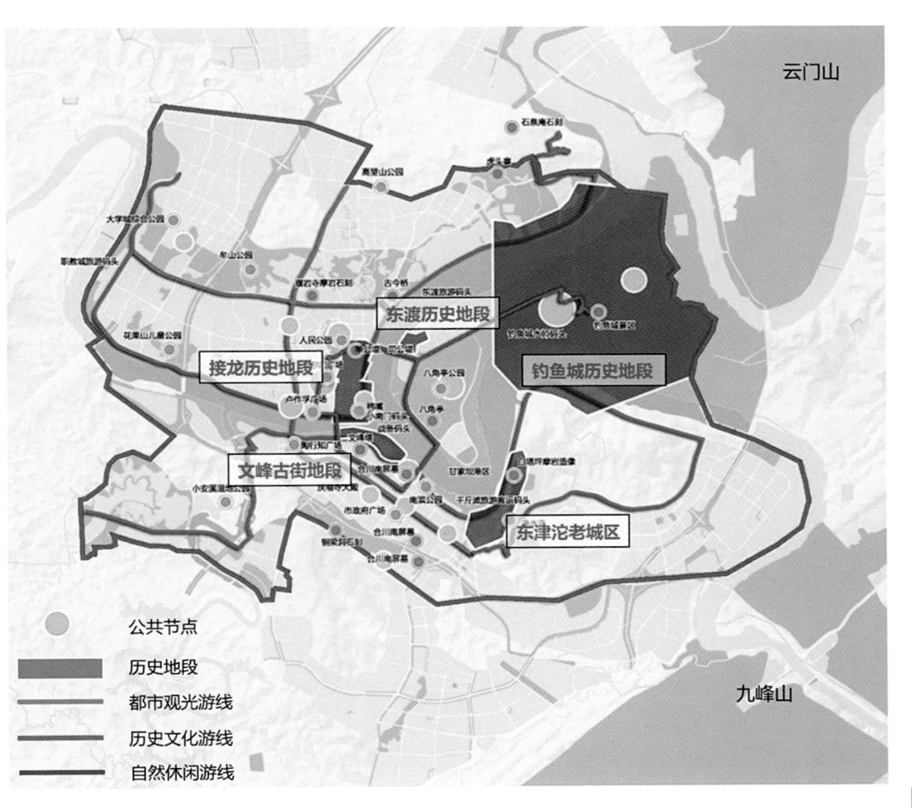


彰文•游故分析图

# 合川区中心城区总体城市设计

*Comprehensive Urban Design of Central Area in Hechuan, Chongqing*

三、空间结构

方案依据合川的山、水、城、文特质构建了“九山四丘东高台，三江并汇安溪徊，节点门户秀合颜，古韵漫道串城连”的总体空间结构。“九山”：中心城区内的铜梁洞、笔架山、花果山、牟山、点灯山、火焰山、高望山、八角亭、虎头寨；“四丘”：人民公园、纯阳山、陶坪贡、狮子岩；“东高台”：钓鱼城与白塔坪；“三江并汇”：涪江、嘉陵江、渠江于合川中心城区交汇；“安溪徊”：小安溪于中心城区西南侧蜿蜒流淌；“节点门户”：大学城立交、渝合高速立交、合川火车站、沙溪立交等城市重要交通门户；“古韵”：反映合川厚重历史底蕴的历史景区、历史地段、文物古迹以及老城传统街区等；“漫道”：遍布中心城区山体、水岸、街区的步行、骑行慢道。

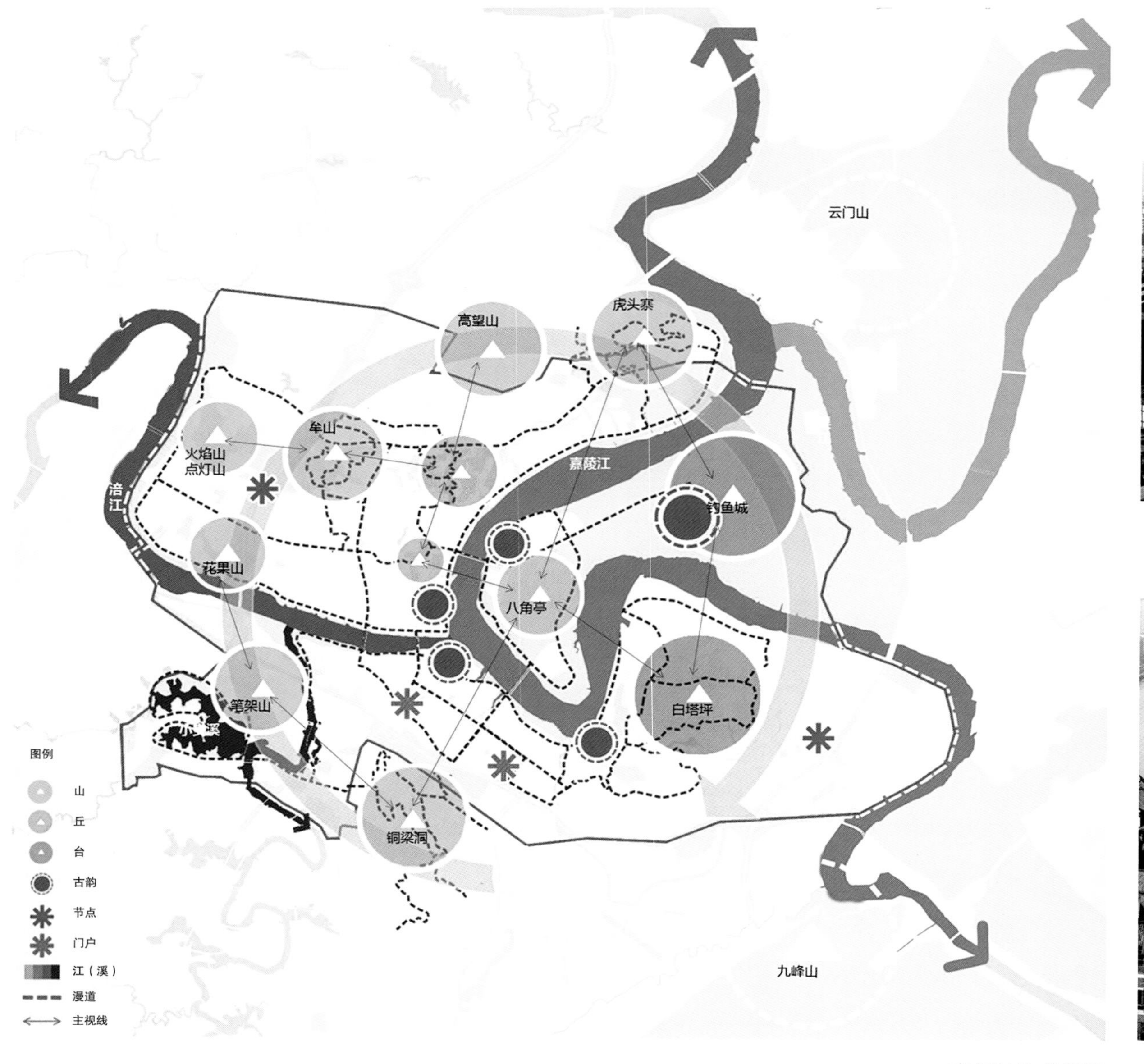


空间结构分析图

合川现状照片

四、主要内容

设计方案从要素控制和风貌引导控制两方面展开。要素控制包括青山景台、三江一河、节点门户、古韵漫道四大要素。青山景台：通过划定城市建设用地中山体生态保护界线、眺望景观平台规模范围，预留眺望景观通廊，强化山城风貌意象。三江一河：对江、河、支流岸线及周边用地进行控制，打造三江风光带，保护、提升滨水空间景观环境品质。节点门户：选取从城市外部进入城市内部的形象展示重点区域，通过塑造迎宾节点、交通之门、智慧节点、展望之门四个风格各异、特色彰显的标志性城市节点，强化城市外部至城市内部景观序列开端意向。古韵漫道：将穿越山林、水体、城市的休闲慢道系统线路和历史景区、街区、文物古迹结合起来，使市民在享受健康生活的同时，充分感知合川深厚的历史人文特色；运用保护协调、传承延续、创新再造、古迹亮显、文化注入等多种策略方式，实现合川历史文化资源的“新旧共荣”。风貌引导控制包括风貌分区、建筑风格、建筑色彩、城市天际轮廓线等内容的控制。

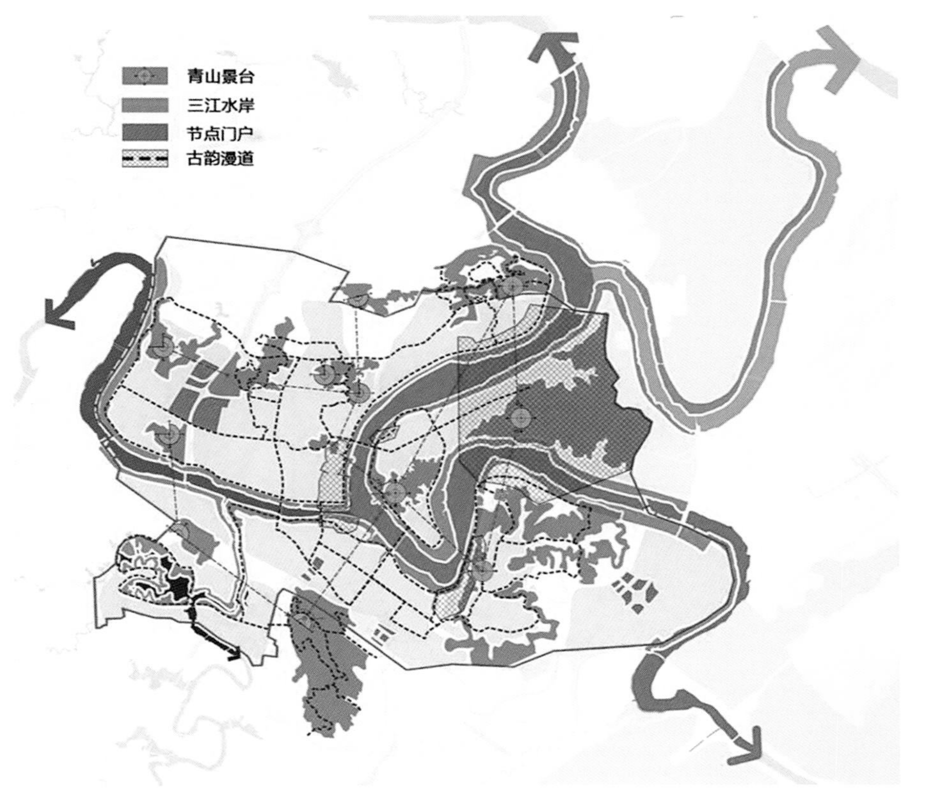


要素控制总图

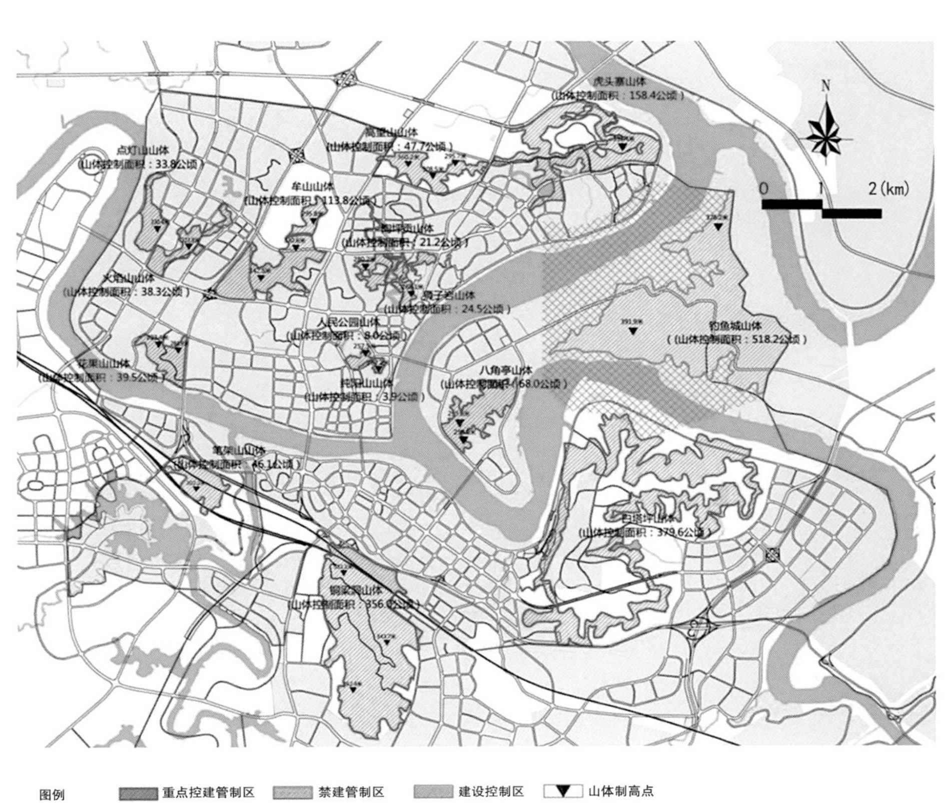


青山景台控制总图

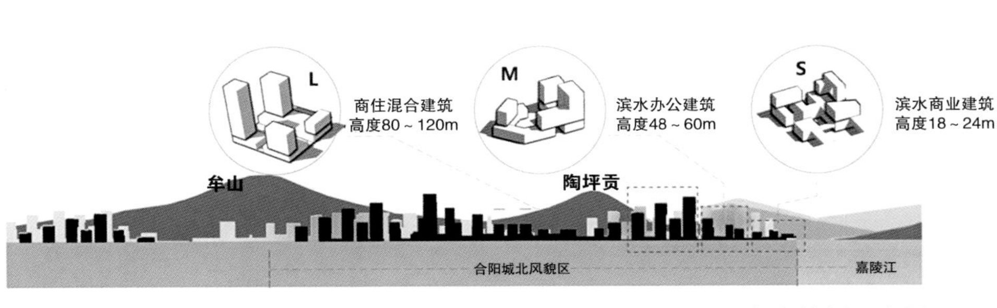


高度控制示意图

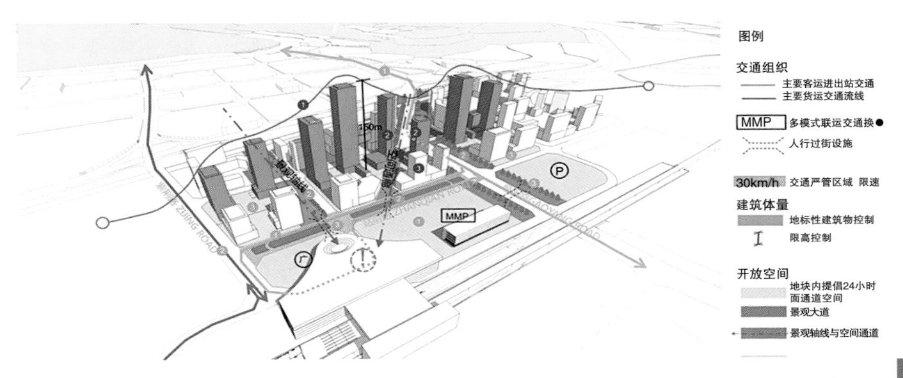


节点门户控制示意图

# 永川区新城区总体城市设计

*Comprehensive Urban Design of New Area in Yongchuan, Chongqing*

一、项目背景

永川区位于重庆市西南部，是重庆西部和川东地区重要的商贸物资集散中心和陆路交通枢纽。永川区新城区位于成渝高速路城市入口区，地势较平坦。为体现永川区在川渝经济带上的区域中心城市地位，促进城市发展建设，保护城市自然山水形态，构建和谐优美的城市空间，突出其文化及职教产业职能，特编制本次城市设计。城市设计区域面积约12.46平方公里,由重庆市规划设计研究院于2007年担纲完成。

城市设计总平面图

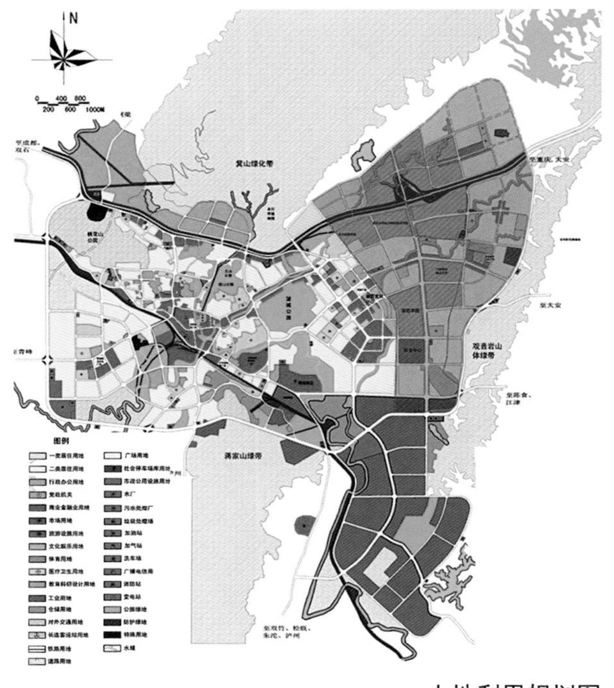


土地利用规划图

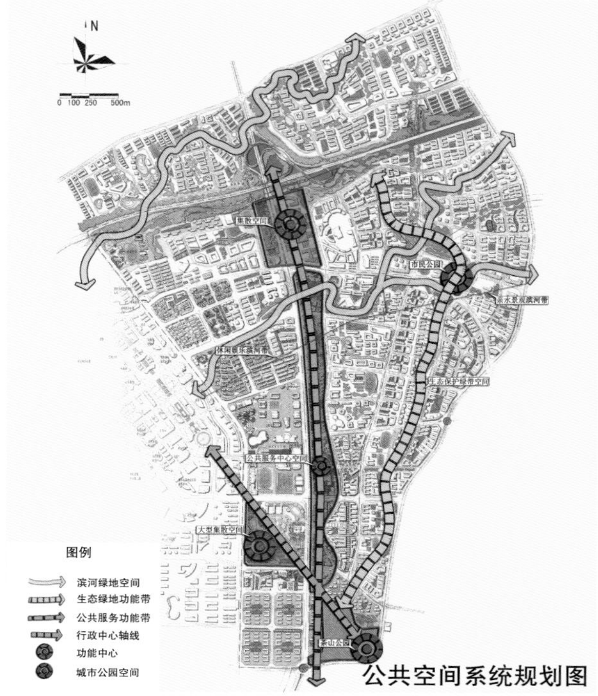


公共空间系统规划图

## 二、设计构思

永川新城区定位为：以居住功能为主，兼顾大学职教功能和其他功能的复合型生活区。设计方案提出“网络城市”概念，确定了“塑职”、“显绿”、“增色”、“融生”的设计原则。

塑职：强化城市功能，突出居住功能特征，反映大学教育职能，形成职能特征突出、功能合理分布的生活区。

显绿：保护河流、丘陵，与周边山体形成良好视线关系，结合地形做到显山透绿。

增色：突出新城特色，协调城市功能区空间关系，形成有机合理的城市空间特色。

融生：融汇生活理念、功能布局、空间结构，营造适宜城市居民生活的城市空间。

整体鸟瞰图

# 永川区新城区总体城市设计

*Comprehensive Urban Design of New Area in Yongchuan, Chongqing*

三、空间结构

设计方案建构了网络状的城市空间结构，以网络城市和大学城市两个方面进行体现。网络城市：由于城市设计区域紧邻新城区行政中心，也是职业教育基地的组成部分，城市设计将强化其城市职能，把功能性空间与城市开敞空间紧密结合，创造商业、办公、居住、休闲、教育等功能有机联系的网络城市空间，构建商业网络、绿色开放空间网络、居住空间网络和步行网络。大学城市：把大学校园与城市各个功能区融为一体整体考虑，从公共空间、公共设施等方面体现大学城市特点。

城市绿化网络分析图

城市商业网络分析图

居住空间网络分析图

茶山公园效果图

会展中心效果图

体育公园效果图

四、主要内容

本次城市设计以系统控制为主，包括道路交通系统、城市风貌分区、城市绿地系统、城市公共空间系统、步行系统等内容,并对重点地段进行详细设计。重点地段包括茶山公园地段、体育公园地段、会展地段、多功能服务区地段、滨河地段。

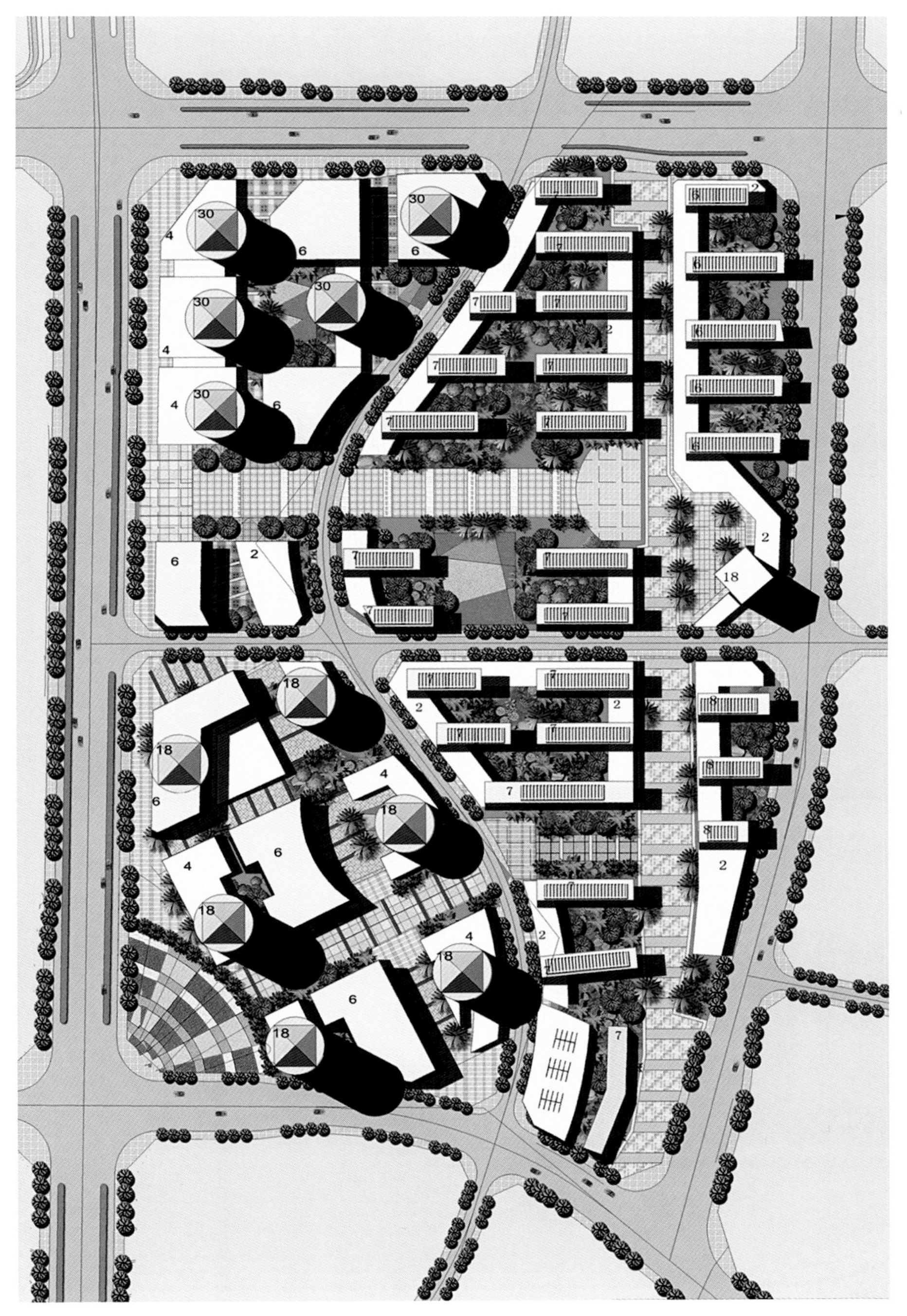

多功能服务区平面图一

多功能服务区平面图二

# 南川区总体城市设计

*Comprehensive Urban Design of Nanchuan, Chongqing*

## 一、项目背景

南川区位于重庆主城区东南侧，列于都市“一小时交通圈”范围之内。在《南川区城市总体规划（2006—2020）》中，南川被定位为“重庆市南部的区域性经济中心，金佛山国家级风景名胜区旅游服务基地，以发展铝产品配套工业、旅游服务业为主的宜居型城市”，同时树立了全面协调可持续的科学发展观，将南川区建设成为经济繁荣、社会和谐、文化先进、环境优美的宜居城市。城市设计范围总面积158平方公里，由中外建工程设计与顾问有限公司于2011年担纲完成。

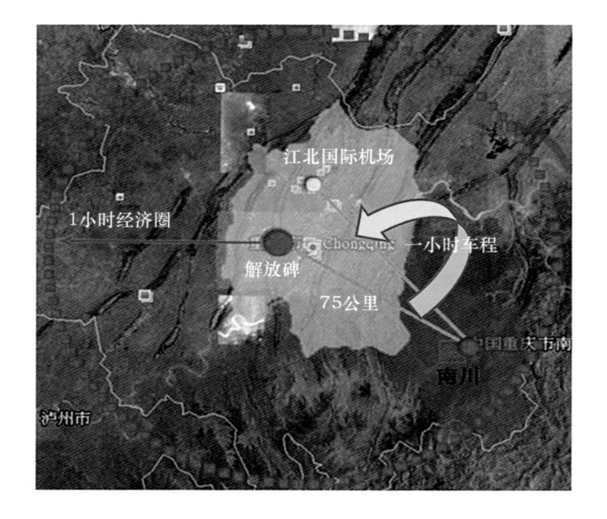


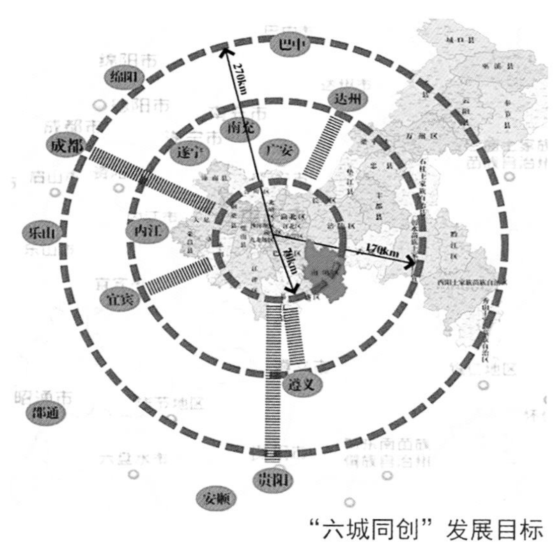


“六城同创”发展目标

城市风貌照片

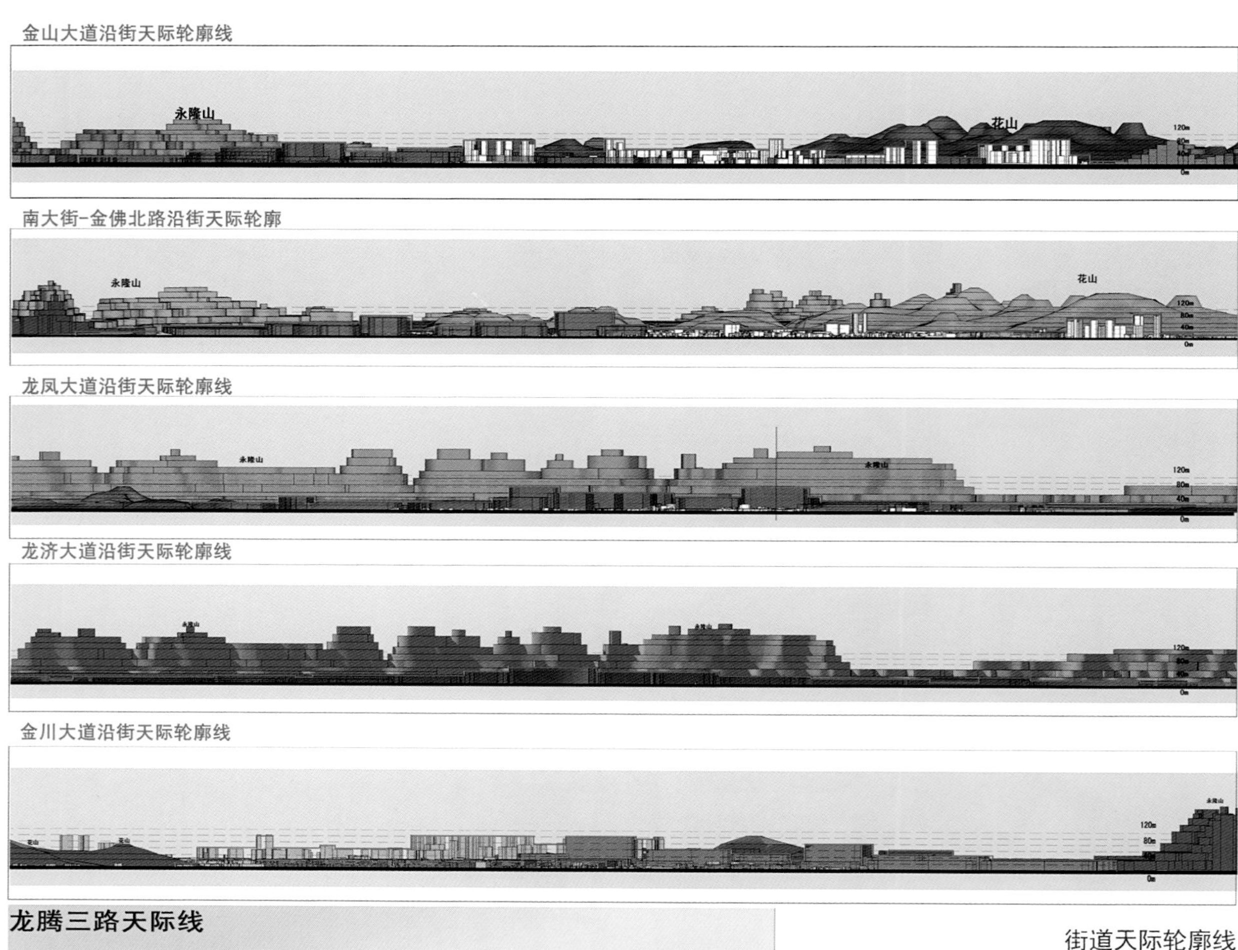


街道天际轮廓线

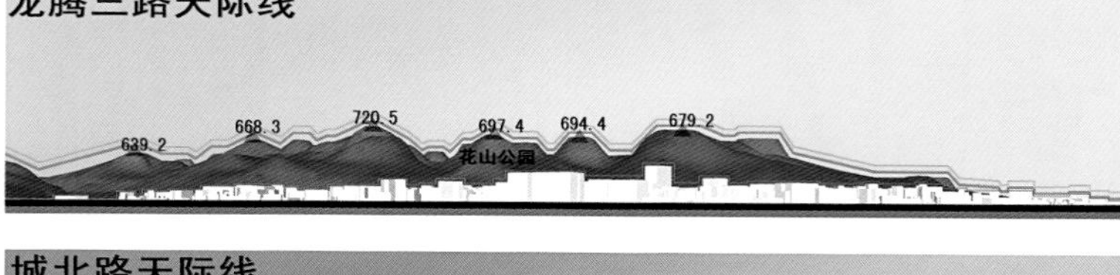


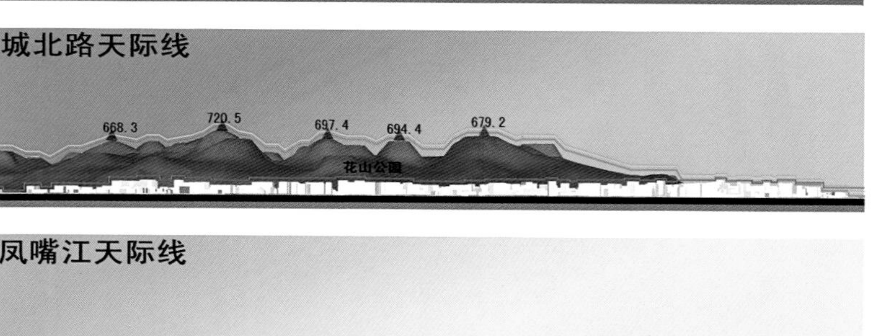


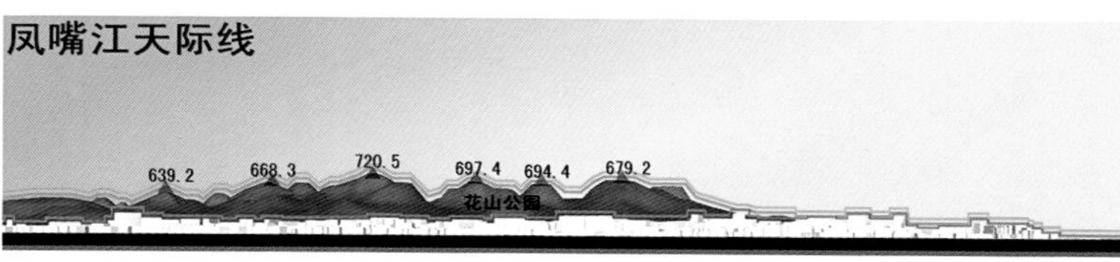


山体轮廓线

二、设计构思

设计方案通过对城市功能与空间形态的疏理，展现南川的空间特色，利用现有环境与资源优势，塑造一座特色鲜明、环境优越、充满活力、低碳生态的宜居城市。在低碳生态型城市发展战略指导下，着力协调并解决快速城市化所引发的诸多城市问题。

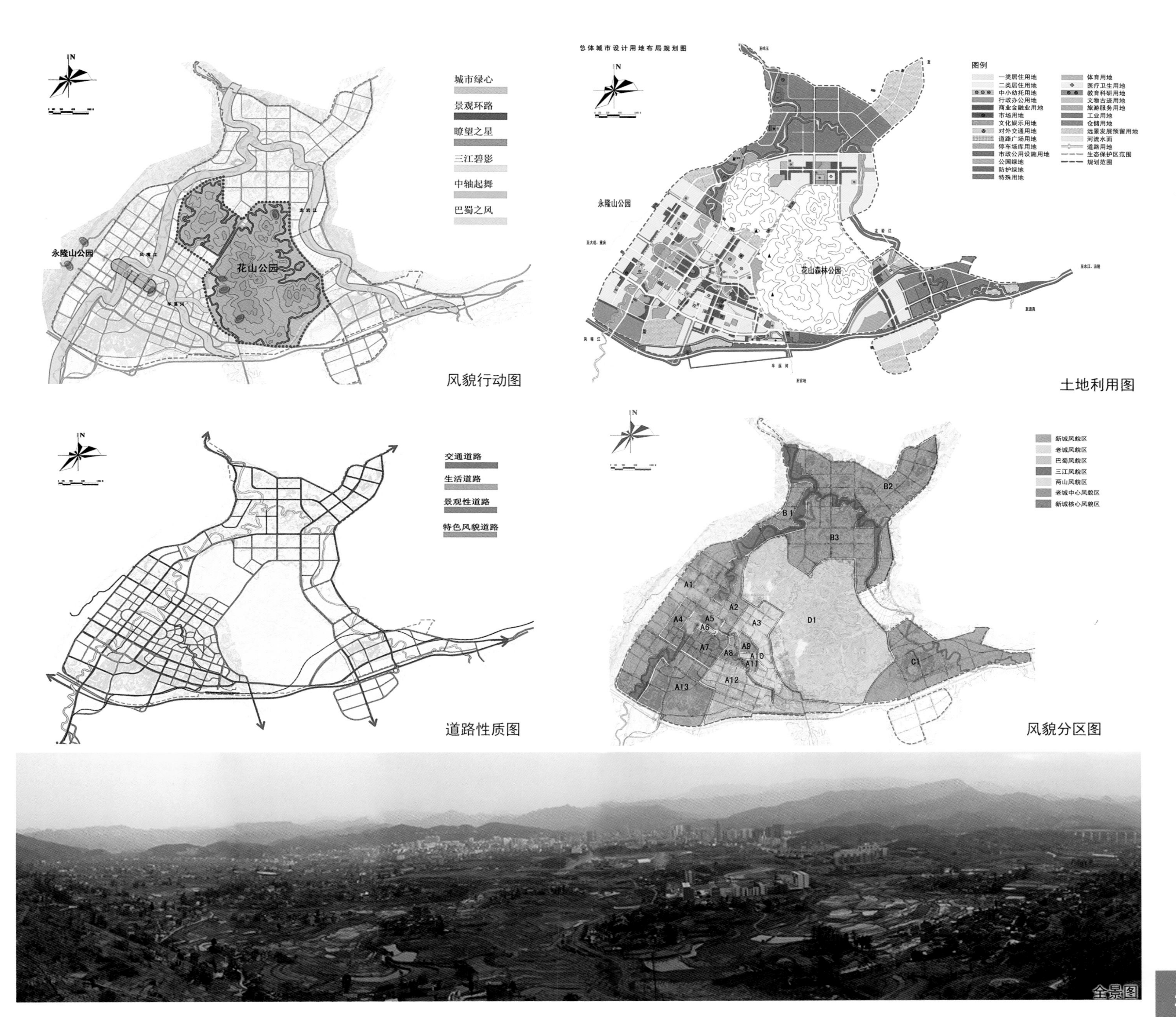


风貌行动图

土地利用图

道路性质图

风貌分区图

全景图

三、空间结构

方案着重保护山水与南川老城的和谐尺度，体现南川“山拥城——城抱山，水绕城——城系水”的城市空间形态特征。城区的空间结构为“三区联动、内外呼应、以水为脊、新轴拓展”。一是“三区联动”，以隆化区为南川空间生长点，在优化老城功能布局和新城开发建设过程中，加快北固和东胜片区的城市基础设施建设，实现各分区之间的联动开发；二是“内外呼应”，以花山为城市绿心，强化其作为城中之山的风貌特征。同时要体现花山与周边山体的有机联系性，形成“城中有山，群山抱城”的空间格局；三是“以水为脊”，半溪河、凤嘴江与龙岩江是南川重要的生态廊道，也是城市的绿色生长脊，其把各片区用生态脊连接成整体，并构成城市生态景观环境的骨架；四是“新轴拓展”，以新城区行政办公、文化体育功能复合轴作为城市空间拓展的主轴线，与老城公共服务设施轴相连接，并带动整个新区开发建设。

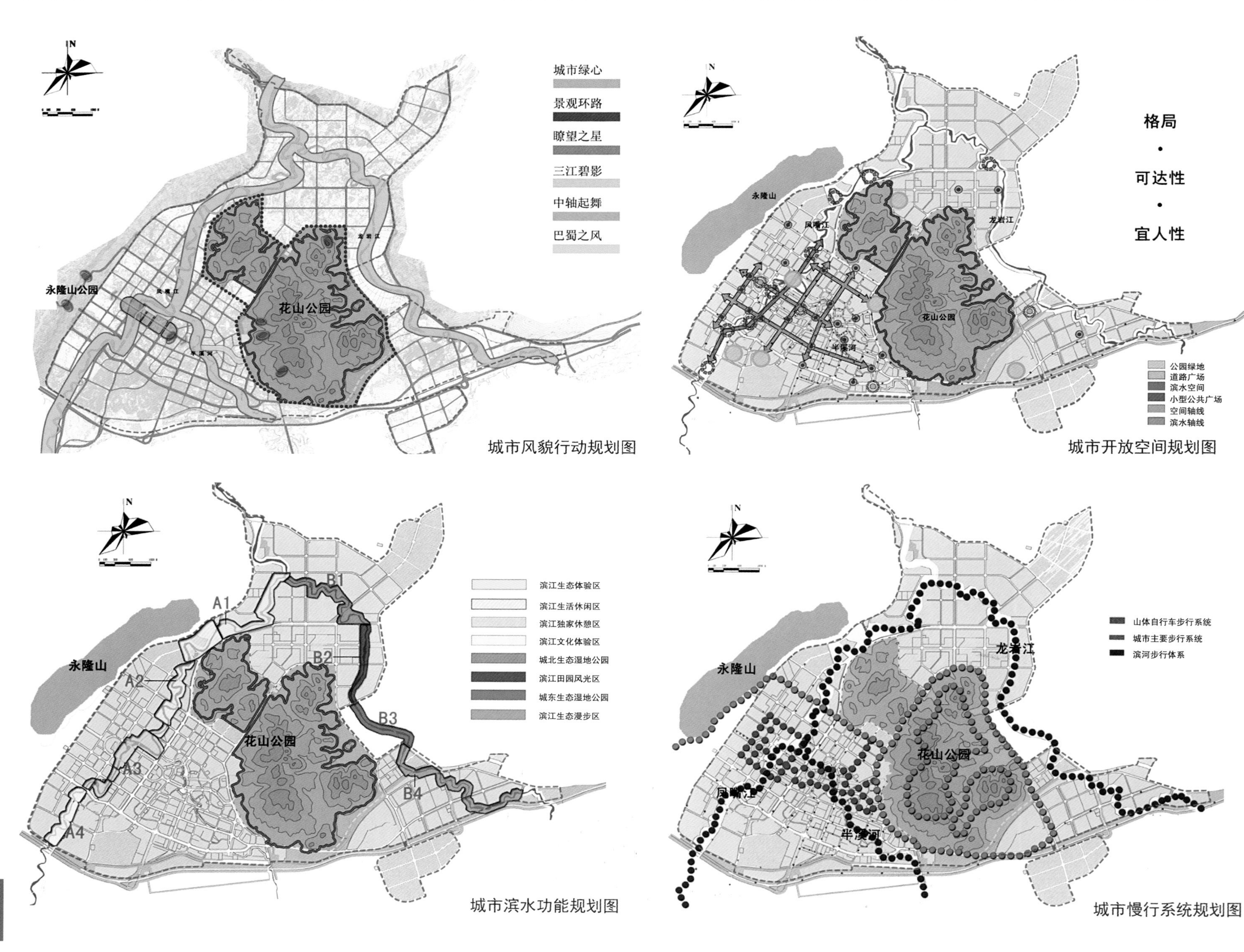

## 四、主要内容

本项目的特色在于低碳生态理念指导下的城市发展策略。包括土地高效利用、建立评价体系、提升产业门槛、绿色能源利用、构建绿色交通倡导与实施公共交通优先和主导的交通模式、发展绿色建筑、倡导绿色消费七个策略。

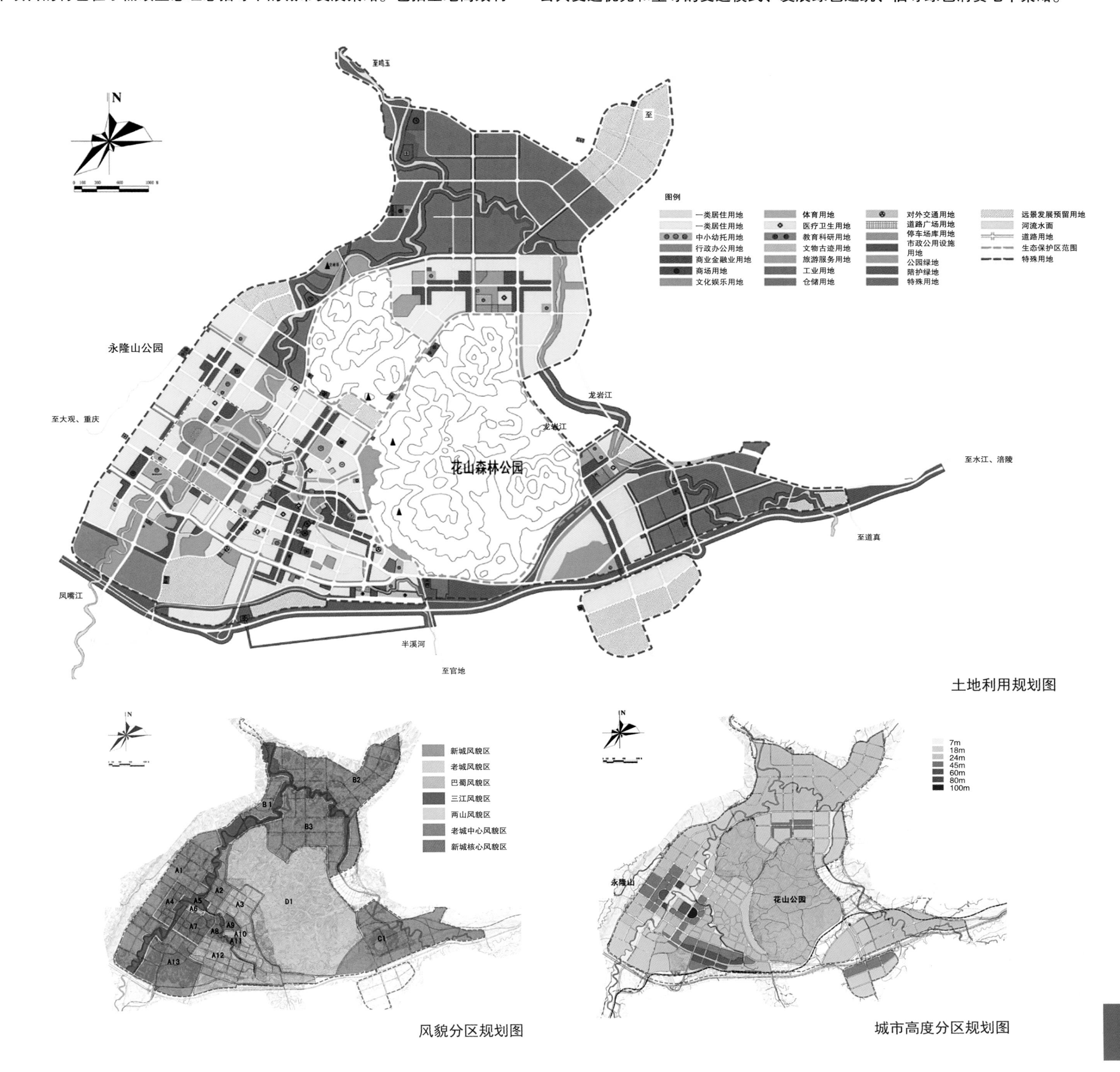


土地利用规划图

风貌分区规划图

城市高度分区规划图

# 綦江区东部新城片区总体城市设计

*Comprehensive Urban Design of the Eastern New Area in Qijiang, Chongqing*

## 一、项目背景

綦江区东部新城位于綦江区文龙街道，西临翠屏山森林公园，北临食品工业园区，南临桥河工业园区，东靠老瀛山，地势南高北低，属于浅丘地形，在城市总体规划中属于远景用地范围。为合理控制城市格局，塑造城市风貌，为城市总体规划的修改和维护提供参考，特编制本次城市设计。城市设计以“商贸研发为核心的城市副中心、城市未来的商业核心功能区、城市未来的领航发展区”作为新城发展目标。城市设计区域面积约8.9平方公里，由北京世纪千府国际工程设计有限公司于2012年担纲完成。

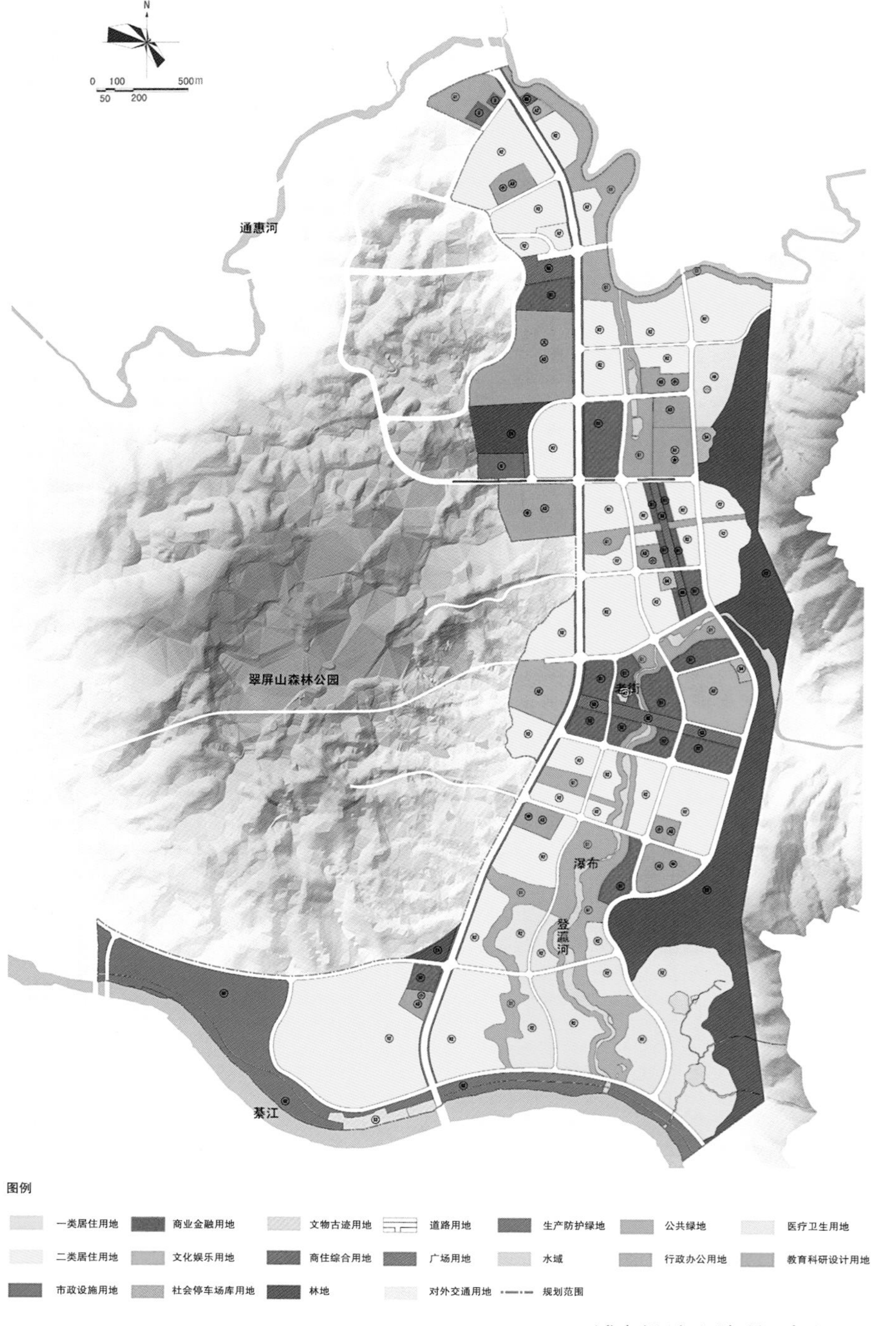


城市设计土地利用规划图

城市设计总平面图

## 二、设计构思

设计方案将綦江区东部新城定位为：集聚城市、复合城市、山水城市、网络城市、开放城市、四维城市。在对东部新城的十三个区域进行重点控制的基础上着力打造十个东部新城新景象，即新城十景：滨河绿链、竹林水巷、城市之窗、城市之冠、登瀛记忆、沄山在线、城中之瀑、田野风光、工业记忆、生态栖息。设计方案提出了六大设计策略：一是区域协同策略——创造綦江新中心，与老城中心实现区域间的平衡发展；二是整合极化策略——城园一体，提升南北工业园的产业能级；三是功能构成策略——核心集聚，增强新区活力；四是生态保障策略——生态网格，保持两大生态公园美丽的“对话”；五是开发建设策略——模式创新，合理利用土地；六是文化提升策略——时空交融，保护传统文化，注入现代文化，扩大文化影响。

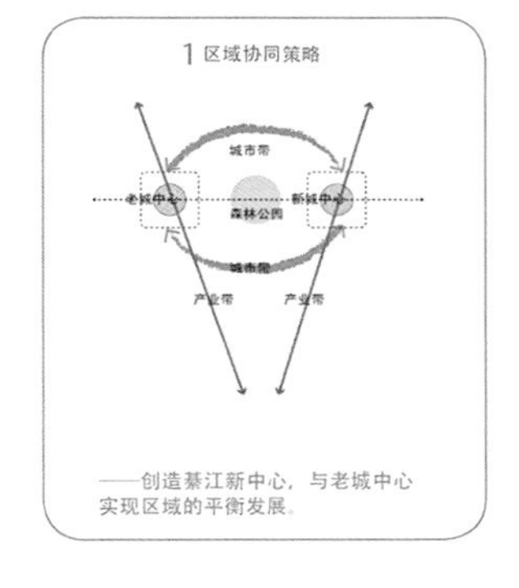


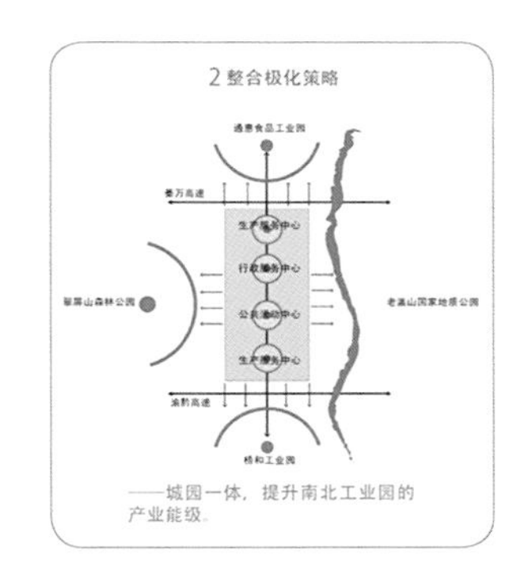


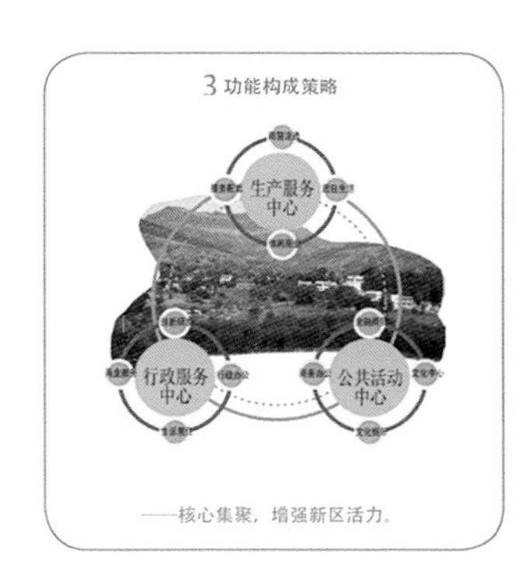


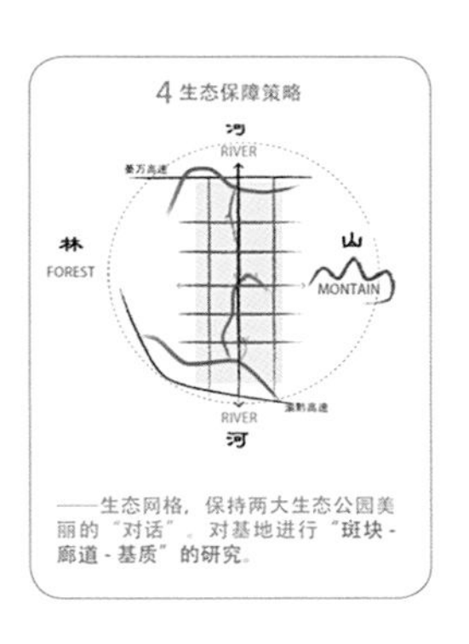


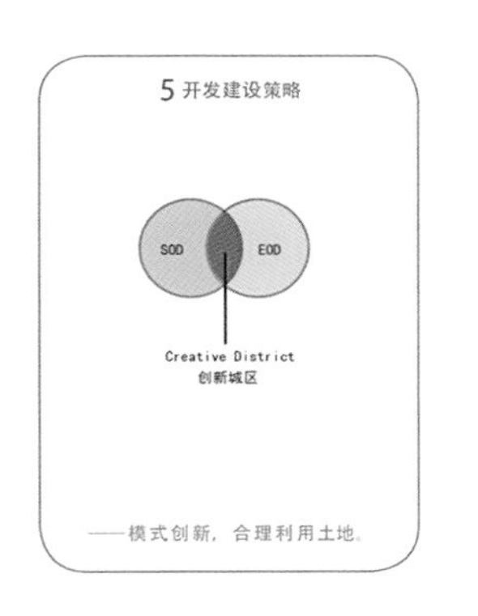


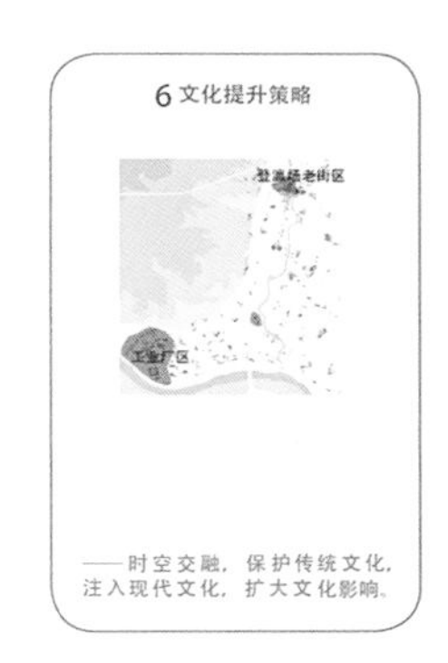


设计策略分析图

整体鸟瞰图

三、空间结构

设计方案形成了“一带、两中心、三节点”的空间结构。一带：公共生态走廊以綦河支流和通惠河支流为基础，贯穿整个东部新城，将城市各种功能进行有机融合。两中心：新城核心将作为商贸金融、产业研发中心，行政中心将以行政服务为主要功能，同时这两个中心都是公共生态廊道中的重要节点，更是城市的发展动力源。三节点：东部新城对外的重要窗口，为南北工业园区提供配套商业服务。设计方案利用特有的地形条件，将棋盘式道路格局和山地城市形态进行有机结合，为城市构建大量的视线通廊和景观廊道，让市民享有“开门见山”的乐趣。

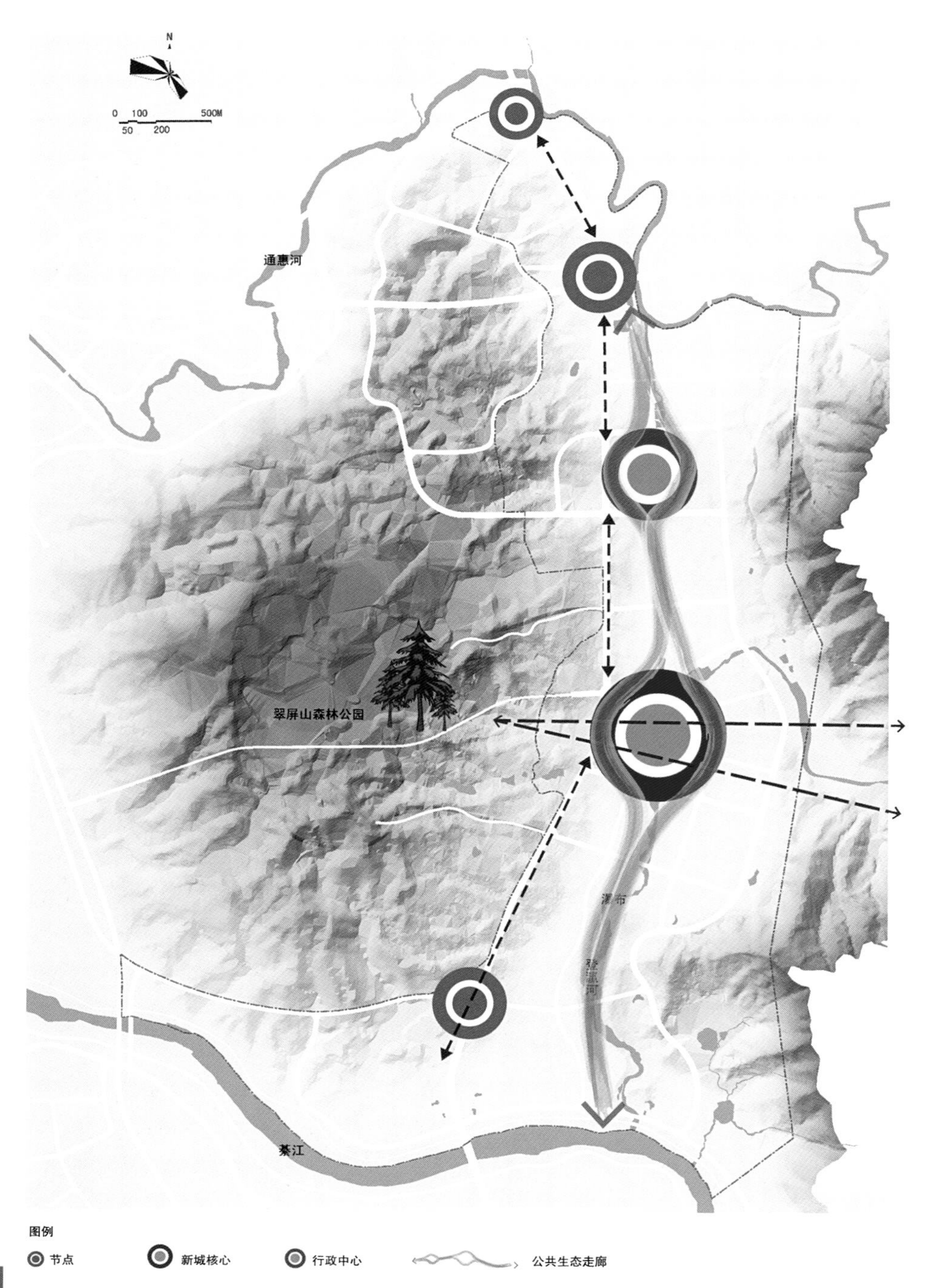


整体布局结构分析图



沿公共生态走廊发展的布局模式



城市中心与开放空间结合的布局模式

四、主要内容

设计方案从总体层面对开发强度、建筑高度、建筑容量、绿地系统、开放空间、综合交通、步行系统、公共服务设施布局、生态低碳、城市色彩、历史文化、街道设施、广告标识等内容进行系统性控制与引导,并对新城核心区进行深入研究，着力打造新城十景：滨河绿链、城中之瀑、登瀛记忆、竹林水巷、城市之窗、城市之冠、沄山在线、田野风光、工业记忆、生态栖息，建立空间秩序，实现城市设计目标。

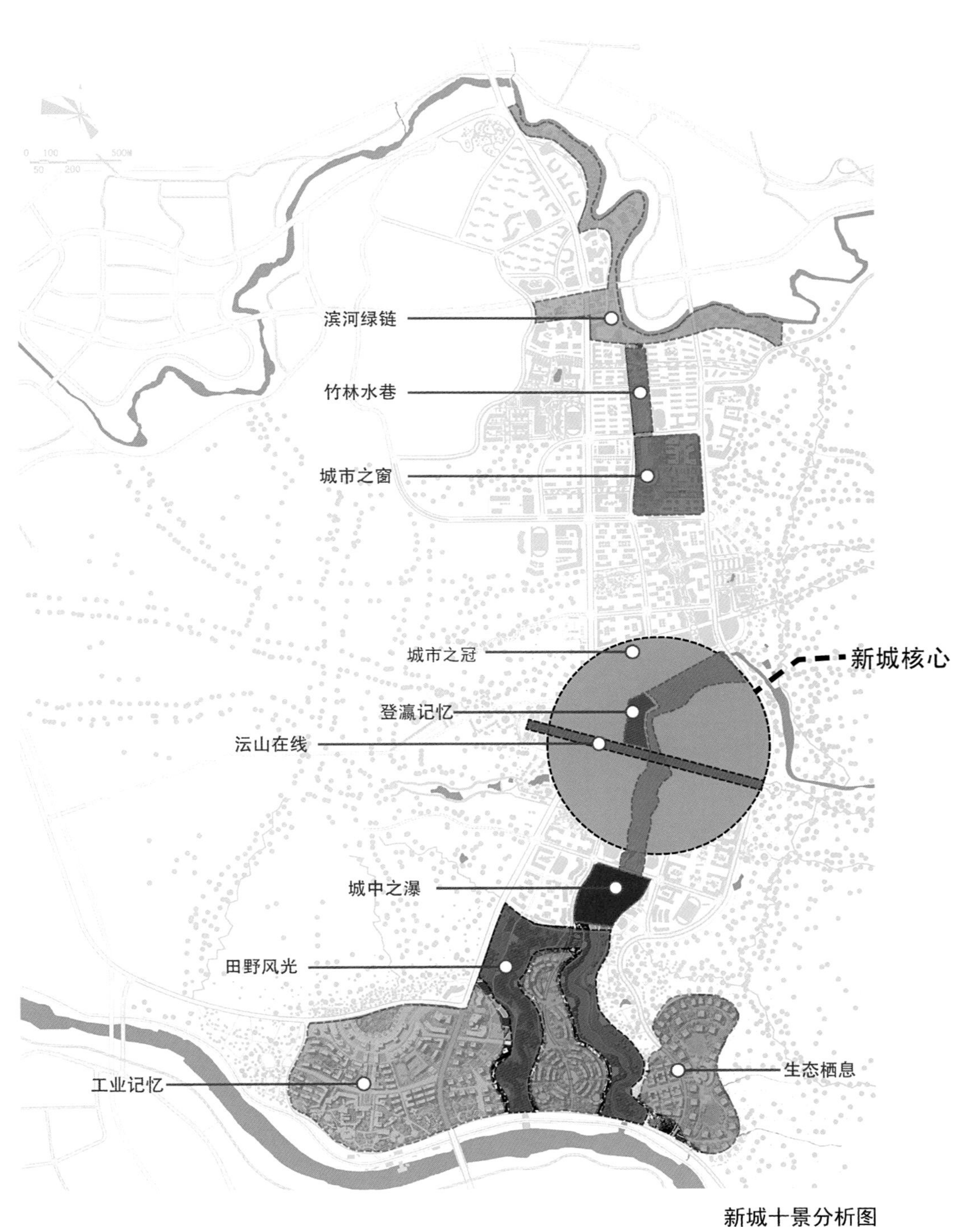


新城十景分析图

城中之瀑

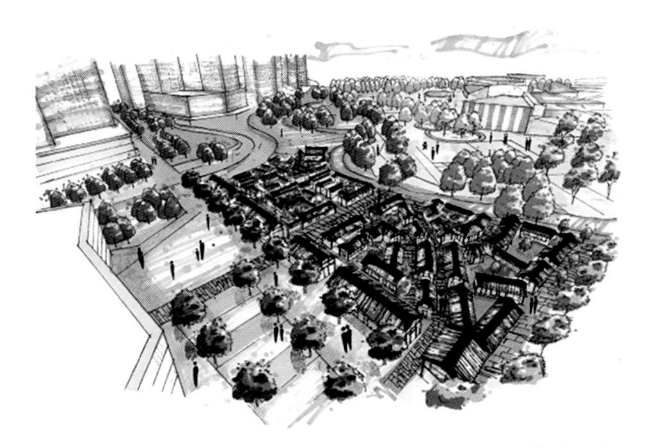

登瀛记忆

竹林水巷

# 铜梁县城总体城市设计

*Comprehensive Urban Design of Tongliang, Chongqing*

一、项目背景

铜梁县位于重庆市主城区的西北部，一小时经济圈西永副中心直接辐射范围。随着西永物流中心枢纽地位的确立以及铜梁与主城区快速交通走廊的贯通，铜梁的区位优势将大幅提升，产业发展必然受到刺激，进而提速。城市设计区域面积约30平方公里，由中国城市规划设计研究院于2008年担纲完成。

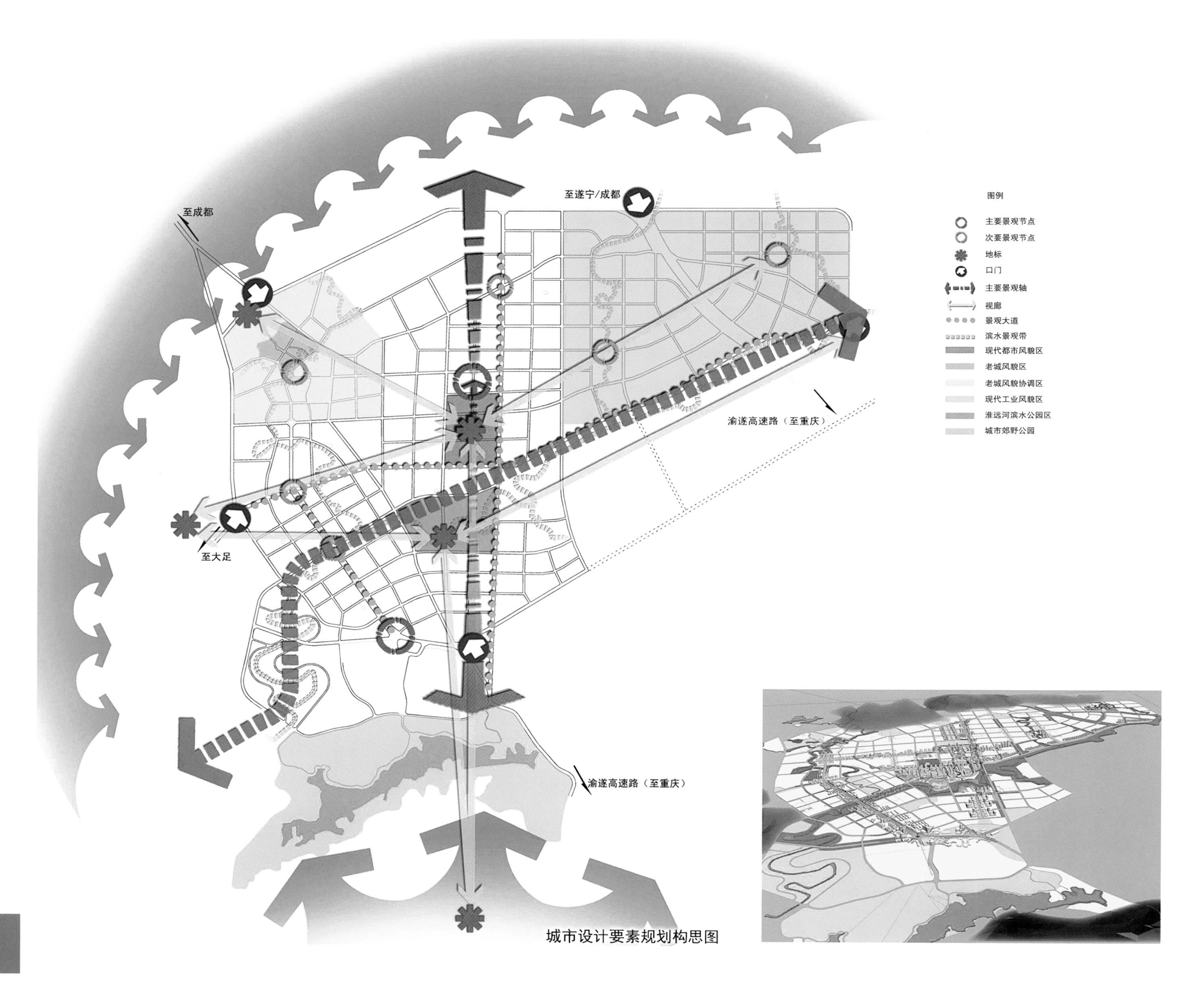


城市设计要素规划构思图

二、设计构思

城市设计以“川岳龙都·人居美地”为主题，确定了“山水、龙文化、宜居”是城市设计的关键词。“川岳”——城市建设突出山水特征，提高城外大山大水的可见度和可达性。“显山露水”，强化对城内小山小水自然景观与环境的保护，促进近人山水环境的形成；与城市公共空间的建设结合，保证滨水地带及山地的公共性；加强山体水系自身的环境建设，提高城市山水景观质量。“龙都”——强化铜梁龙文化的展示，通过宏观气势、中观意向和微观符号三个层面，在城市山水格局、空间序列、环境建设、建筑外观、公共艺术（如雕塑、小品、广告等）等领域强化龙城的特征与风貌特色，充分体现龙城的文化内涵。“人居”——优化与保护老城地区城市传统格局，加强新建区空间建设的管控力度，形成符合铜梁传统与自身特色的空间尺度。“美地”——优化城市环境，明确城市各个片区的建设特征，建设特色街道，加强高品质旅游与服务设施建设，增强城市吸引力。

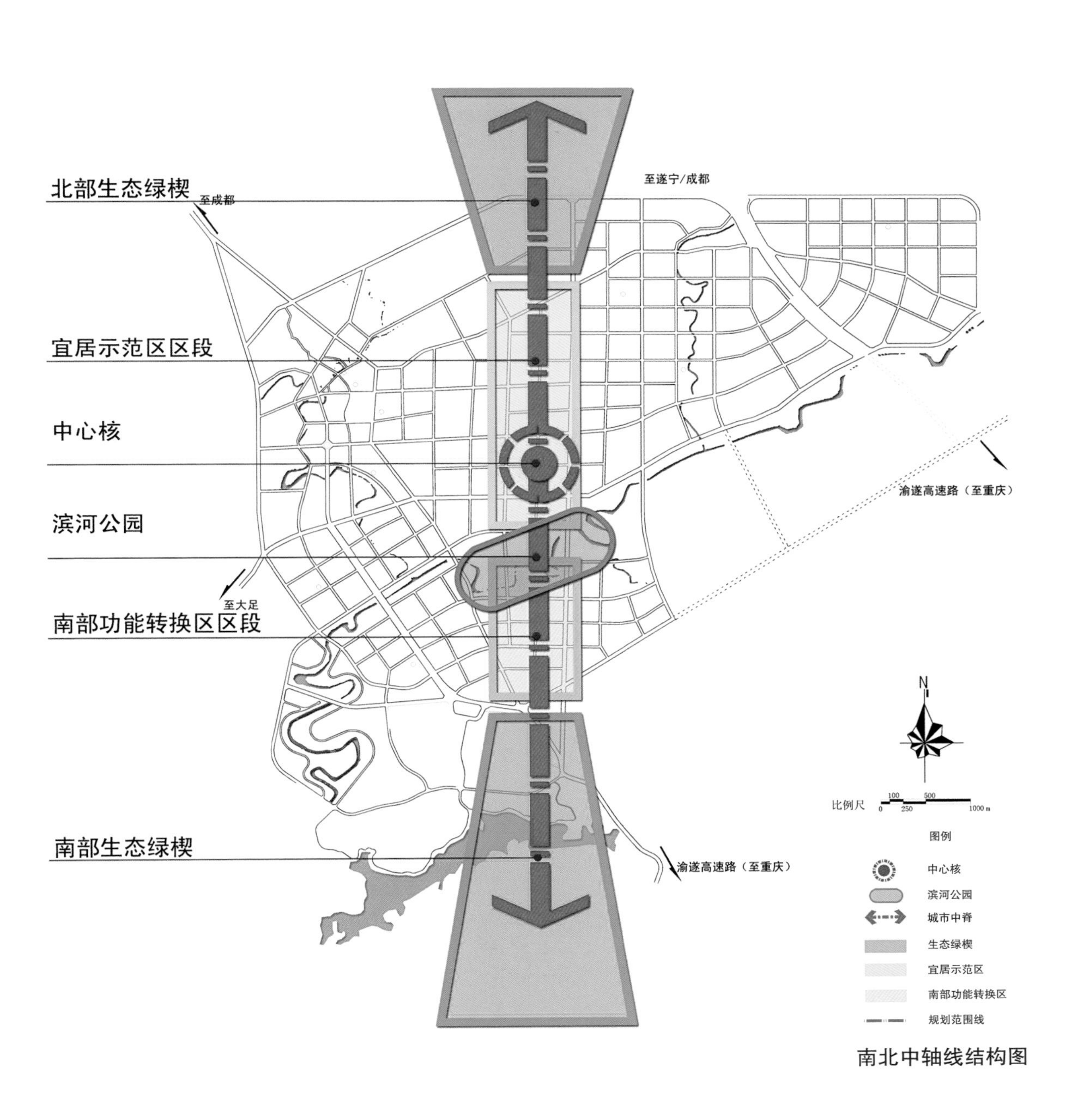


南北中轴线结构图

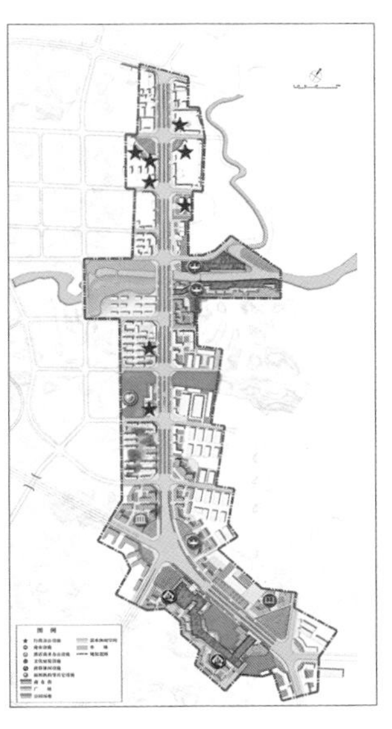

公共设施与开敞空间布局

步行与静态交通组织

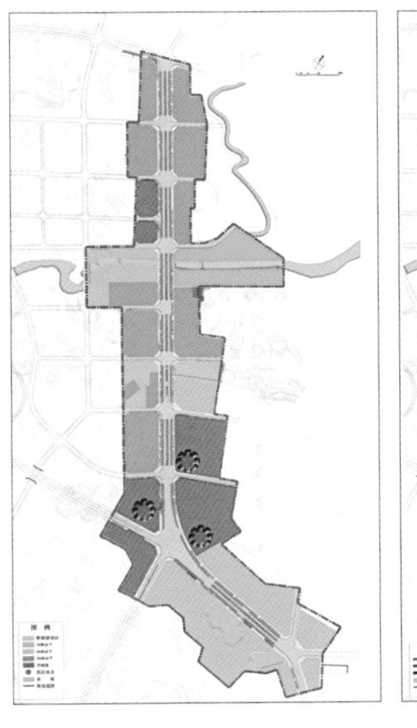

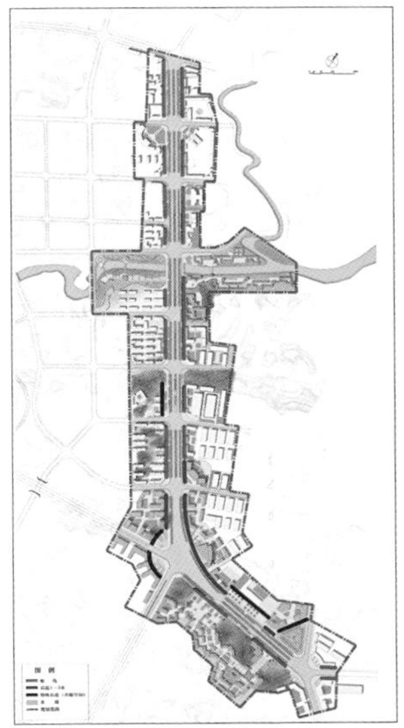

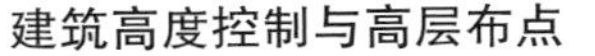

建筑高度控制与高层布点

建筑退红线控制

三、空间结构

铜梁县城市总体结构为“湖山环映、脊带定格、核敞相依、一主三辅”，城市空间发展格局须以此为基础框架。

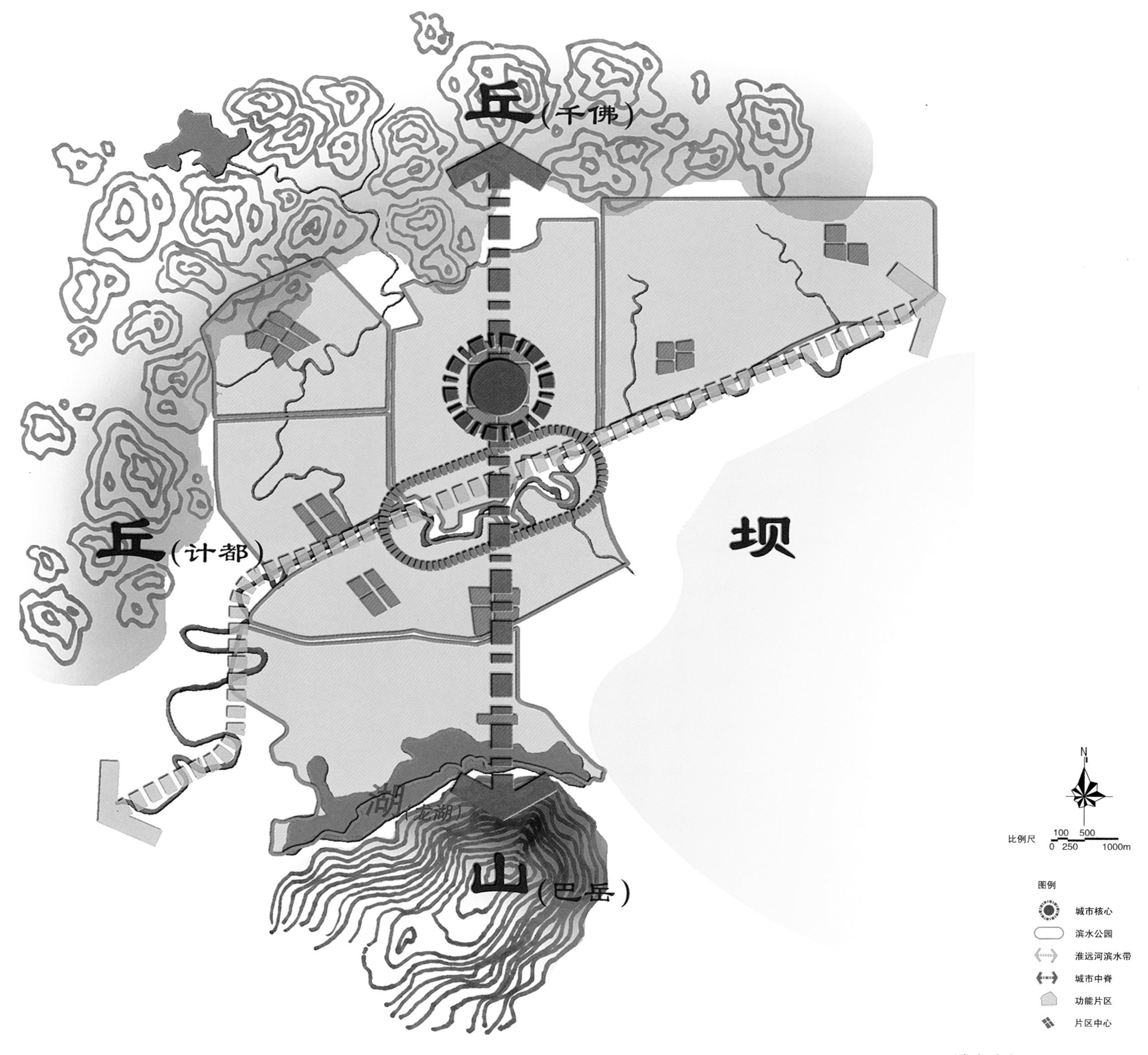


城市空间格局设计构思图

## 四、主要内容

设计方案控制的系统与要素分别有开敞空间、绿地系统、滨水空间、路径与街道空间、天际线、地标、视廊、边界、建筑设计、建筑色彩、夜景照明、公共艺术、城市步行空间、市民活动系统等。并且划定了风貌特色区与特定意图区。同时，对重点地段城市设计进行指引。方案特色在于对城市山水格局的梳理，人文内涵的挖掘以及城市尺度的控制。将铜梁县山水分为两个空间层次，赋予山“观”与水“乐”的功能。同时，发掘铜梁多维文化，将地方人文特征与以浅丘为主的地貌特征融入城市建设。最后，从宏观和微观两个层面对城市尺度加以控制。就典型片区、区段进行示范性的深化设计，确立了城市空间管控的标杆。

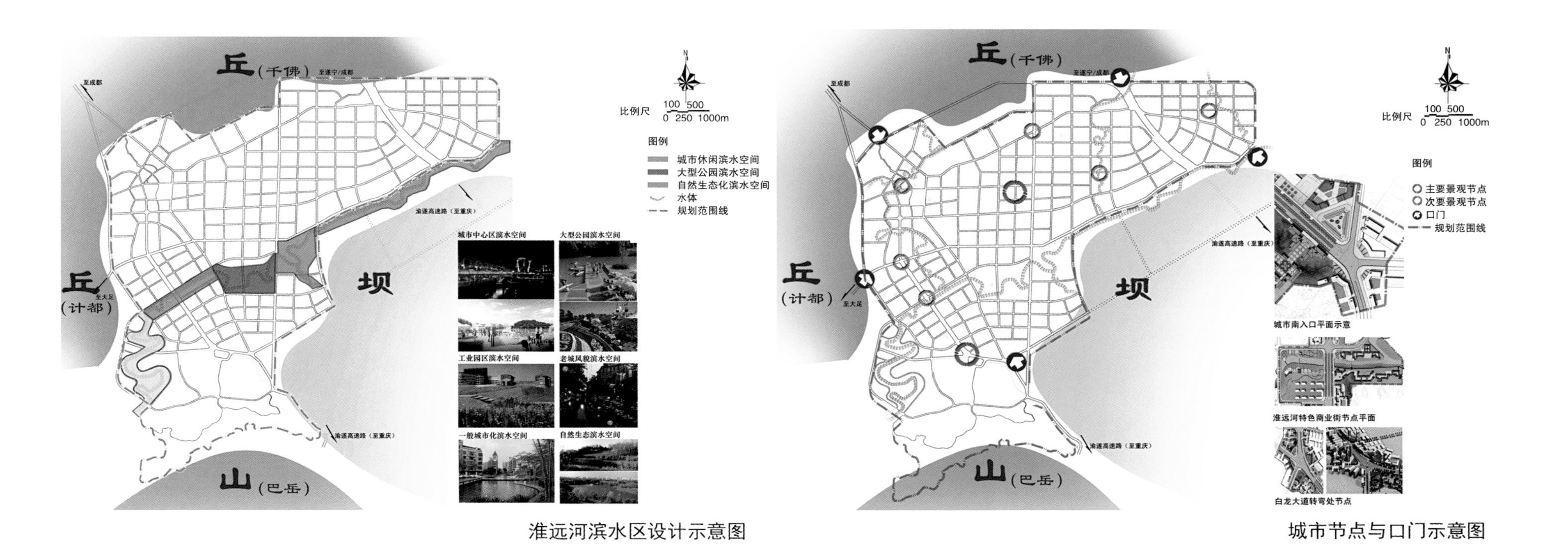


淮远河滨水区设计示意图

城市节点与口门示意图

主要边界区设计示意图

城市绿地系统示意图

# 潼南县城总体城市设计

*Comprehensive Urban Design of Tongnan, Chongqing*

## 一、项目概况

潼南县位于重庆市西北部，是重庆对外开放的西北窗口，城市设计需要发挥区位优势、生态优势和旅游优势，进一步完善潼南城市规划体系、优化城市功能、塑造富有特色的城市空间形态，建设现代宜居的山水城市。城市设计区域面积约22平方公里，由重庆市设计院于2010年担纲完成。

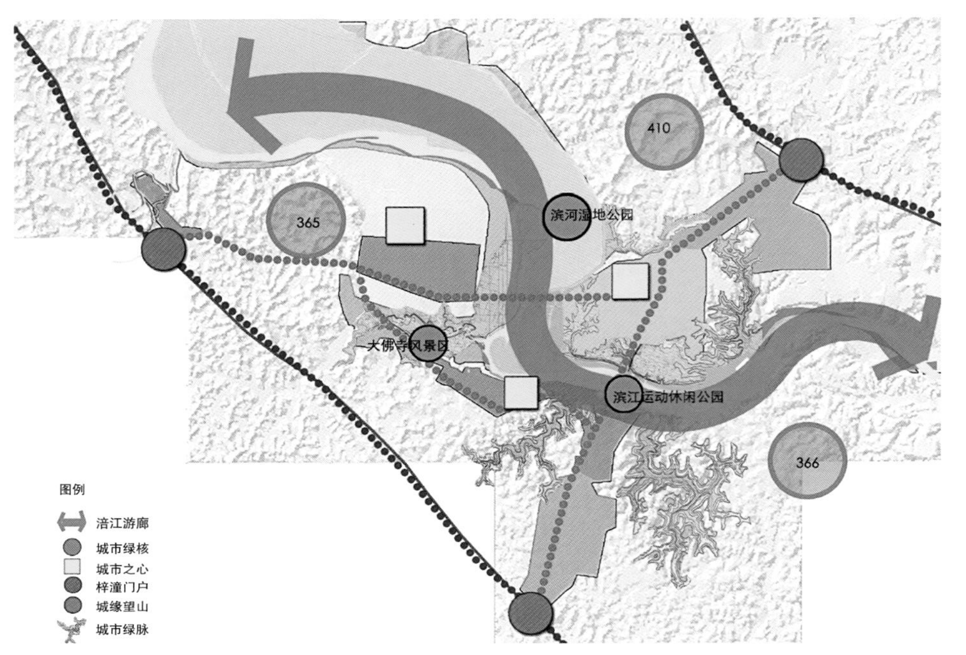

城市空间形态规划图

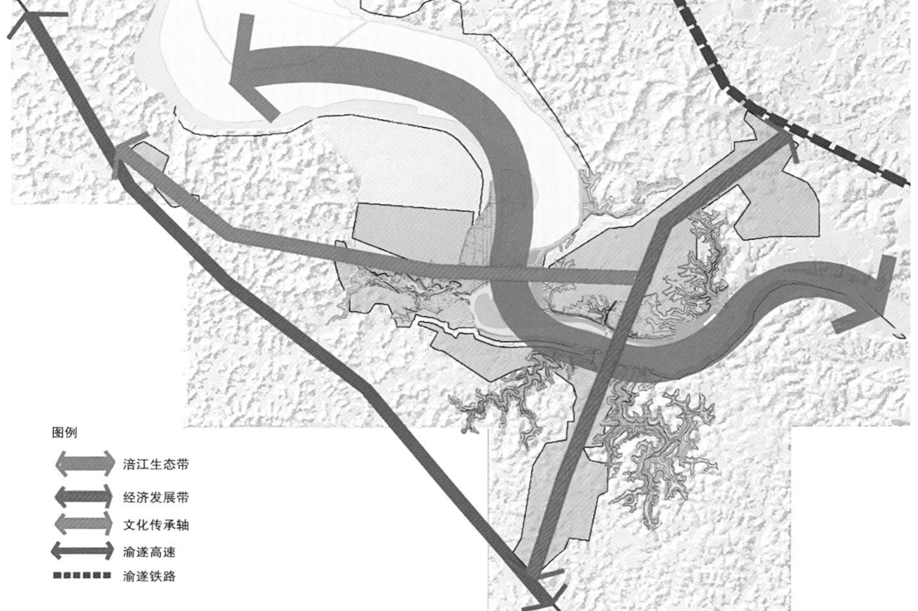

城市空间格局规划图

城市建筑强度规划图

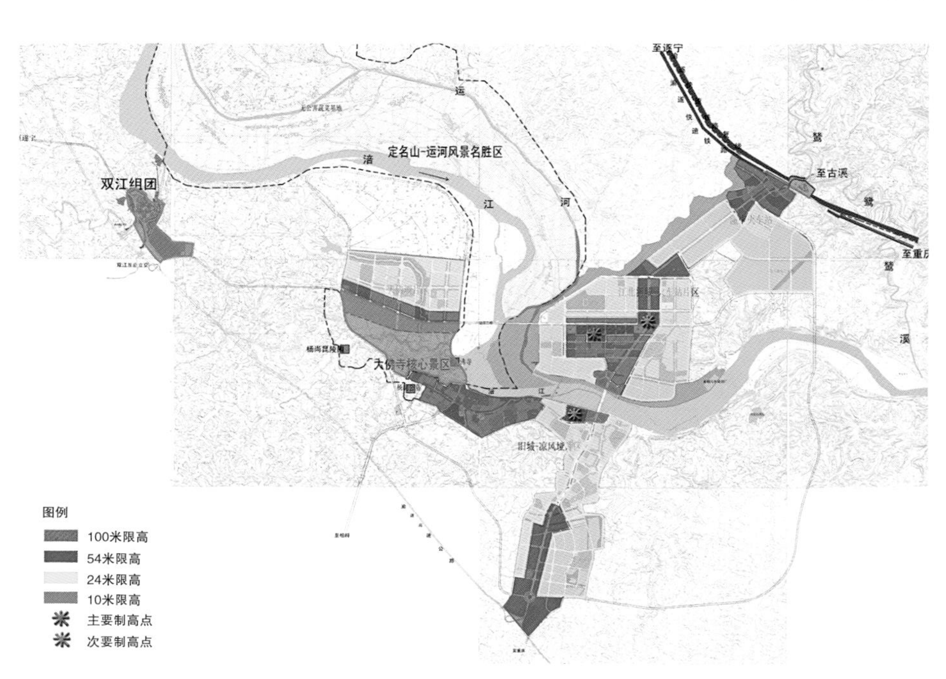

城市容积率规划图

## 二、设计构思

城市设计制定了四项技术路线：(1)挖掘城市特色，将地方人文特征与浅丘为主的地貌特征融入城市建设；（2）强化对主要轴带、特色片区、节点、标志的控制，锚固城市空间结构；（3）对各片区、重点区段进行示范性的深化设计，确立城市空间管控的标杆；（4）在管理上进行创新，在各层面的规划中分别制定易于理解、便于管理操作的导则文件。

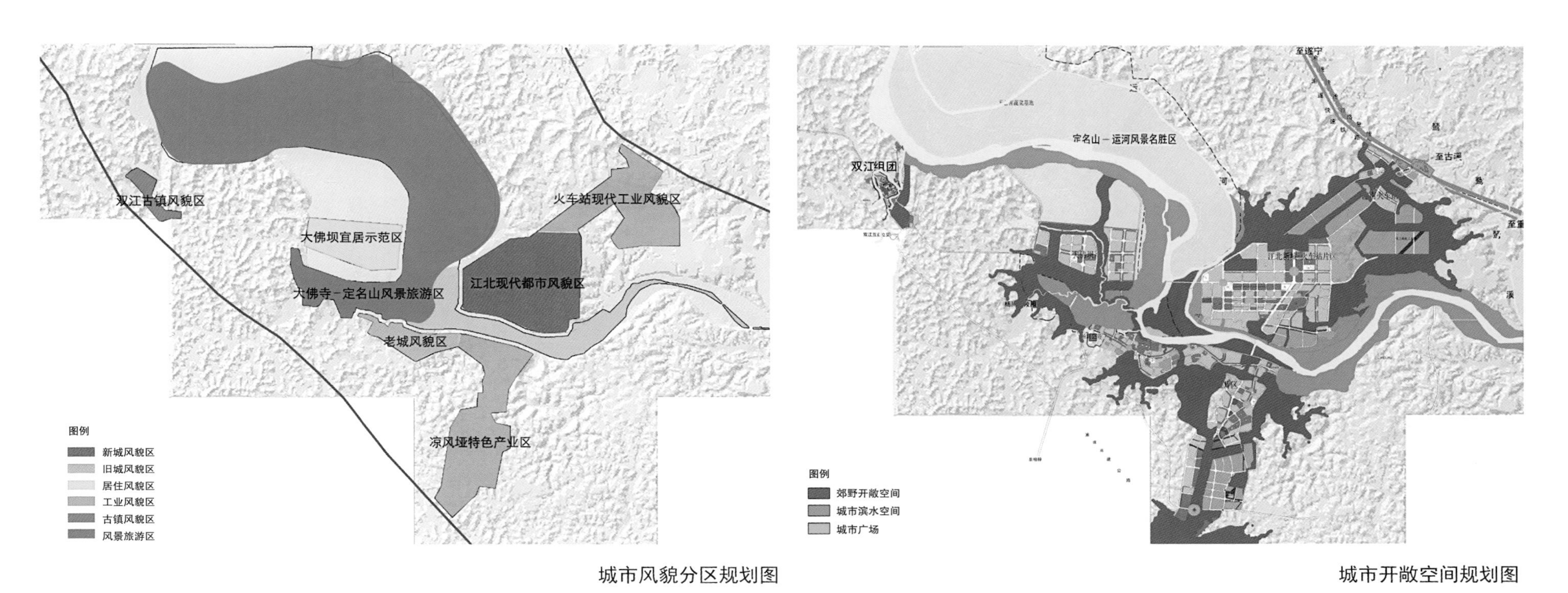


城市风貌分区规划图

城市开敞空间规划图

城市路径规划图

城市交通设施规划图

# 潼南县城总体城市设计

*Comprehensive Urban Design of Tongnan, Chongqing*

三、空间结构

空间结构概括为：一江分两区，两轴通四方，三山互望，五龙汇江。功能结构分为7个功能片区，包括双江古镇旅游区、大佛坝居住区、大佛寺—定名山风景旅游区、旧城商贸居住区、凉风垭特色产业区、新城行政文化区、火车站现代工业物流区。

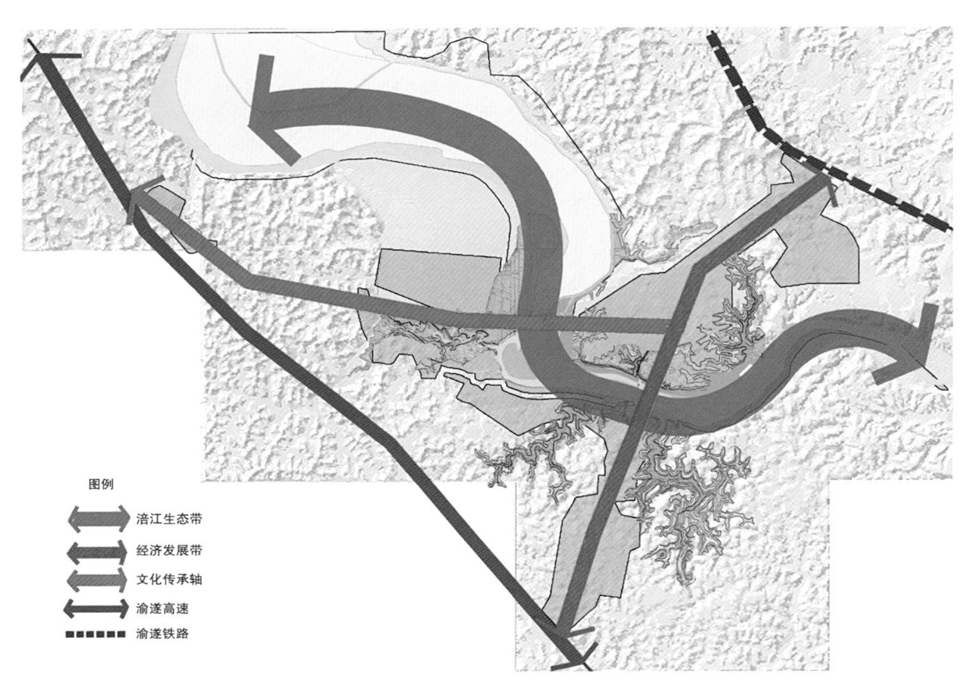


城市空间格局规划图

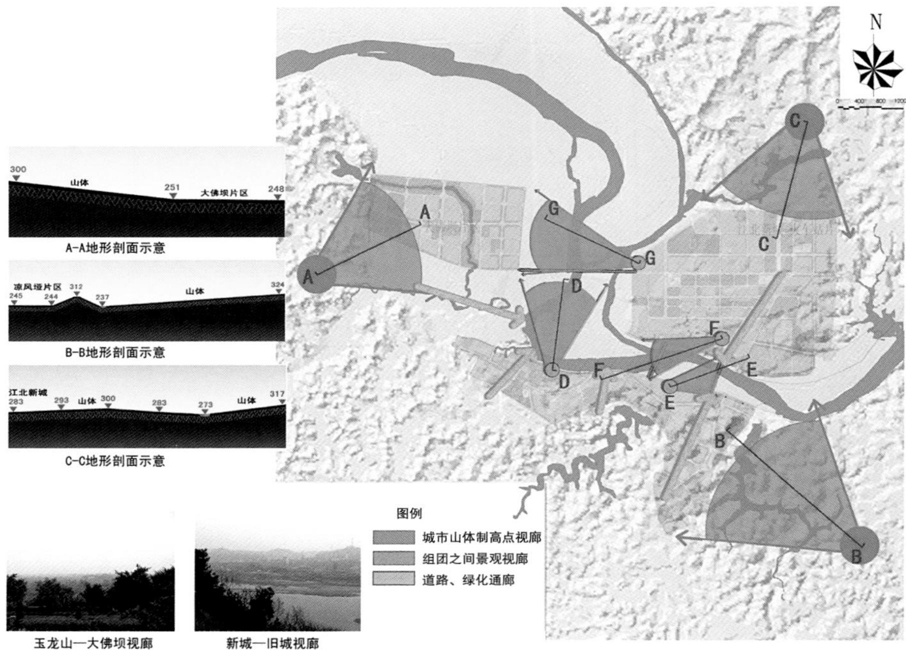


城市视线通廊规划图

旧城沿江立面形象设计示意

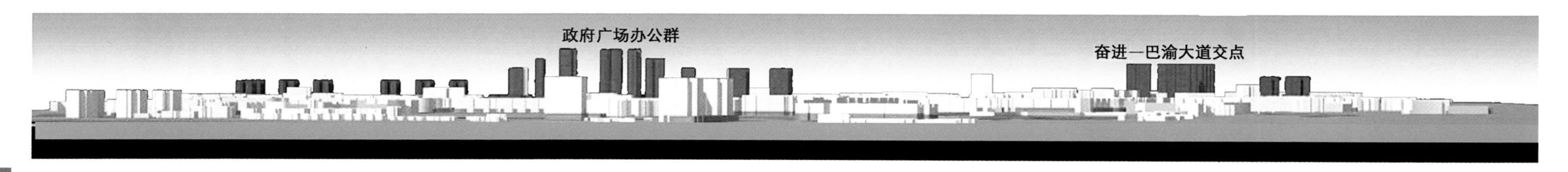


江北沿江立面形象设计示意

四、主要内容

为了能从宏观层面控制城市风貌，本次总体城市设计结合功能布局对潼南县城进行了风貌分区，从特征定位、设计目标、引导策略、建筑控制等方面进行总体引导控制。通过对潼南山、水及城市的总体分析，梳理潼南总体城市设计的六大要素，概括为：涪江游廊、梓潼门户、城市之心、城缘望山、城市绿核、城市绿脉。具体控制内容包括开敞空间、绿地系统、城市路径、滨水空间、天际线、城市标志系统、城市瞭望系统、建筑引导控制、夜景照明、城市公共艺术等。

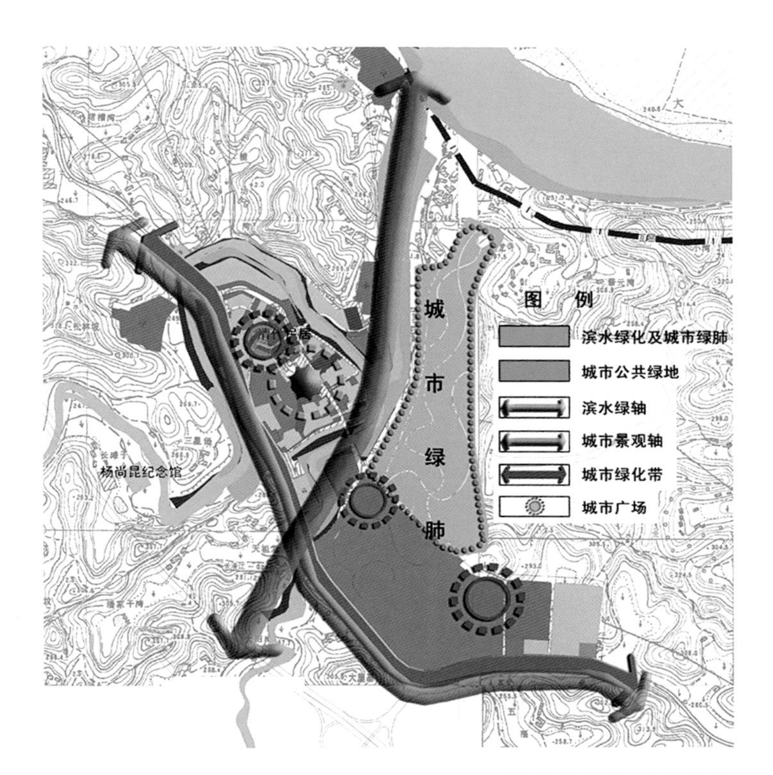


轴线及绿化系统控制

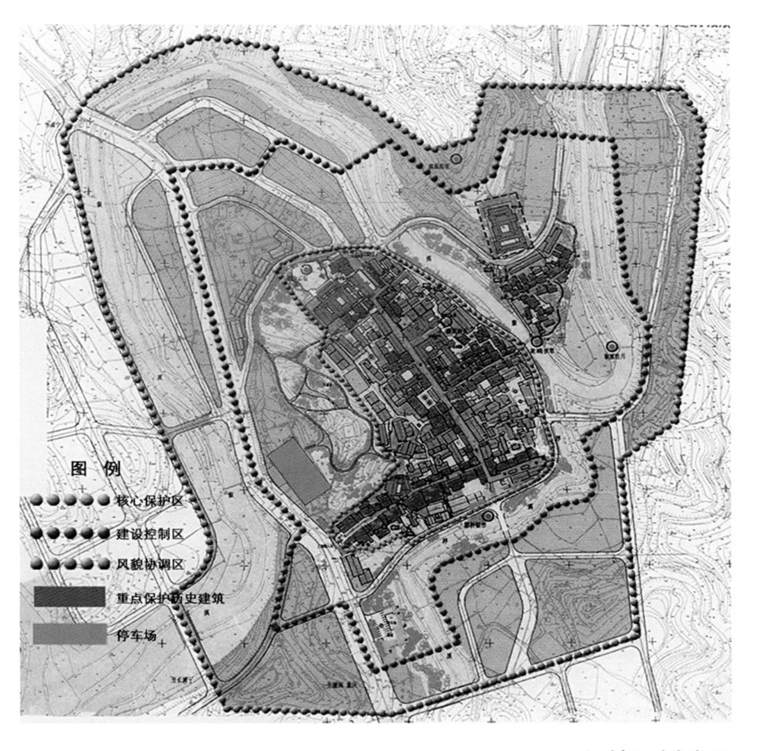


保护区划分图

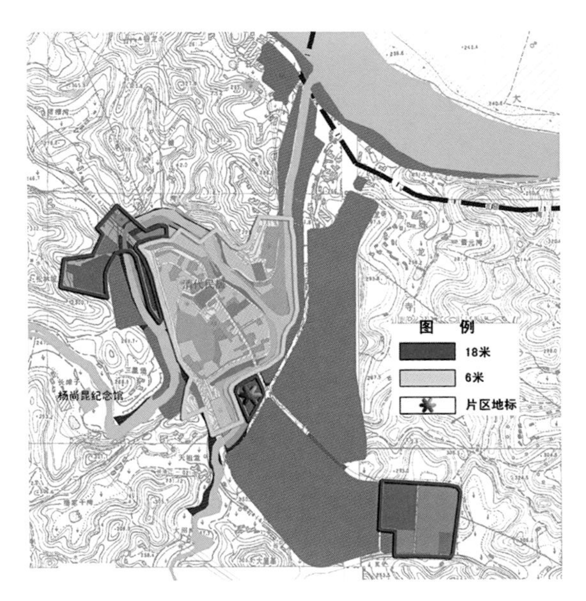


建筑高度控制

滨水道路及步道景观示意

古镇滨水风貌示意

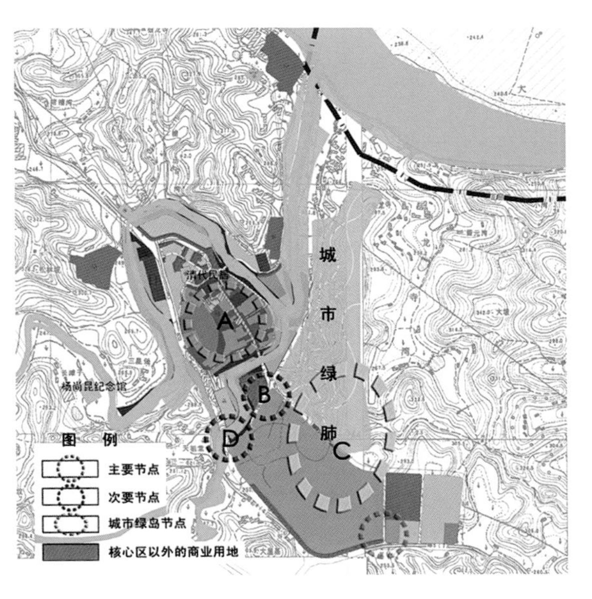


重要景观节点

# 荣昌县城总体城市设计

*Comprehensive Urban Design of Rongchang, Chongqing*

一、项目背景

荣昌县位于重庆市西部，地处四川、重庆两地接壤处，处于永川–双桥–大足–荣昌发展区中心位置，重庆市城乡总体规划将荣昌定位为城市发展新区。根据《荣昌县城乡总体规划（2009–2030）》，荣昌县城功能定位为：畜牧科技、先进制造、商贸物流、综合服务、生态宜居。其中：昌元昌州组团定位为县城中心，安福组团定位为生态旅游，广顺组团定位为工业生产。城市设计范围总面积50平方公里，由广州市城市规划勘测设计研究院于2011年担纲完成。

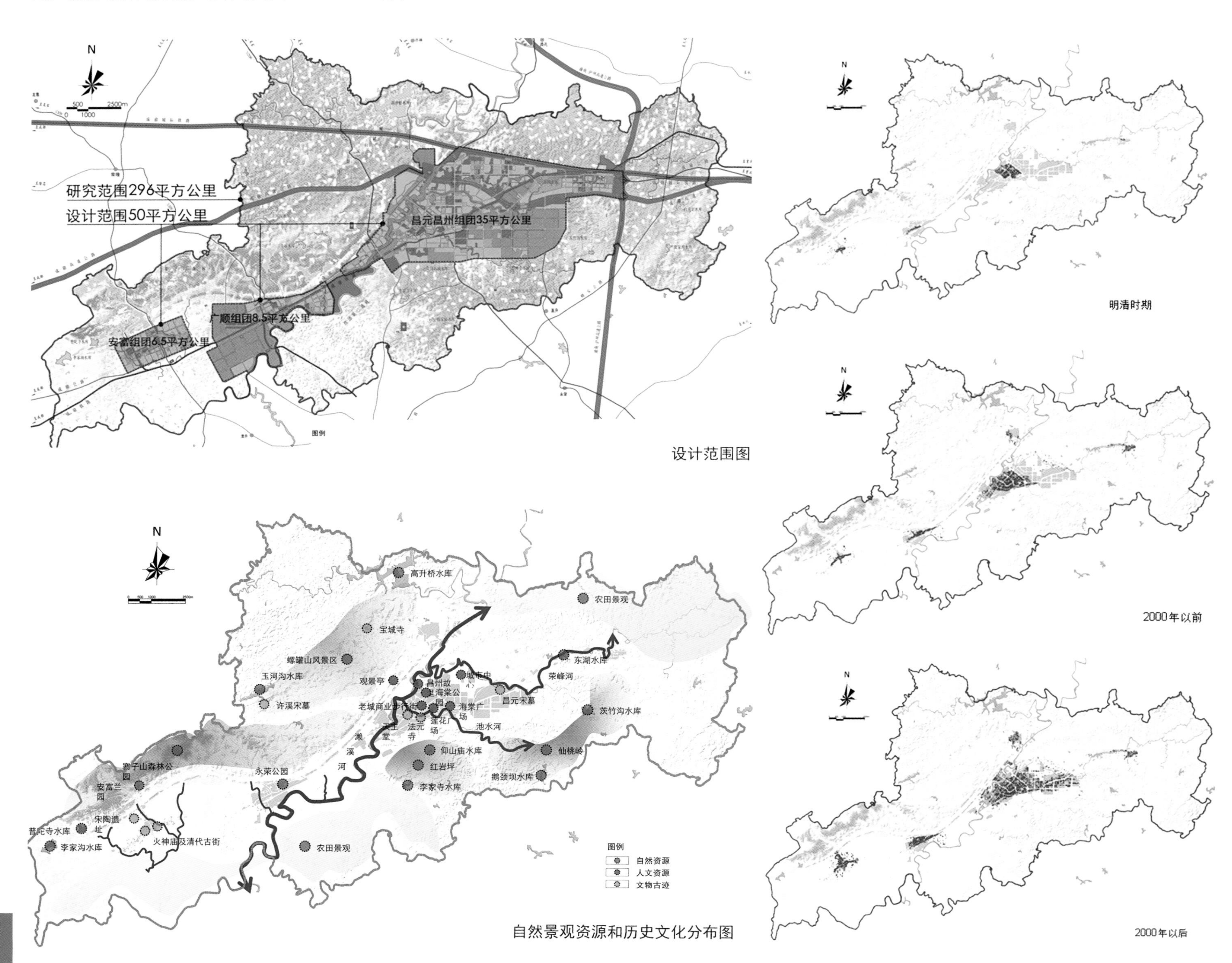


设计范围图

自然景观资源和历史文化分布图

明清时期

2000年以前

2000年以后

二、设计构思

方案秉承“显山、理水、融绿、提升”的规划理念。显山指山城呼应，浅丘萦绕；理水指三脉入城，绿带串珠；融绿指水路廊带，绿脉融城；提升指功能植入，文化营造。

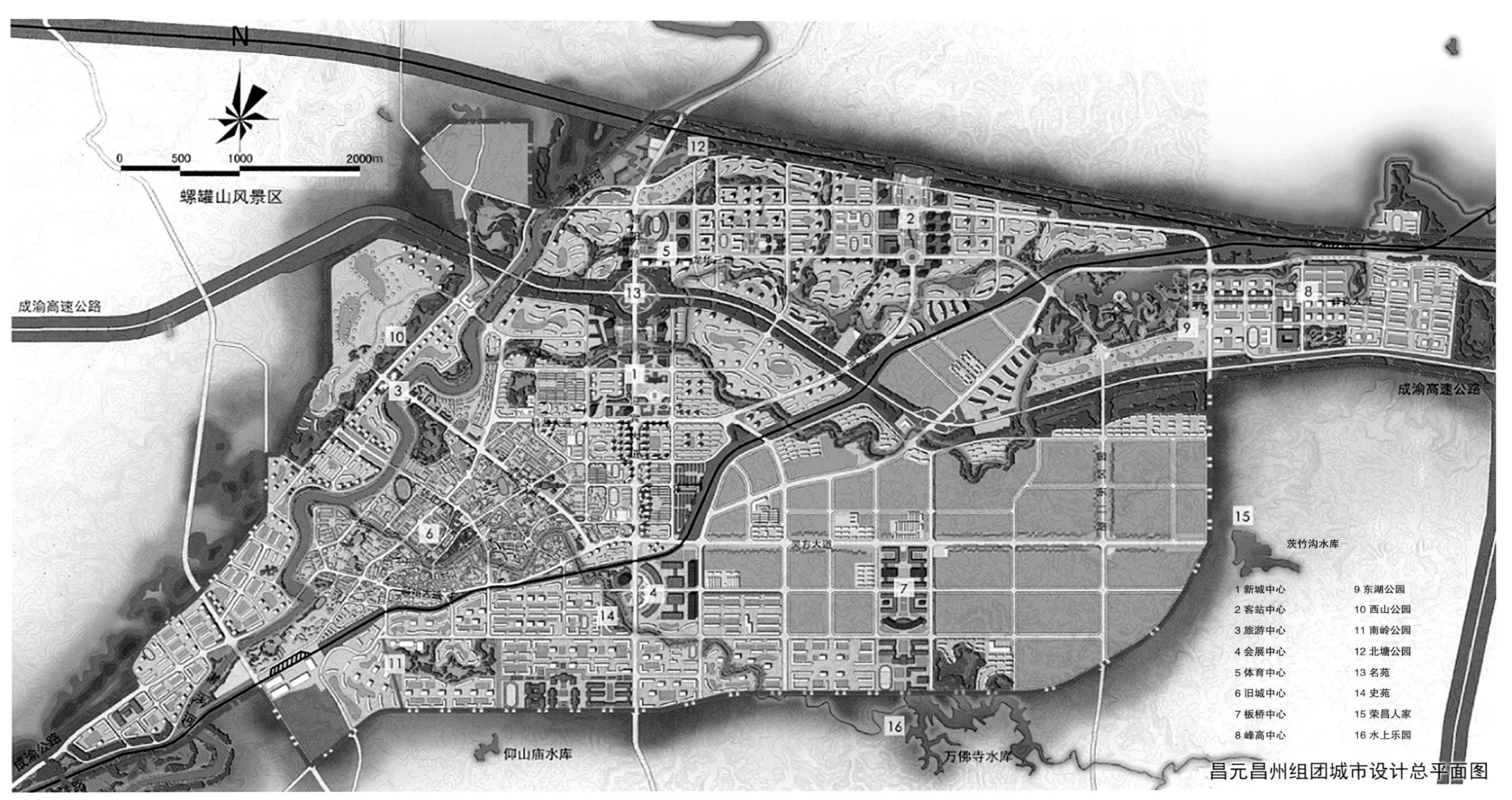

昌元昌州组团城市设计总平面图

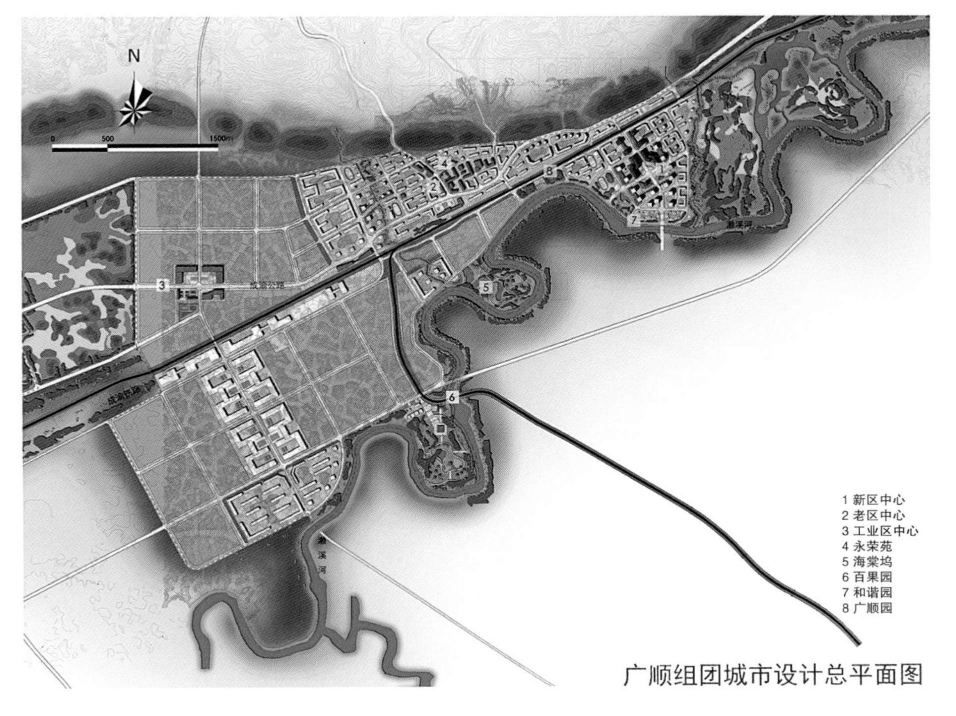

广顺组团城市设计总平面图

富安组团城市设计总平面图

三、空间结构

荣昌县城总体空间结构为“依山靠水、一轴三团、水展三脉、山屏四方”。其中，“依山靠水”指由池水河、濑溪河、荣峰河为主体的水系和寨子山、螺罐山、红岩坪、仙桃岭以及范围内分布的众多低丘构成的基本山水格局；“一轴三团”指以成渝公路城市发展轴串联三个城市组团，形成以昌元昌州为主，广顺、安富为辅的功能结构；“水展三脉”指由池水河、濑溪河、荣峰河三条主要水系构成荣昌县城的基本生态骨架；“山屏四方”指由寨子山、螺罐山、红岩坪、仙桃岭四条主山脉构成的城市背景和边界。

昌元昌州组团结构为“四廊、七区、一轴、三心”，“四廊”指濑溪河生态景观廊道、成渝高速、成渝铁路、成渝高铁生态防护廊道；“七区”指老城区、太阳浩、黄金坡、红岩坪、板桥园、东湖、西山片区；“一轴”指迎宾大道城市功能拓展轴；“三心”指新城中心、老城中心、客站中心。

安富组团结构为“一心二轴二区”，“一心”为组团中心，“两轴”为城市服务轴，城市旅游轴，“二区”指老城片区（内环控制区）和新城片区（环发展区）。

广顺组团结构为“一轴二心二片”，“一轴”成渝公路发展轴，“二心”指老区中心和新区中心，“二片”指工业生产片和居住生活片。

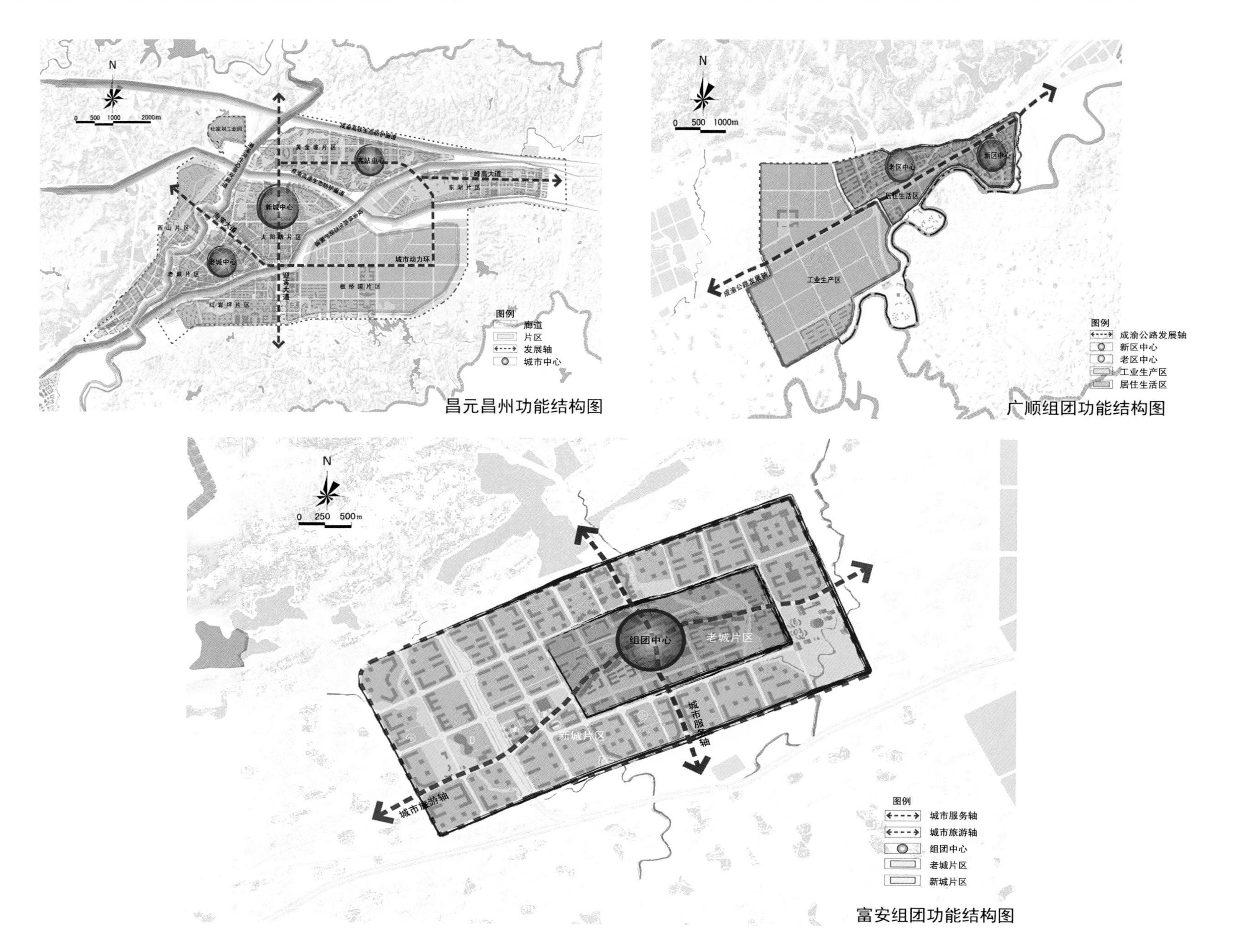


昌元昌州功能结构图

广顺组团功能结构图

富安组团功能结构图

四、主要内容

城市设计方案主要对各组团分别进行了道路系统与慢行系统规划、景观系统与开放空间规划、建筑高度控制与城市轮廓规划、视线廊道与眺望系统规划、平面意象、空间模型研究等内容。另外，项目特色在于对荣昌整体城市“显山、理水、融绿、提升”理念的体现。将荣昌县的山水城市格局有序梳理，并且强化了对当地历史人文的挖掘。

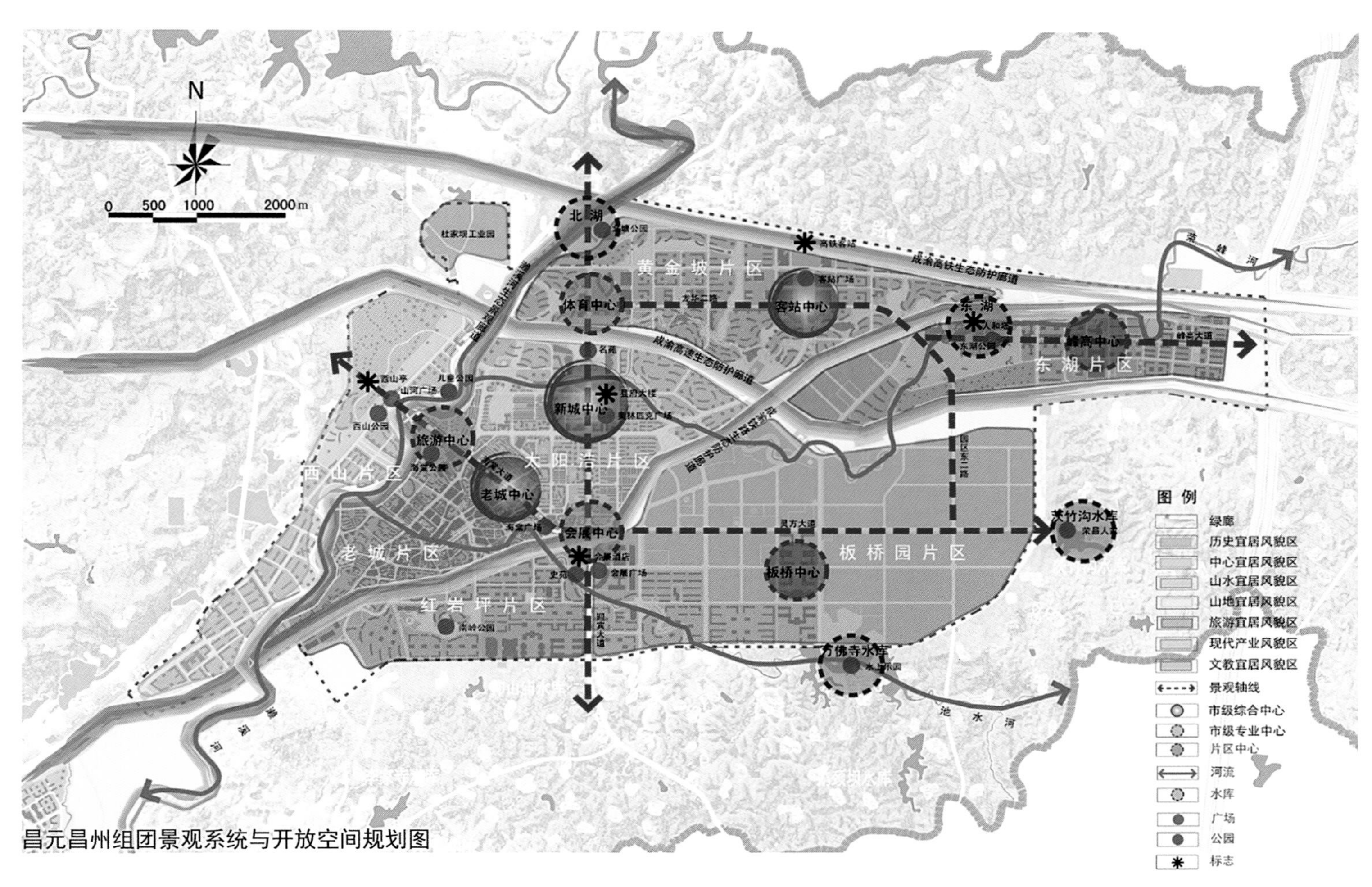

昌元昌州组团景观系统与开放空间规划图

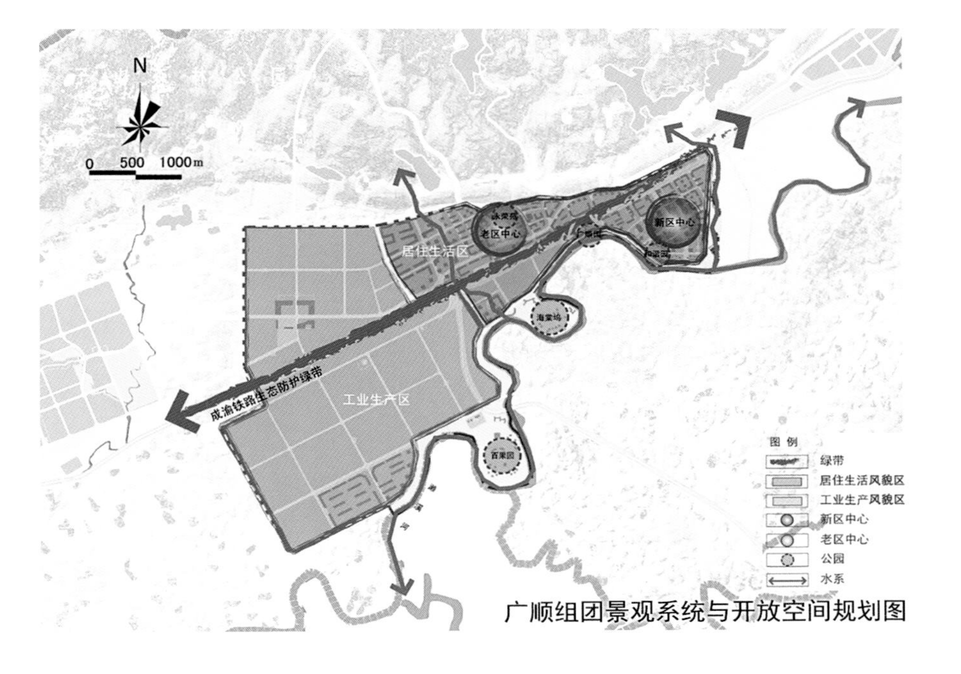

广顺组团景观系统与开放空间规划图

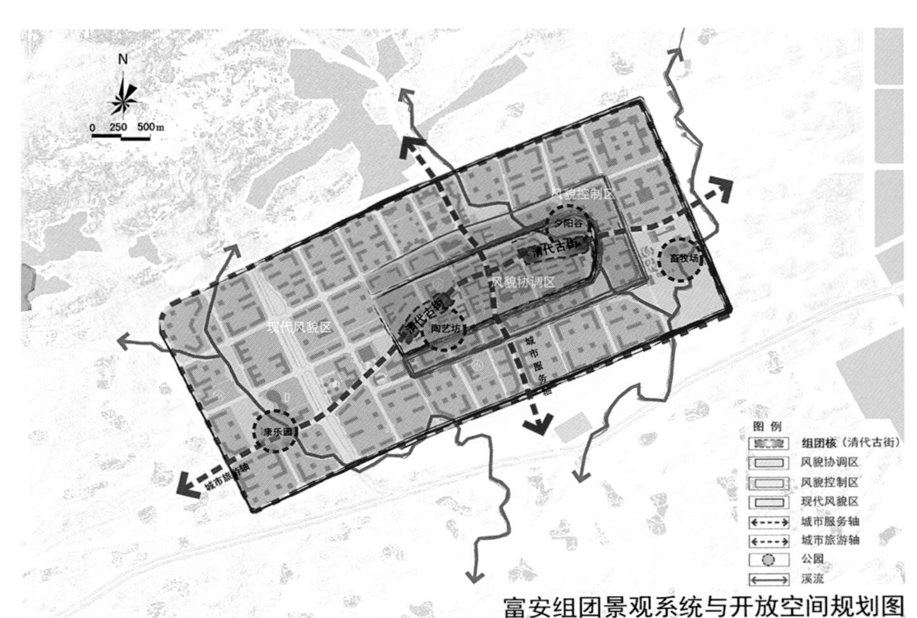

富安组团景观系统与开放空间规划图

# 开县县城中心城区（汉丰湖区域）总体城市设计

*Comprehensive Urban Design of Central Area (Hanfeng Lake Area) in Kaixian, Chongqing*

## 一、项目背景

开县位于重庆市东北部，距重庆市280公里，北依巴山，南近长江，西与四川省接壤。开县中心城区位于开县县域南部，内有汉丰湖形成大型城市生态景观水域。为有效管控中心城区城市形态、塑造城市特色，特编制本次设计。城市设计范围涉及环汉丰湖的周边区域，面积约100平方公里，由重庆博建建筑规划设计有限公司于2016年担纲完成。

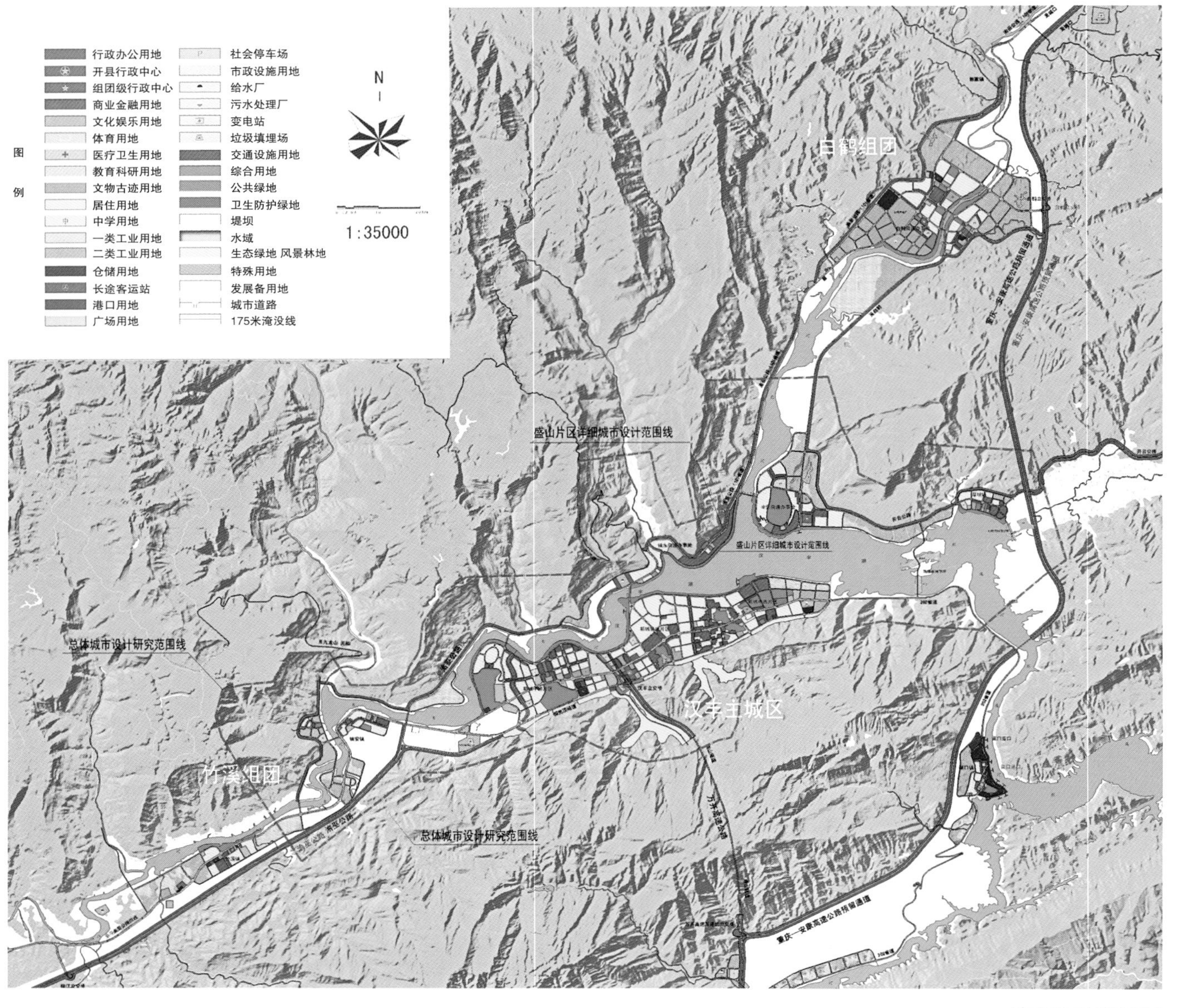


城市设计范围图

开县照片

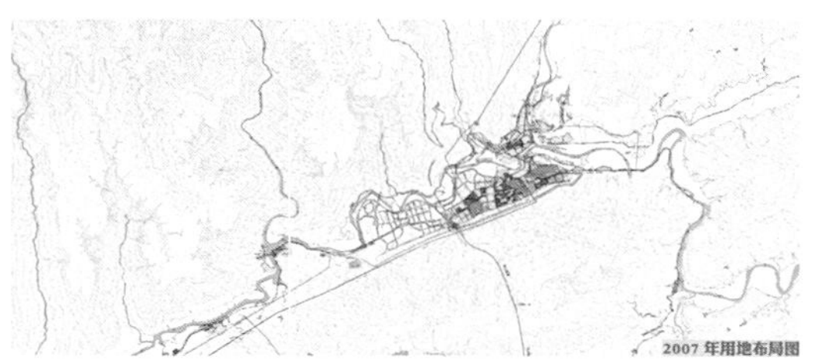


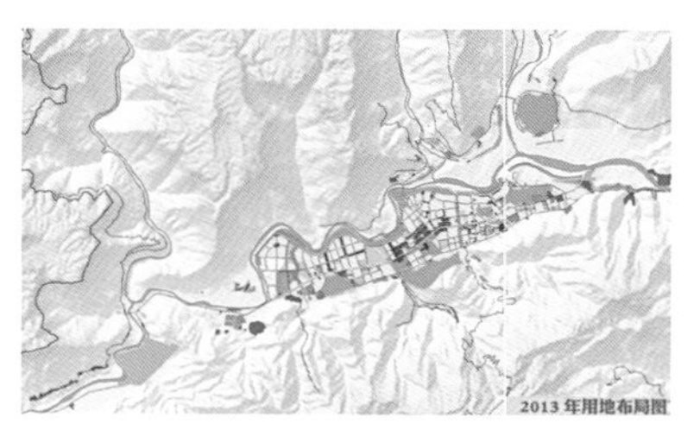


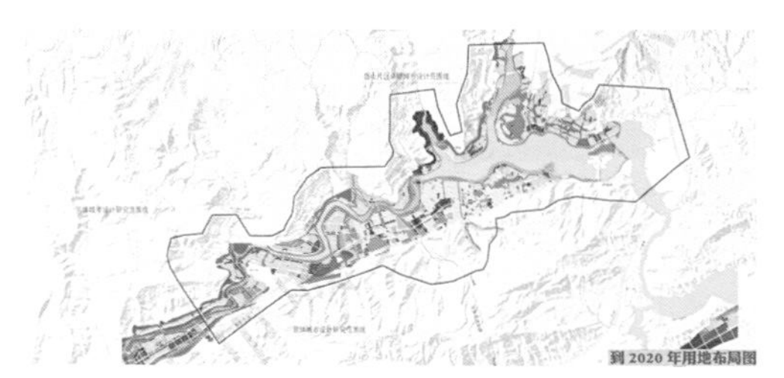


城市空间格局演变

## 二、设计构思

基于对现状的综合分析研究，方案提出了“湖山意象 、特色开州、乡愁故里”的设计理念，并分别确定了结构层面、自然层面、城市层面的目标与策略。结构层面目标：通过自然要素的重新发掘、维育与网络状互联，突出湖山资源的独特性，重新构建生态优先的城市空间格局；利用自然要素重塑城市组团布局，根据各组团资源禀赋建立差异化的功能发展方向。结构层面策略：南密北疏、生态优先，组团重塑、差异发展。自然层面目标：通过城市、自然之间界面与廊道的组织与梳理，显现湖、山景观资源，构建显山露水的山水城市环境；通过适宜技术串联湖山空间，打造一体化、个性化、低碳节能的慢行系统，促进旅游发展。自然层面策略：建构通廊、湖山互望、联山串水、水陆联动。城市层面目标：将城市历史、人文故事与特定地点形态打造相结合，创造体现文脉的公共空间和场所精神；通过业态与建筑元素梳理，创造特色化街区；利用建筑与环境要素组合，重塑城市天际线与门户意象。城市层面策略：发掘文脉、场所再造，重塑天际、树立门户。

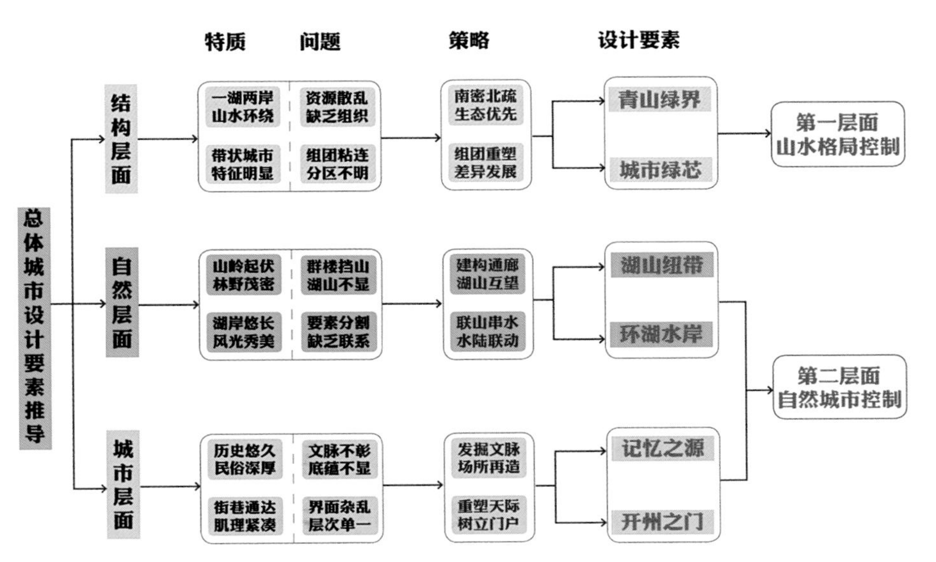


要素推导图

结构层面分析图

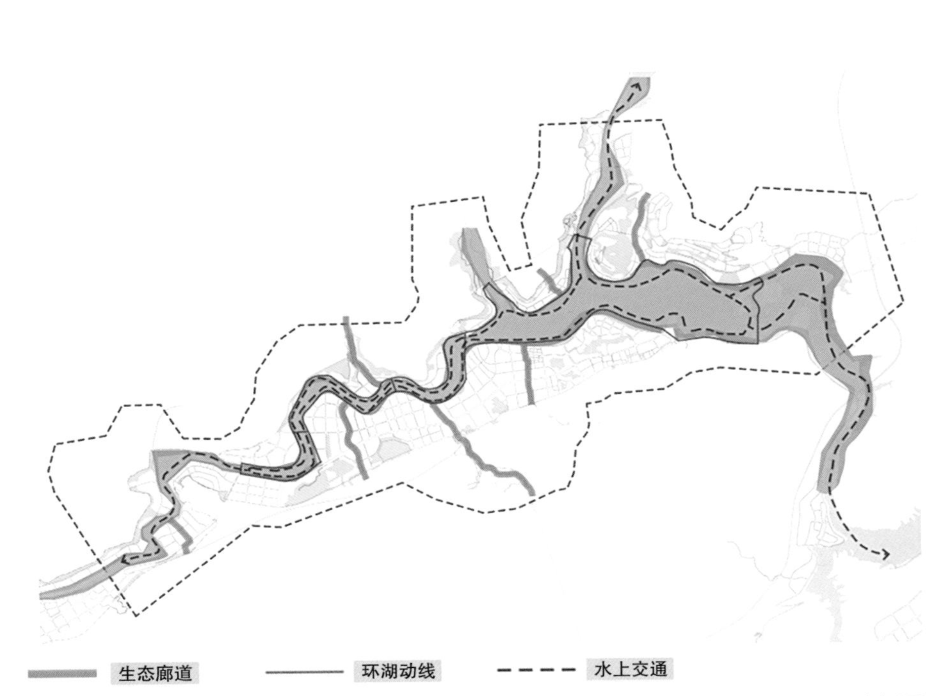


自然层面分析图

城市层面分析图

# 开县县城中心城区（汉丰湖区域）总体城市设计

*Comprehensive Urban Design of Central Area (Hanfeng Lake Area) in Kaixian, Chongqing*

三、空间结构

方案构建了“一湖两岸、一环五片、六组七带”的空间格局。一湖：以汉丰湖为城区空间发展主脉，沿湖依次串联起城市各功能组团。两岸：合理利用北侧的迎仙山、盛山、大慈山和南侧的南山，环绕汉丰湖及城区形成生态景观幕布。一环：沿湖岸线统筹控制、合理利用，对沿湖的主要景观、人文、商业节点采取主题化分段控制的方式进行串联，采取适宜技术打造一体化无缝连接的旅游及交通环线。五片：南部城区利用自然要素分隔，强化竹溪、歇马、中吉、安康、平桥五个片区的空间边界，突出组团式而非粘连式的城市空间结构。六组：北部新区六块组团式用地总体上采取低强度、低密度、原生态景观为主导的改造建设模式，与南部城区形成对比，突出南密北疏的空间格局。各组团也进行差异化控制，局部划定为不开发区，建设为绿地、林地、观光农地。七带：控制梳理改造七条现状水系，串联起山体与汉丰湖，成为分隔城市组团的自然要素，同时形成生态化的带型城市公共空间。

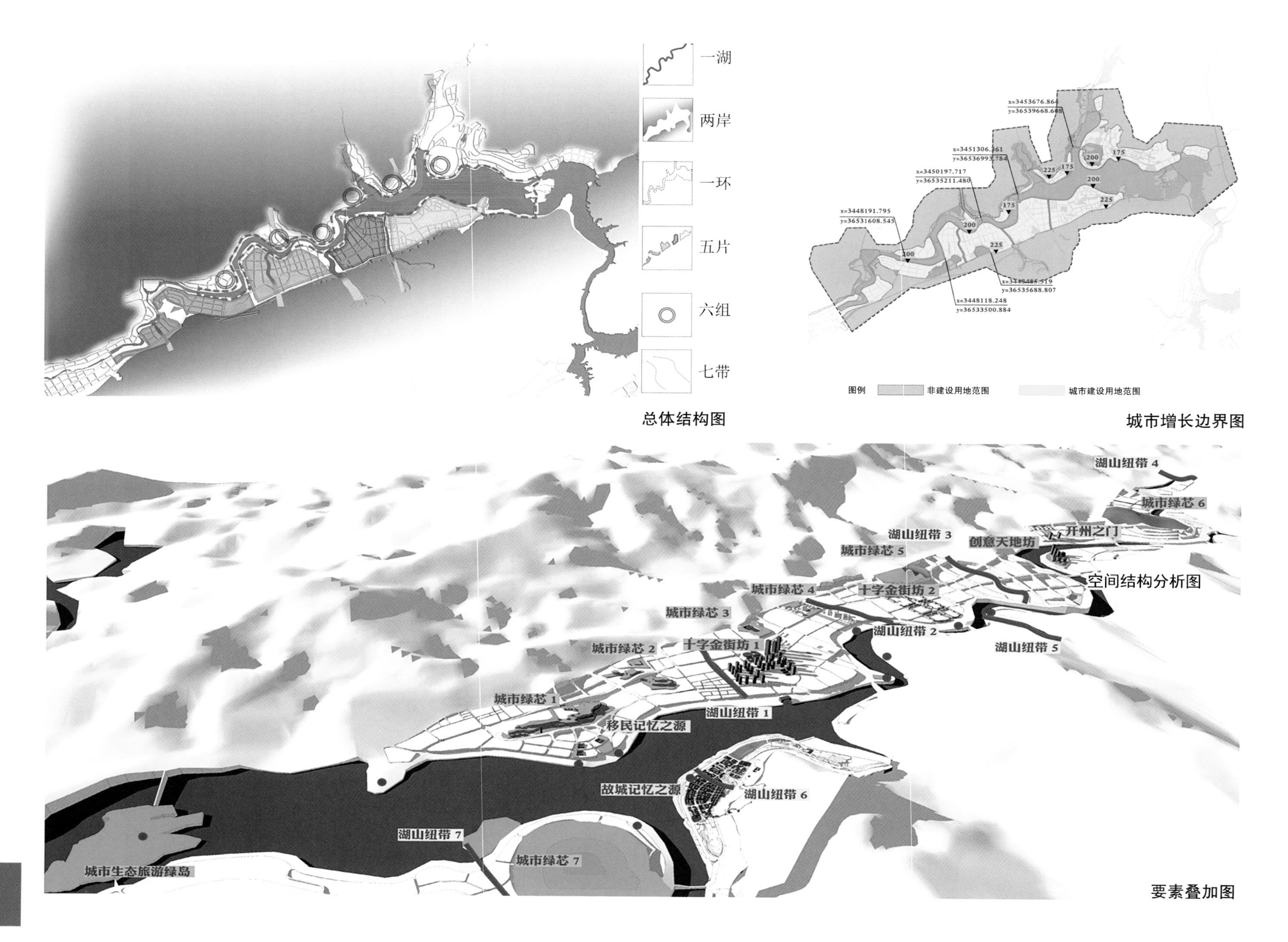


总体结构图

城市增长边界图

要素叠加图

## 四、主要内容

设计方案主要从要素控制、城市形态与风貌引导两方面展开。要素控制包括青山绿界、城市绿芯、湖山纽带、环湖水岸、记忆之源、开州之门六大要素系统，通过划定要素控制边界，划分管控单元，提出管控要求的方法，对各要素进行管理、控制与引导。城市形态与风貌引导包括对总体城市风貌、城市天际线控、特色街坊进行控制与引导。

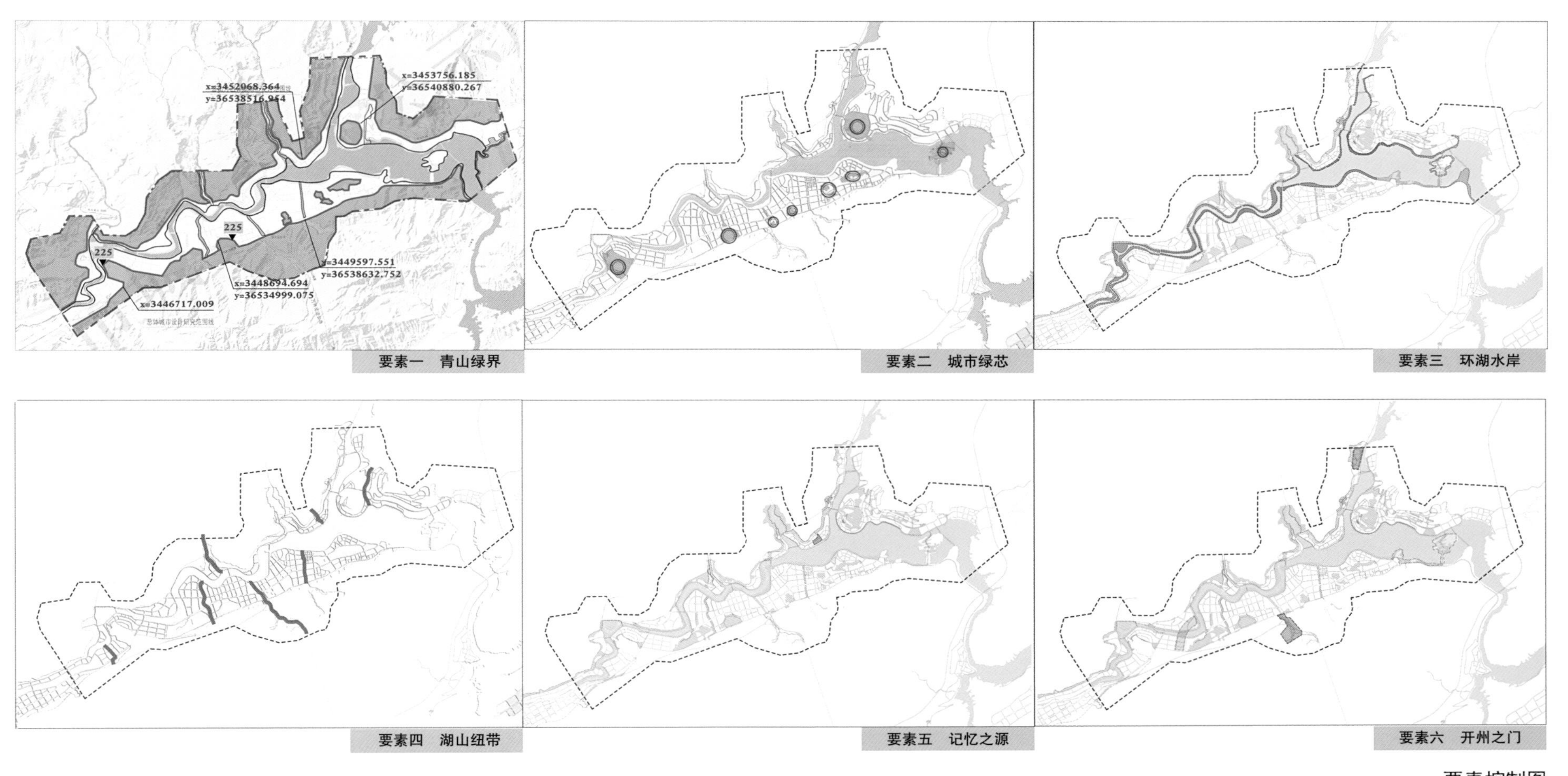


要素控制图

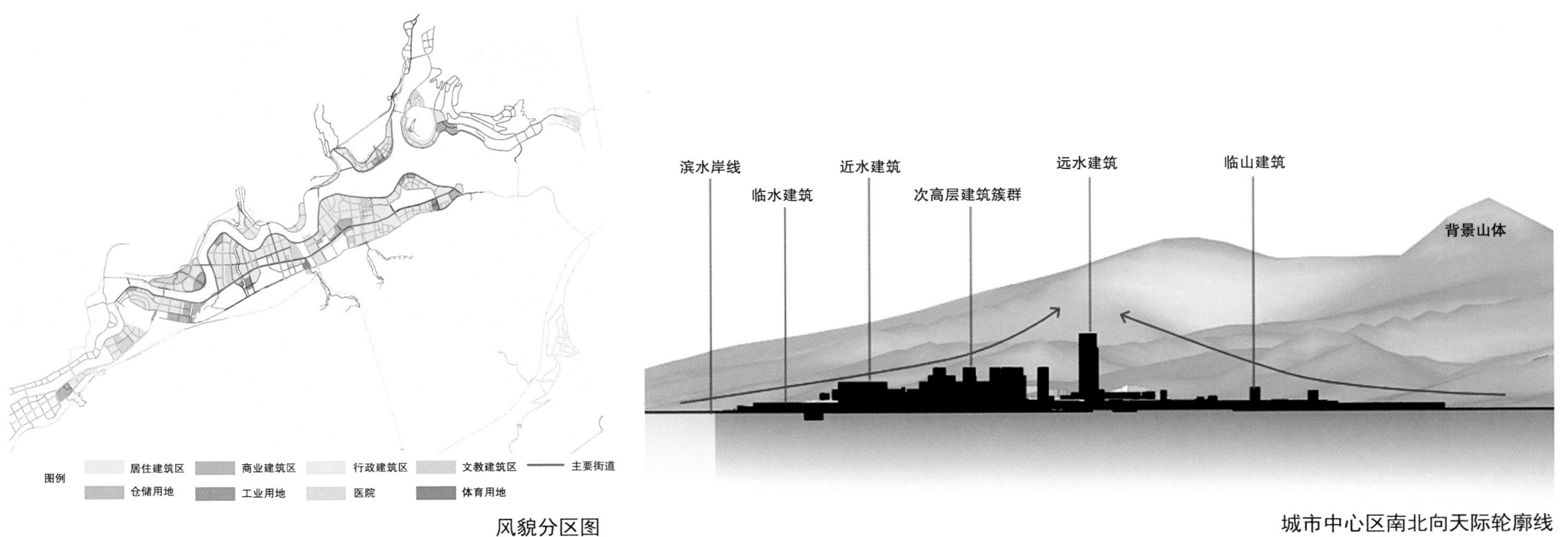


风貌分区图

城市中心区南北向天际轮廓线

# 城口县城总体城市设计

*Comprehensive Urban Design of Chengkou, Chongqing*

一、项目背景

城口县位于重庆市东北部万州区北部。与川陕鄂交界，背依大巴山脉，面临三峡库区。因“据三省之门户名城，扼四方之咽喉称口”而得其名，境域在东经108度15分至109度16分，北纬31度37分至32度12分。由于城口地处祖国版图的心腹地带，东连巫溪出三峡，西出万源连西南，南下万州通重庆，北上安康达西北。因此，现状城口对外交通是“四面往来，领先方通联”的商路格局。城市设计总面积2平方公里，由北京清华同衡规划设计研究院于2010年担纲完成。

二、设计构思

城市设计方案提出显山露水的设计原则，为凸显“山、河、城”等景观要素的有机联系，强化“点、线、片”等城市认知结构要素，打造亲切宜人的空间尺度，并构建开放空间和景观体系，力求创建城市特色文化空间。

城市区位图

城口在重庆的位置示意图

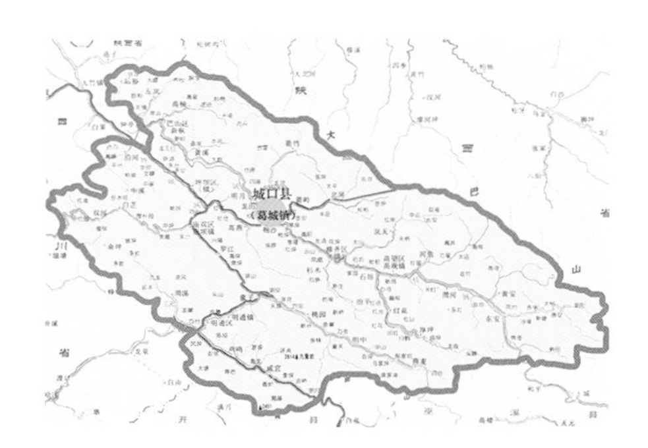

城口县城示意图

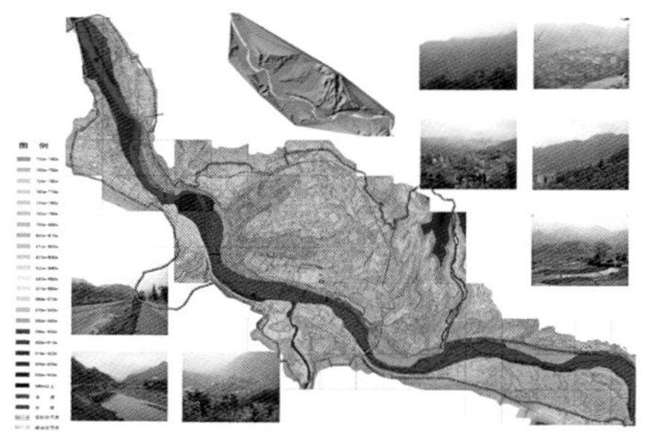

现状高程分析

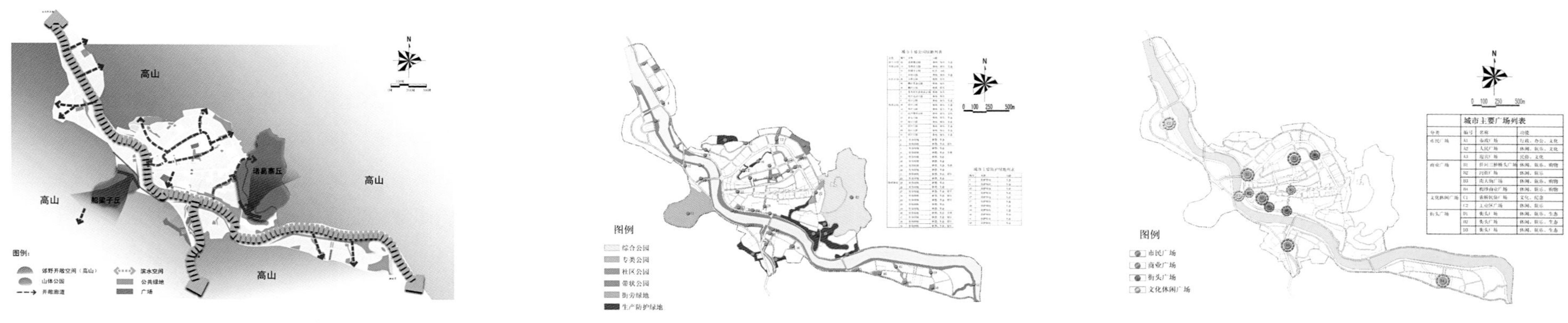


公共空间结构示意图　　绿地系统规划图　　城市广场规划图

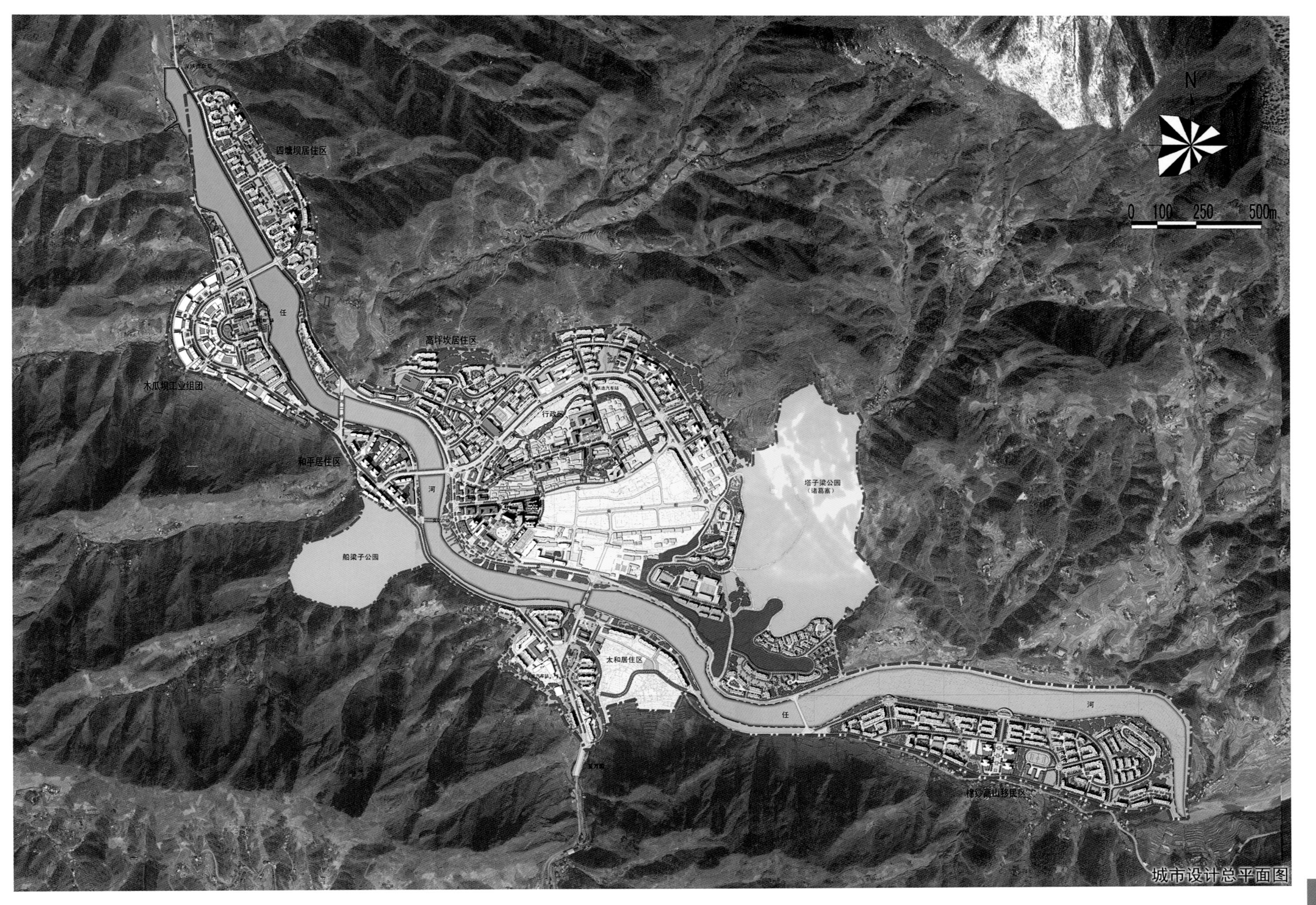


城市设计总平面图

# 城口县城总体城市设计

*Comprehensive Urban Design of Chengkou, Chongqing*

三、空间结构

城市设计方案总目标为“红色巴山小城，生态人居秀地”。重点考虑从城口的革命老区历史、巴山地域特征、自然人居条件、小而美的城市环境作为切入点。方案形成“山河夹映、带形结构、一主四辅、一环双轴”的总体空间结构。“山河夹映”意指保护以仁河、坨溪河为主体的城市水系与塔子梁、诸葛寨等山体公园以及周边的山体所构成的城市基本山水格局。“带形结构”意指以仁河沿岸为重要的城市空间，注重带形结构中各组团间的交通联络建设，打造各具特色的城市功能空间。“一主四辅”即以葛城镇为主中心，辐射带动南部太和次中心、棉沙居住区、木瓜坝工业区和四塘坝居住区。“一环双轴”：重点建设以北大街、东大街、南大街组成的主要街道环线空间，形成城市空间骨架，串联城市各个重要的功能片区，加强梯子街至土城路的风貌街区建设，打造城口的“文化之脊”，形成入城大道经南大门至南大街的城市重要景观大道。

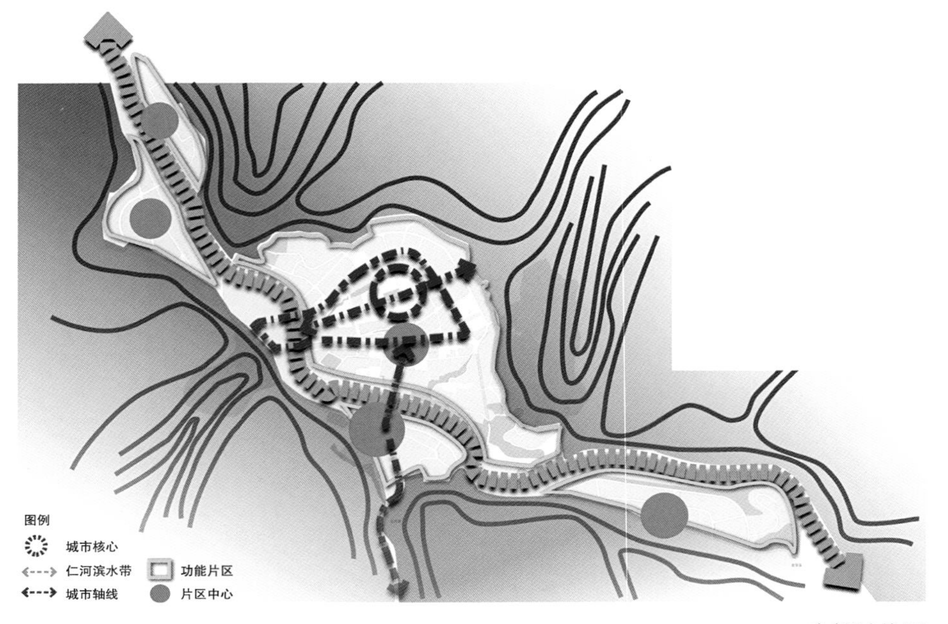


空间结构图

绿地系统图

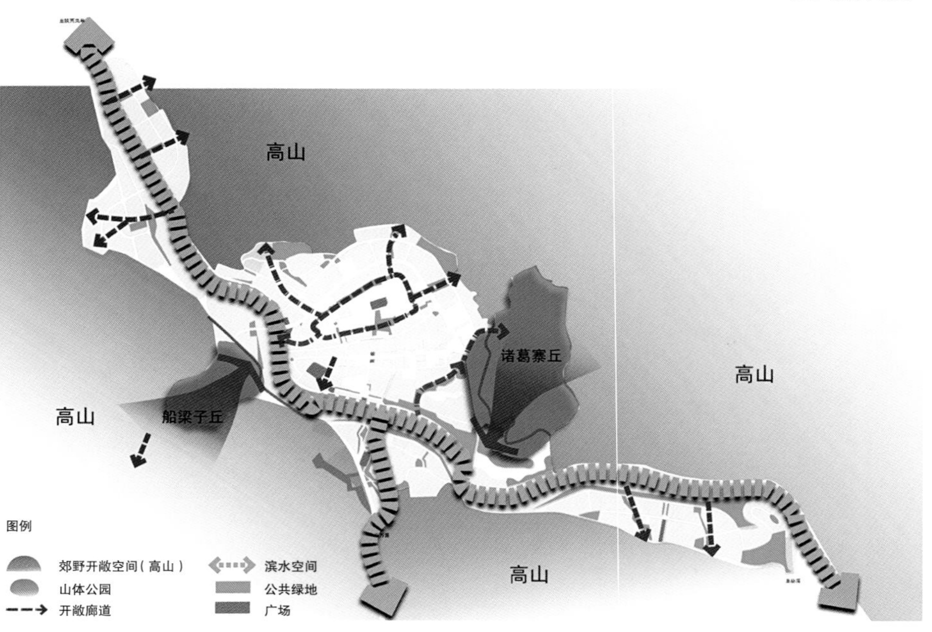


开敞空间结构图

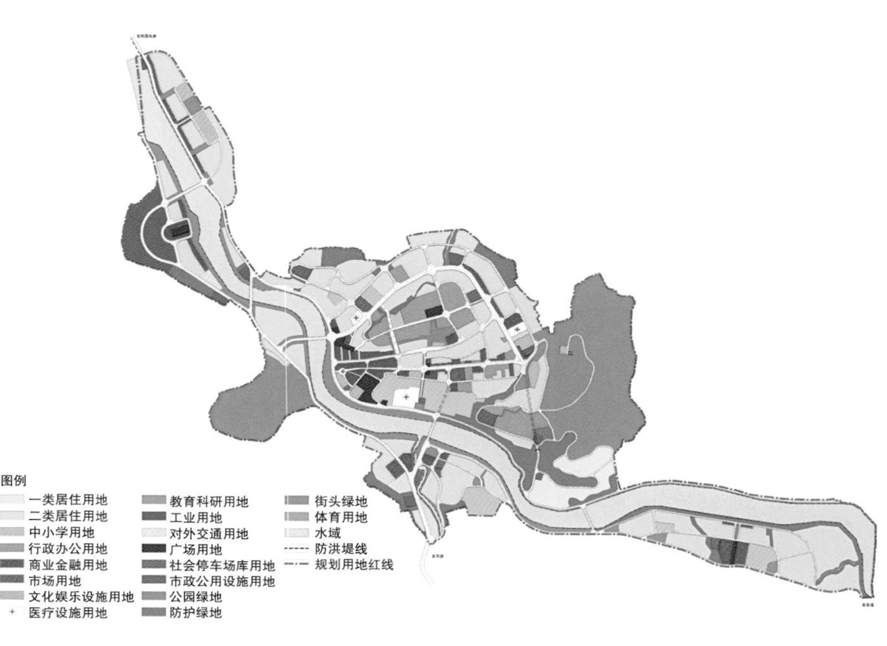


土地利用图

四、主要内容

方案从开敞空间、广场、绿地、道路系统、慢行系统、土地利用规划、建筑高度、建筑强度、眺望系统、滨水景观、河堤改造、建筑风貌、色彩引导、入口片区等方面进行控制。另外，通过对城市空间结构系统性的规划，依循城市自然山水环境肌理，以水系作为空间发展脉络，通过对建筑高度、强度、风貌、滨水景观、色彩等方面的详细设计彰显城市特色，提高城市品质。

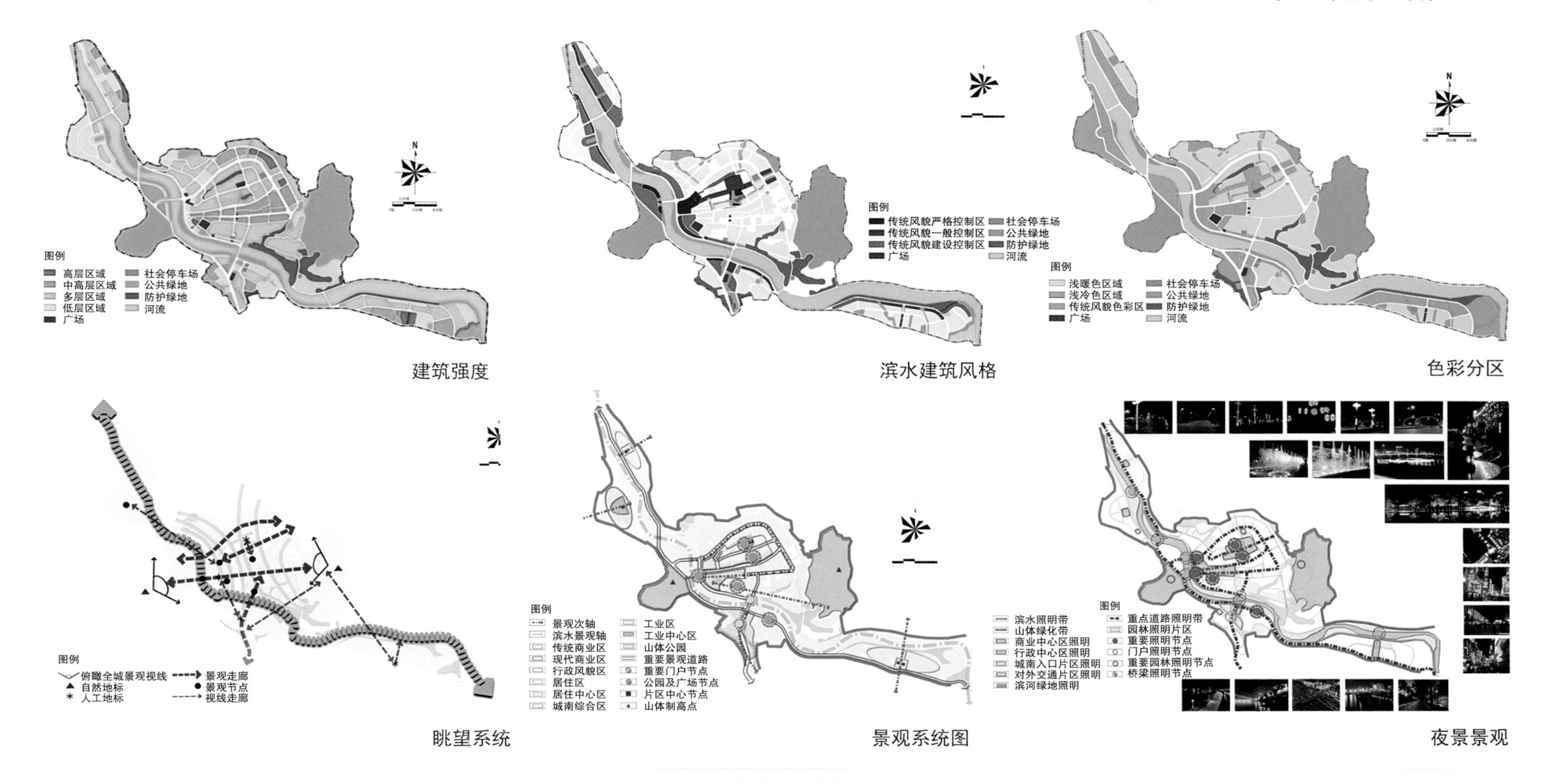


建筑强度　滨水建筑风格　色彩分区

眺望系统　景观系统图　夜景景观

效果图

# 丰都县城总体城市设计

*Comprehensive Urban Design Of Fengdu, Chongqing*

一、项目背景

丰都县为巴国别都，建制千年，有着丰厚的历史文化和美丽的山川江水，而“鬼城”一名，让她名扬万里，让人充满探究的期待与向往。本次总体城市设计范围西起丰都长江大桥，东至水天坪工业园区，北到名山景区，南界沿江高速公路，城市设计任务范围面积为89.3平方公里，设计范围为总规确定的城市建设用地，面积约为27.6 平方公里。由北京世纪千府国际工程设计有限公司于2016年担纲完成。

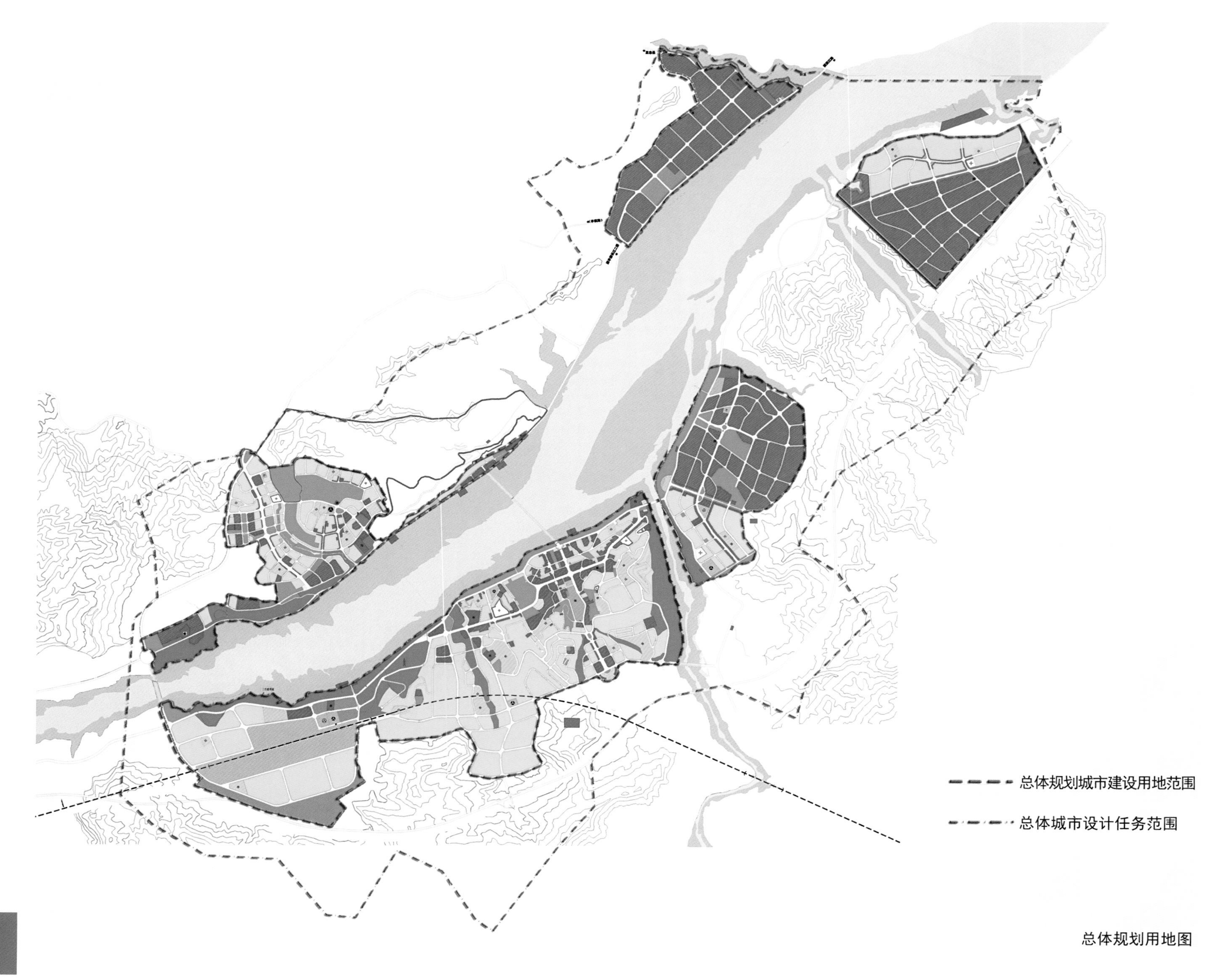


总体规划用地图

二、设计构思

城市设计以“山水江城、上善丰都”为设计愿景，打造具有历史传统文化和山水园林特色的旅游宜居港口城市。

山水城市——体现滨江山地城市特征，山水城交融互通，塑造城市形象。

品质生活——构建城市空间各要素系统，提升城市品质，打造悠闲生活体验。

休闲旅游——景城一体两岸互动，打造旅游核心空间，提升旅游体验。

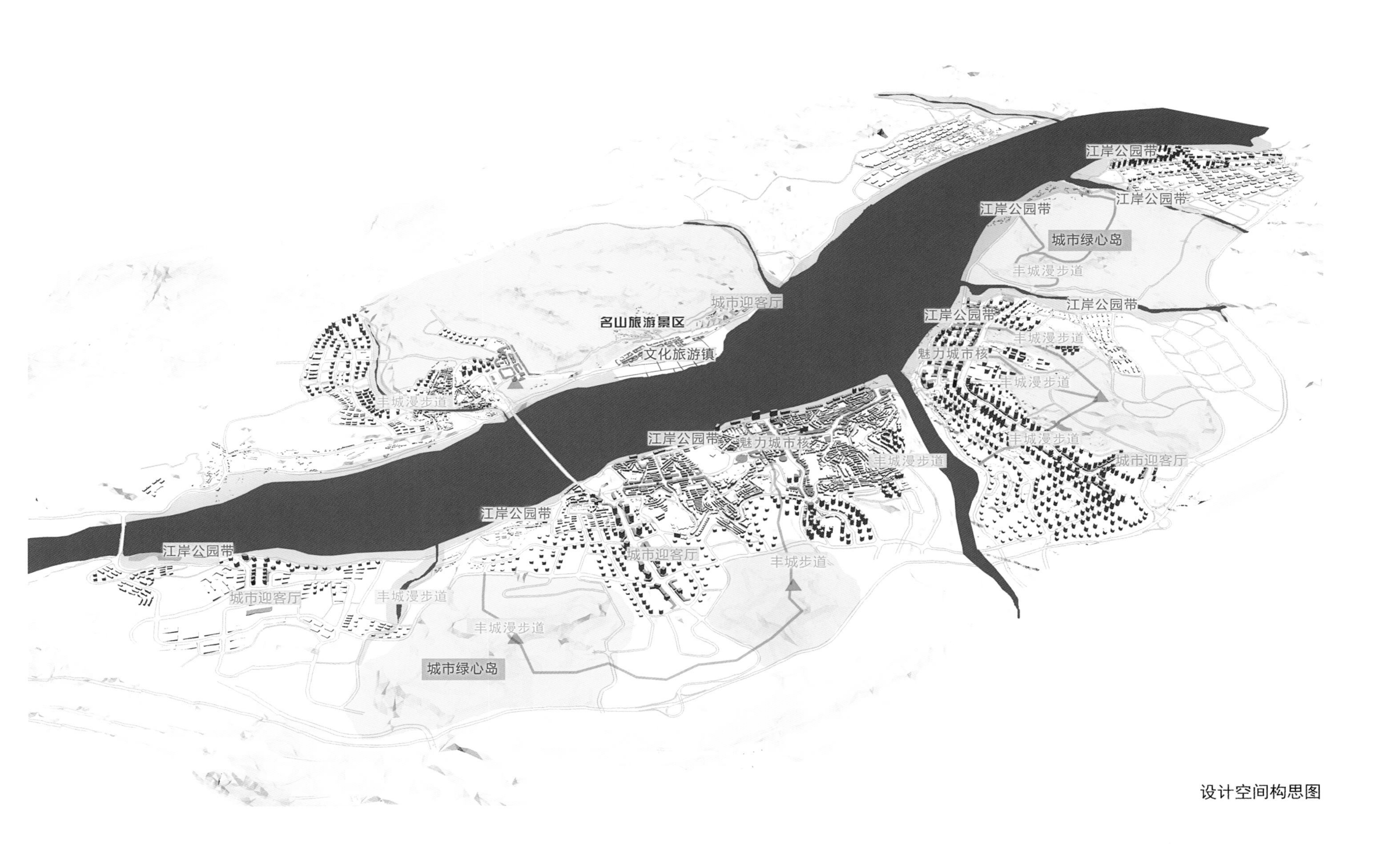


设计空间构思图

三、空间结构

城市总体空间结构为：一脉两幕六组团、两轴七廊四节点。一脉：一脉映城。以长江为城市滨水空间发展主脉，强化“江岸公园带”的城市意象，联动南北岸发展，体现丰都“江城”和“水城”特色。两幕：两幕绿城。控制长江南北两岸近城的自然山体，形成山城互望和谐共生的良性关系，强化“山城”意象，打造赏城远眺的“丰城漫步道”。六组团：组团筑城。沿长江两岸，形成了六大城市组团：镇江工业组团、名山特色旅游组团、丁庄溪商贸物流组团、王家渡综合功能组团、龙河东生活居住组团、水天坪工业组

空间结构图

团。两轴：轴线串城。精心塑造东西向长江滨江城市发展轴和南北向的景观形象轴，结合“城市迎客厅”，构筑城市形象走廊。七廊：绿廊理城。梳理整合城区七条支流和冲沟，形成不同功能和景观意向的景观廊道，将县城有机划分为六个特色组团。四节点：四心活城。高铁站商贸物流中心、政务文化中心、商业购物休闲中心、文俗旅游体验中心，将共同引导城市有序发展，完善城市功能配套。

四、主要内容

总体城市设计从江岸公园带、城市绿心岛、丰城漫步道、城市迎客厅、魅力城市核、文化旅游镇六大设计要素对丰都县城的规划建设进行控制引导。

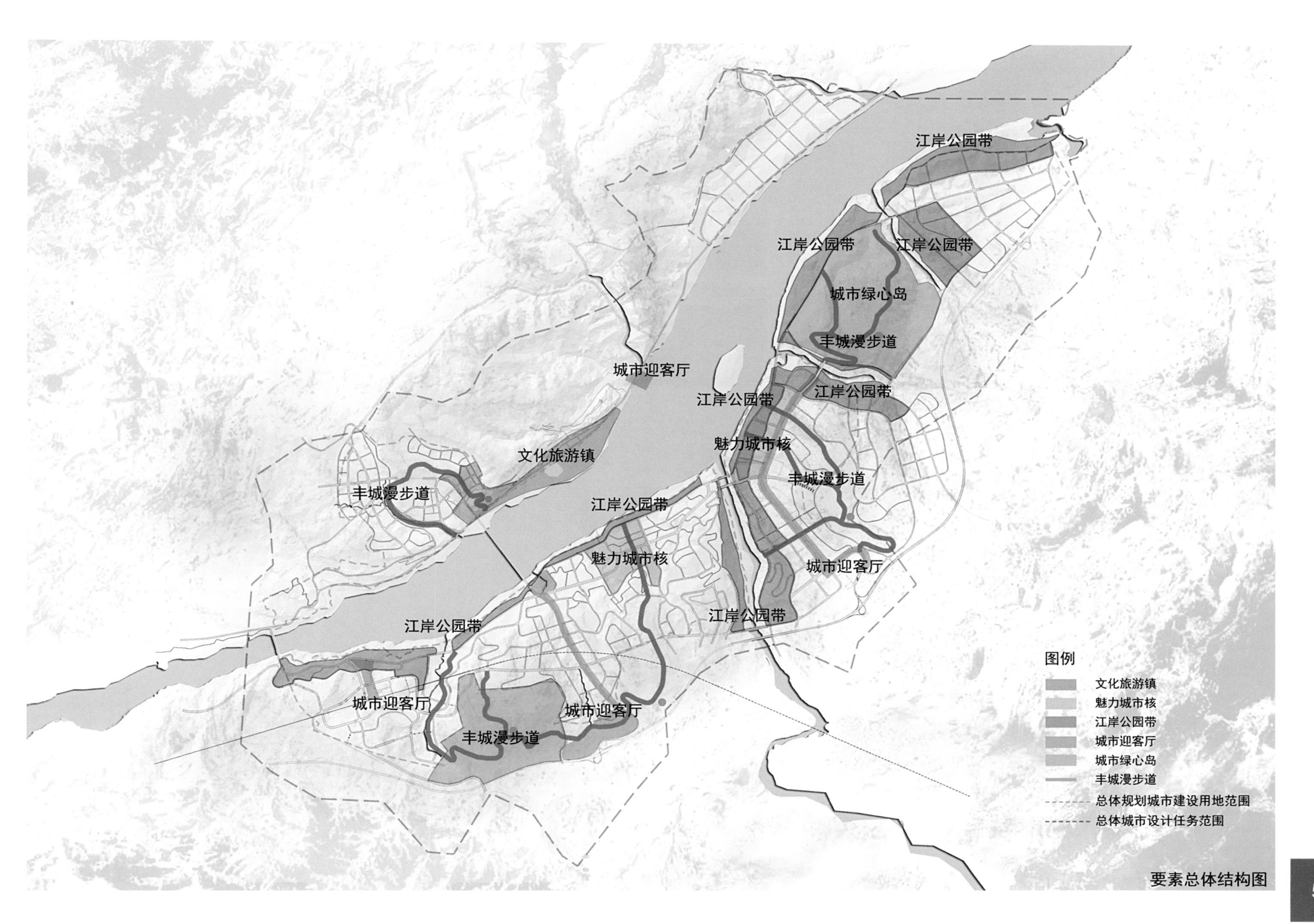

要素总体结构图

# 垫江县高峰镇总体城市设计

*Comprehensive Urban Design of Gaofeng, Dianjiang, Chongqing*

一、项目背景

高峰镇位于垫江县中部，距县城仅14公里，交通便捷，物产丰富，山水风光秀丽。为保护和延续高峰镇的自然山水生态格局，改善人居环境，塑造城镇整体风貌特色，本方案将通过城市设计的研究方法引导城镇发展，同时对镇区的重点城镇形态要素进行控制和引导。城市设计方案将高峰组团定位为：垫江县中南片区的增长极，高峰镇政治、经济、文化中心，集农副产品加工、商

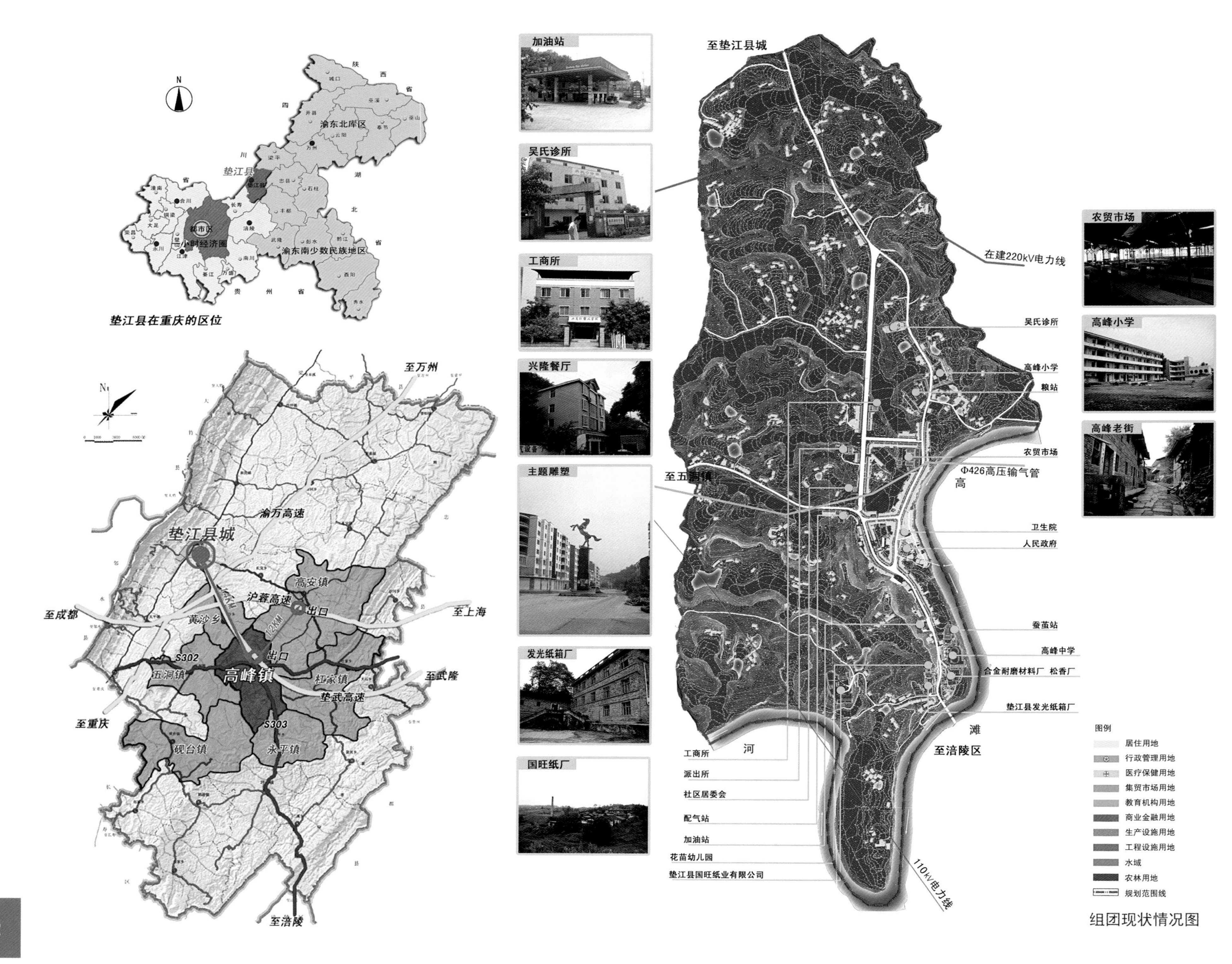


组团现状情况图

贸、文化休闲及生态旅游为一体的绿色生态小城镇。城市设计总面积2.78平方公里，由重庆仁豪城市规划设计有限公司于2010年担纲完成。

二、设计构思

方案提出“依山靠水、和谐共生；思山念水、驻足而憩”的设计主题。在方案中强调区域性原则、整体协调原则、可持续发展原则、弹性原则、特色原则。设计策略包括“连水活镇”，即利用原有鱼塘、水渠，形成镇区内部水系脉络，富于灵性与活力；“串丘成林”，即保留原有山丘，培植绿林，贯通绿廊；“产业兴镇”，即培育生态产业，升级传统产业，发展低碳经济；“宜居靓镇”，即营造高品质公共空间，提供便利公共服务，建设和谐宜居环境。

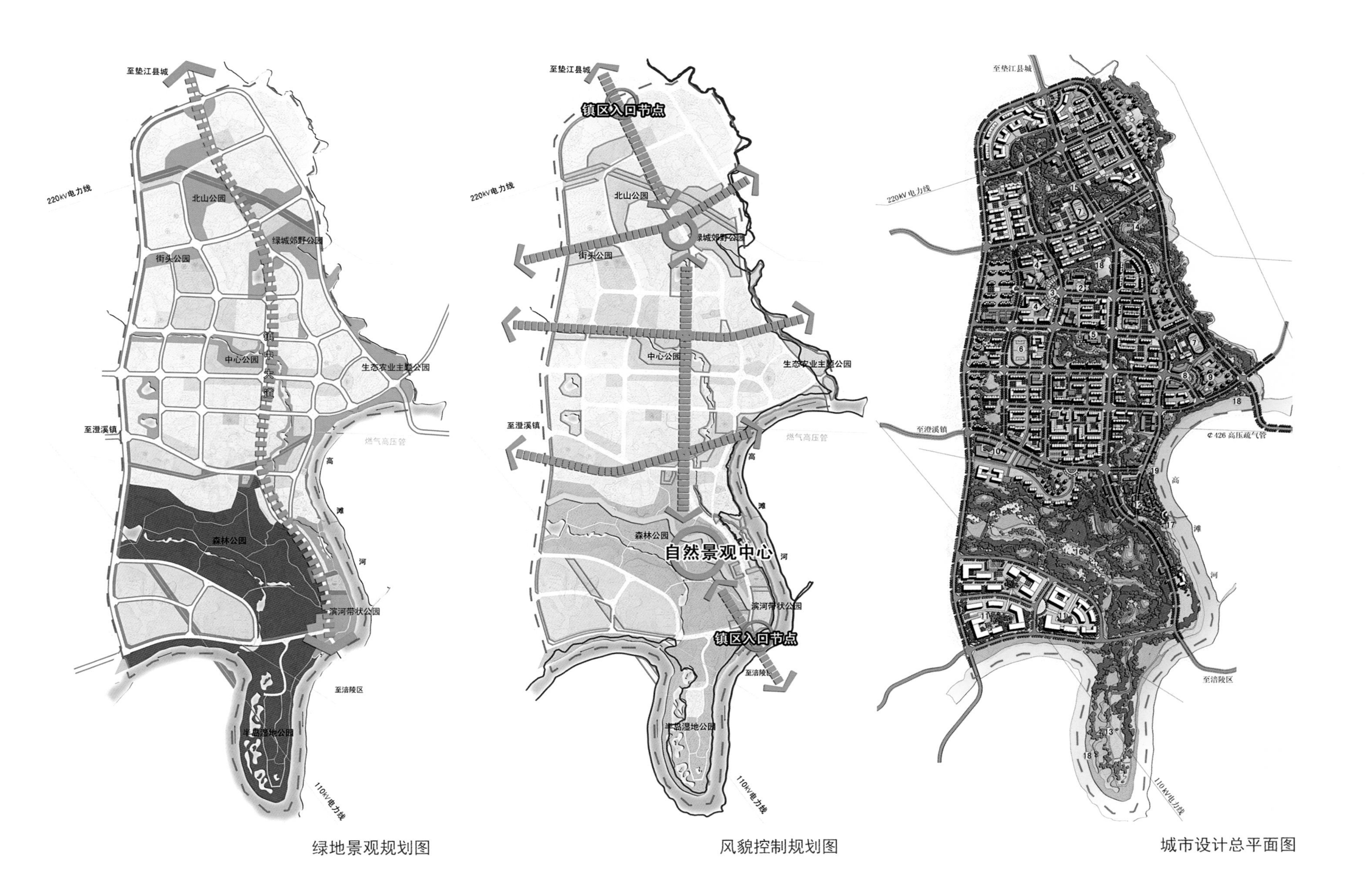


绿地景观规划图　　风貌控制规划图　　城市设计总平面图

三、空间结构

基于对用地的地形地貌、生态敏感性及用地适宜性的分析，结合现状城镇功能、交通及其空间拓展方向，提出“一山一河两轴三片”的总体空间结构形态。“一山”即位于南部的封家山生态绿核；“一河”即东部高滩河滨河游憩带；“两轴”为南北向镇中大道城镇发展主轴及东西向城镇发展次轴；“三片区”即北部生态居住片区，中部行政、商业、文化综合功能片区，南部生态工业片区。

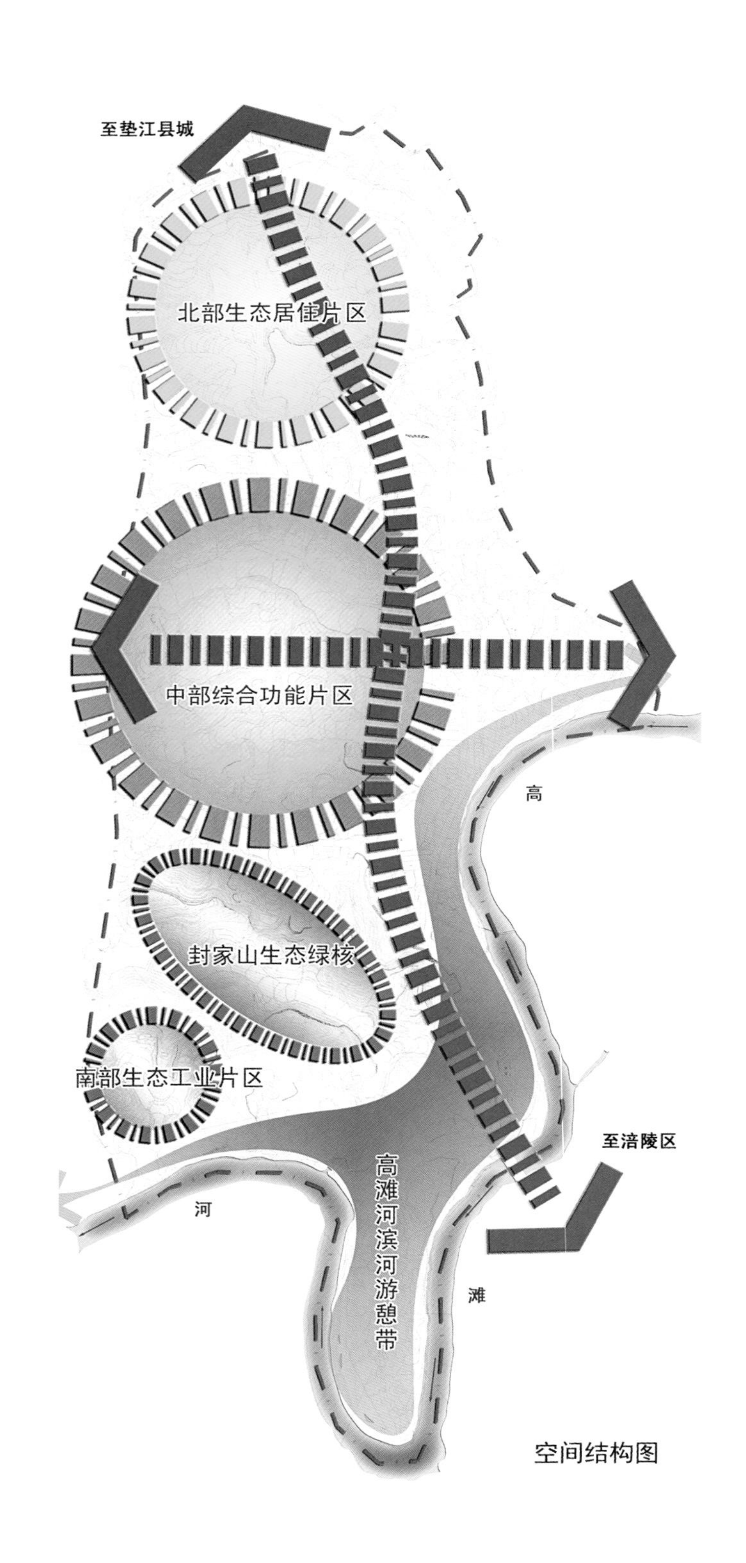

空间结构图

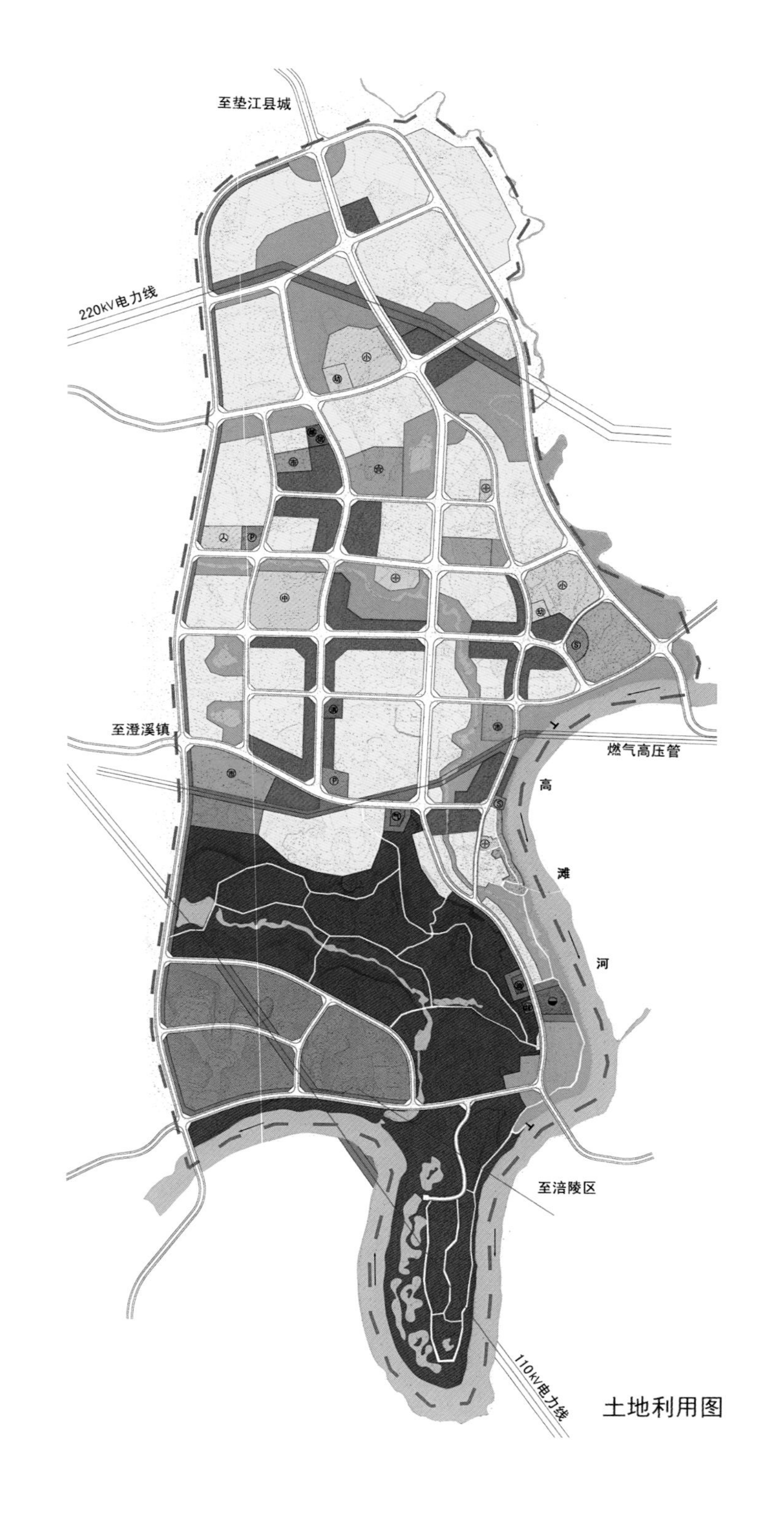

土地利用图

四、主要内容

城市设计方案要素包括特色风貌分区、天际轮廓线、景观标识、视线通廊等，其中：特色风貌分区根据基本风貌和重要特色资源分析，将城市分为4个风貌分区，对每个分区内的空间形态、建筑风格、建筑色彩提出控制要求；天际轮廓线，对建筑天际线和山体轮廓线进行控制，突出显山露水的原则；对于街道界面进行控制，形成有节奏感的城市界面；景观标识，划定出自然标识和人工地标，并提出打造原则；视线通廊，通过对各山头之间、临河滨水带、道路以及各山头与广场之间的视线通廊进行控制，对内部主干道、滨河区域、高压线区域、过境道路提出控制要求。

鸟瞰图

# 忠县独珠组团总体城市设计

*Comprehensive Urban Design of Duzhu, Zhongxian, Chongqing*

一、项目概况

城市设计位于忠县县城东北侧，处于长江北岸的半岛状区域，三面环水，目前基本无城市开发建设。独珠城作为一个即将进行整体开发的城市组团，独特的区位及其与皇华城的空间组合使其成为库区沿线一道非常显眼的城市景观，也将其推到了新三峡休闲旅游开发的前沿。该组团在城市总规中定位为旅游、休闲度假区。城市设计区域面积约3.4平方公里，由广州市科城规划勘测

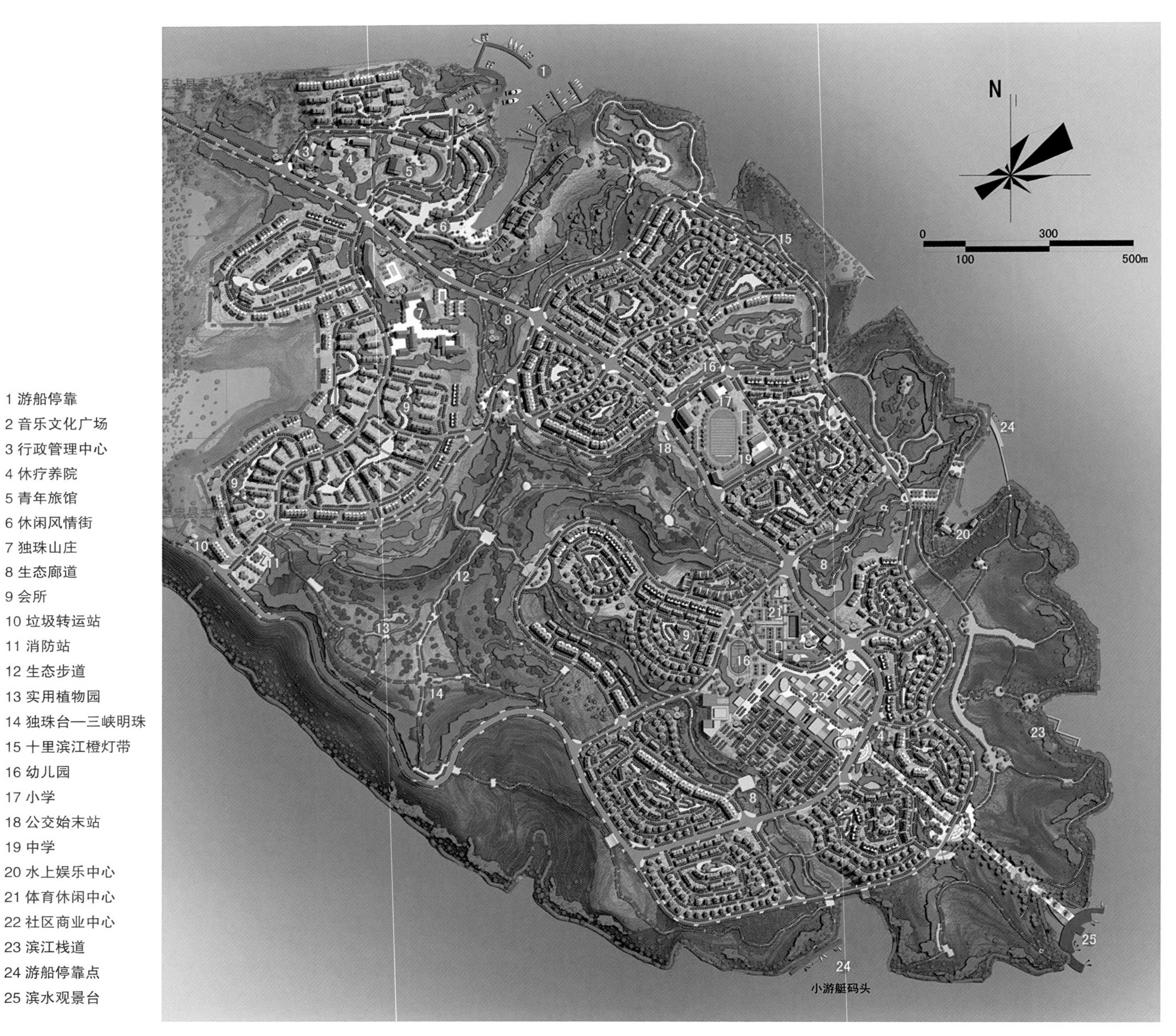


总平面图

技术有限公司与重庆仁豪城市规划设计有限公司联合于2009年担纲完成。

二、设计构思

生态之城：结合基地内部山势的走向形成绿化纽带，整合片区内部的景观资源，突出环境优美的绿色生态之城。

旅游之城：利用基地天然的滨水空间，结合休闲旅游小镇定位和运动休闲设施布局，形成充满活力的特色旅游之城。

现代之城：根据策划打造“三峡古今双子城”的大目标，将独珠组团打造为与古风皇华城遥相呼应的现代之城。

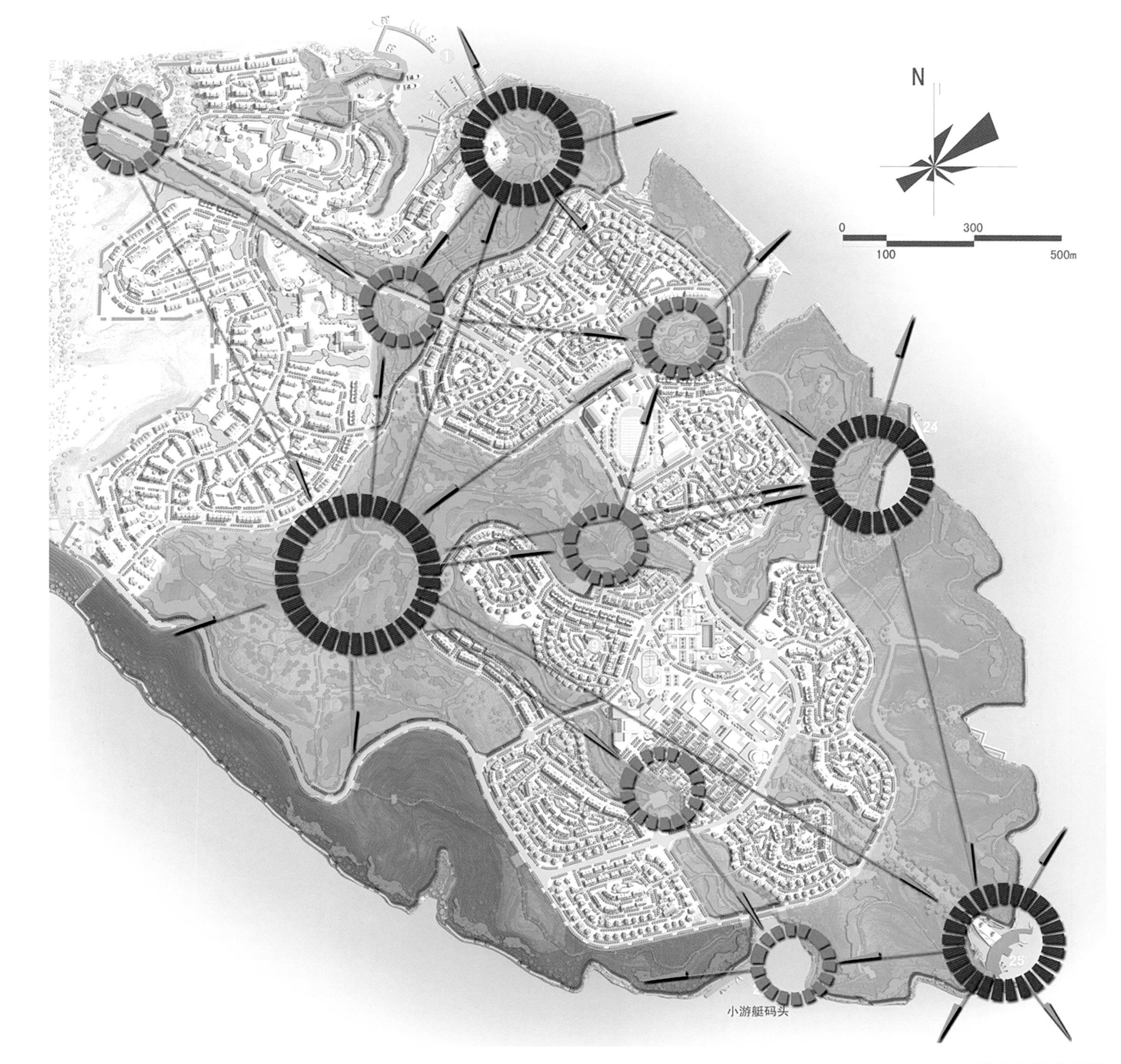


景观视线分析图

# 忠县独珠组团总体城市设计

*Comprehensive Urban Design of Duzhu, Zhongxian, Chongqing*

三、空间结构

通过对现有基地自然山脊的分析以及上位规划中基地山体与长江的视线联系方面的研究，引申出“绿脉”这一设计理念，利用基地良好的自然生态环境，构建完整的城市生态系统。城市设计着力塑造各具特色的中小尺度山水环境，构建不同层次的“山—水—城”格局，开敞空间和视觉走廊得到了有效保护。

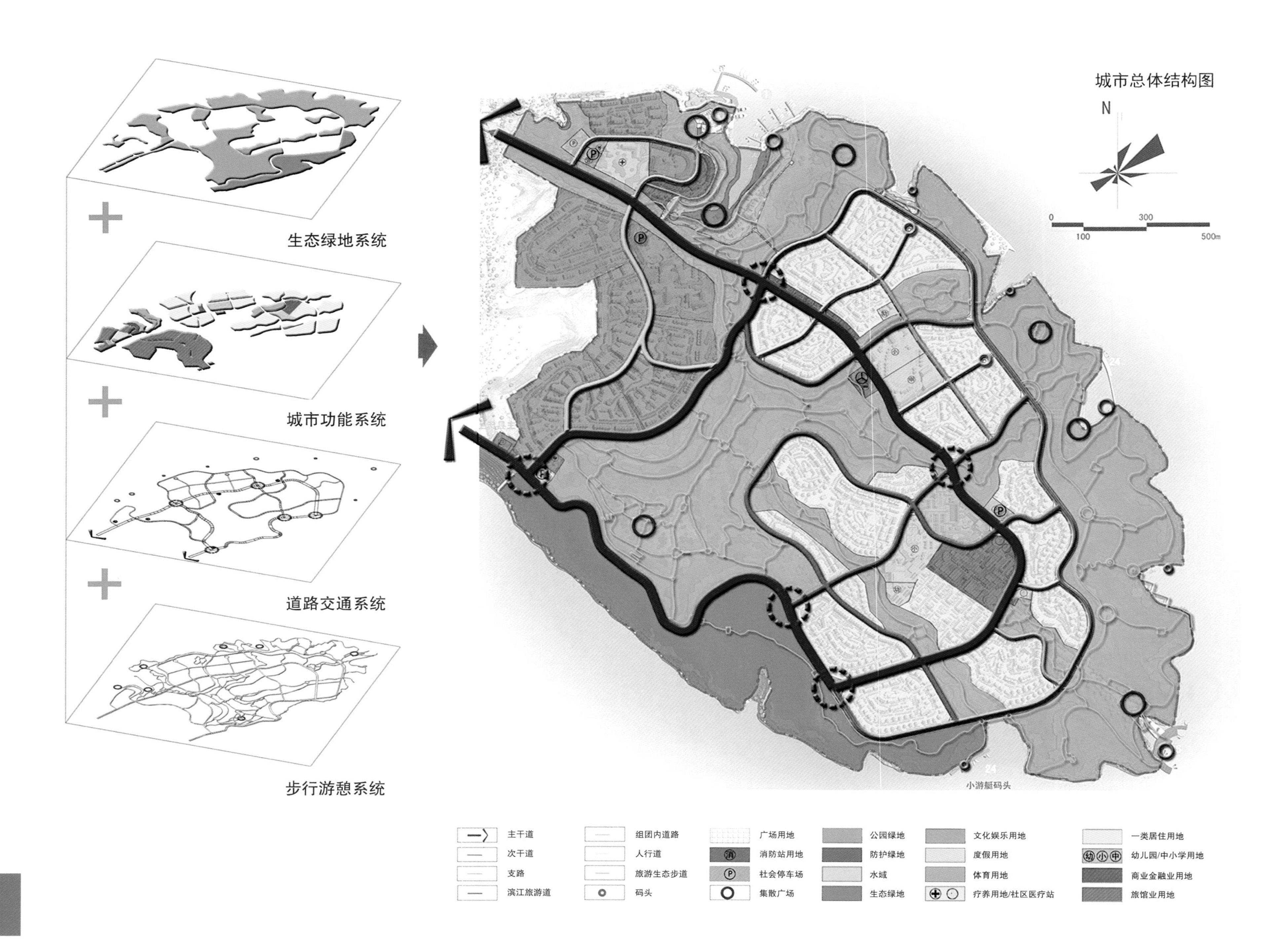

四、主要内容

结合半岛地形，加强滨江地区的打造，同时依循地形条件，进行自由式建筑布局，对道路结构、景观视线、公服设施、旅游配套等进行系统性控制。

独珠山庄透视图

休闲风情街鸟瞰图

总体鸟瞰图

# 石柱县总体城市设计

*Comprehensive Urban Design of Shizhu, Chongqing*

## 一、项目背景

石柱县位于重庆市东部，地处渝东南生态保护发展区内，是三峡库区唯一的少数民族自治县，以土家族为主，另有汉族、苗族、独龙族等民族，共29个民族。为保护石柱县山、水环境，提升石柱县作为重庆的渝东南门户形象，延续城市的历史文脉，营造浓郁的人文氛围，强化土家族自治县的特色城市意象，特编制本次城市设计。城市设计研究范围北至沪渝高速，南至南宾工业园，东至顶子山，西至旗山、冒顶山，面积约49平方公里，重点设计范围为总体规划确定的建设用地范围，面积约19平方公里，由重庆市规划设计研究

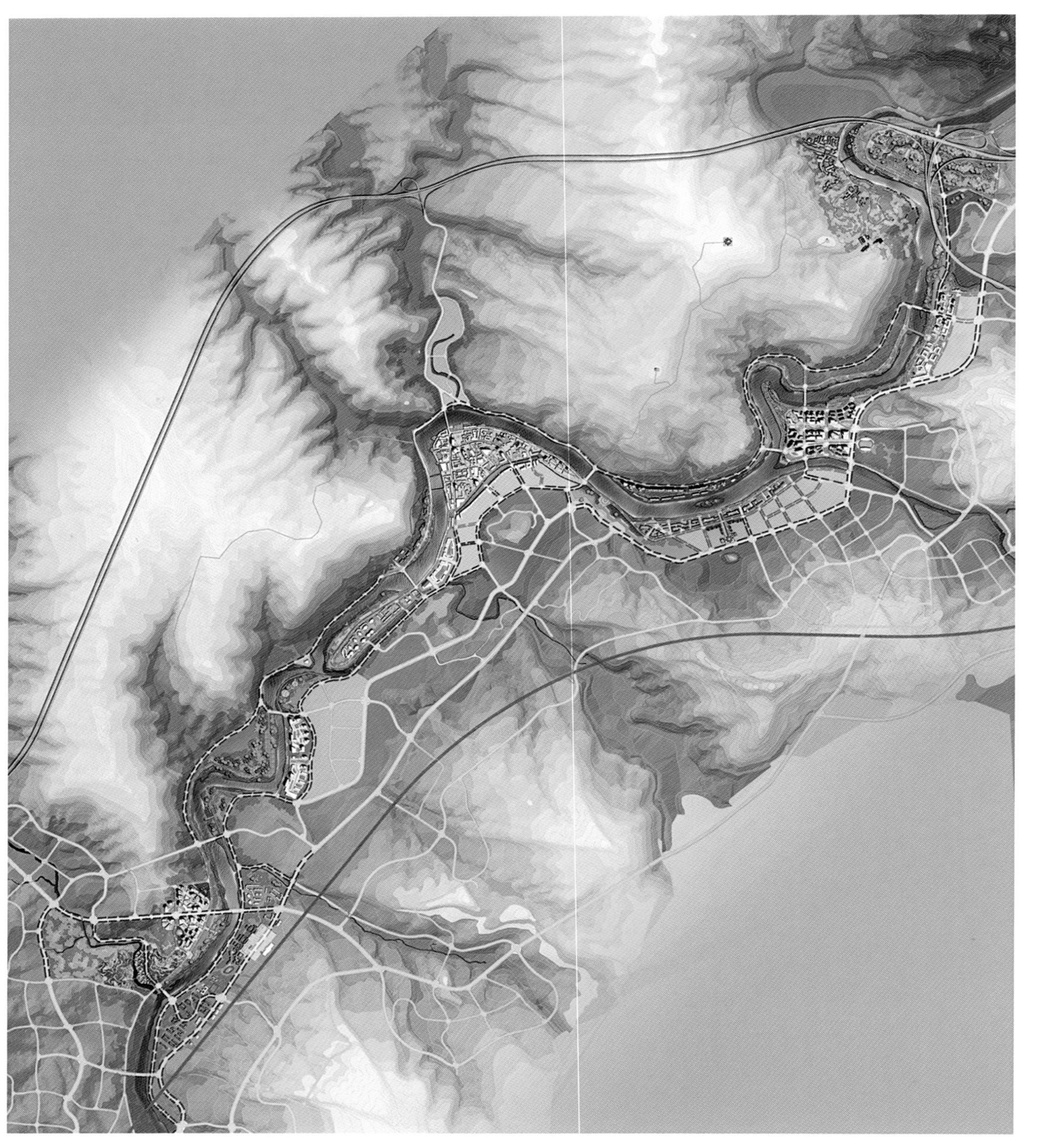

城市设计总平面图

北部区域现状照片

中部老城区域现状照片

南部区域现状照片

院于2015年担纲完成。

二、设计构思

设计方案结合石柱县的山水人文特质，提出打造“山水魅力、土家风情、民俗体验”三张城市名片的规划理念，突显石柱县民族风及土家山水情。通过“显山、亲水、展文、秀城”四大城市设计策略，提升石柱县城市吸引力、知名度、人民自豪感和归属感。显山：利用北部山体画幕及南部城山一体的独特资源，营造渝东南独具民族韵味的山水城市格局，并注重对城内视线通廊的控制。亲水：分段组织水岸功能，塑造活力水岸，构建人与水对话的场所。展文：将石柱县特色地方文化和历史记忆植入实体空间，保护性开发秦良玉陵园及三教寺等传统历史资源，综合打造龙嘴半岛和乌杨坝区域的历史符号演绎地段，分期梳理玉龙半岛（南宾老城）的滨水景观界面和开敞空间节点，策划土家大型文化主题活动。秀城：引导城区进行整体风貌协调打造，控制关键性节点地区的建筑景观风貌，分重点提升城市形象；对主要界面进行控制，对滨水地区、门户地区、城市发展主轴的界面进行重点把控。

整体鸟瞰图

三、空间结构

设计方案构建了“一脉两幕、双心四片、两轴九带”的总体空间结构。一脉映城:以龙河为城区的滨水空间发展主脉，强化“摆舞水岸”的城市意象，串联“良玉半岛”、“龙嘴半岛”、“玉龙半岛”等城市重要控制要素区域。两幕绿城：在龙河南侧以顶子山为一幕，北侧以旗山、帽顶山为一幕，形成城市南北山体背景，控制并合理利用山体林地形成步道、观景平台及青山幕布。双心耀城：“老石柱”突出“玉龙半岛”的民俗风情特色体验，着重加强培育新的社会服务功能和民俗体验功能；“新石柱”依托石柱高铁站和甑子坪组团中心区，打造环境优美、配套完善、宜业宜居的城市新中心。四片筑城：沿龙河由北至南依次形成城东、鲤塘坝、火车站、甄子坪四个相对独立的特色功能片区。两轴串城：塑造龙河滨河景观轴，营造多段特色主题区段，通过滨河道路和沿岸建筑形成开合有致的滨河空间，打造特色休闲旅游场所；构筑由都督大道及万寿大道形成的城市发展轴，结合沿线的“织锦舞台”等公共空间形成展示城市形象的观景走廊和迎宾大道。九带理城：梳理整合龙河的九条支流，形成具备生活和生态的两种不同功能的滨河景观带。

四、主要内容

设计方案主要从要素控制、系统控制、风貌控制三个方面展开。要素控制：依据设计目标与现状条件推导出本次城市设计的控制要点——入口、水

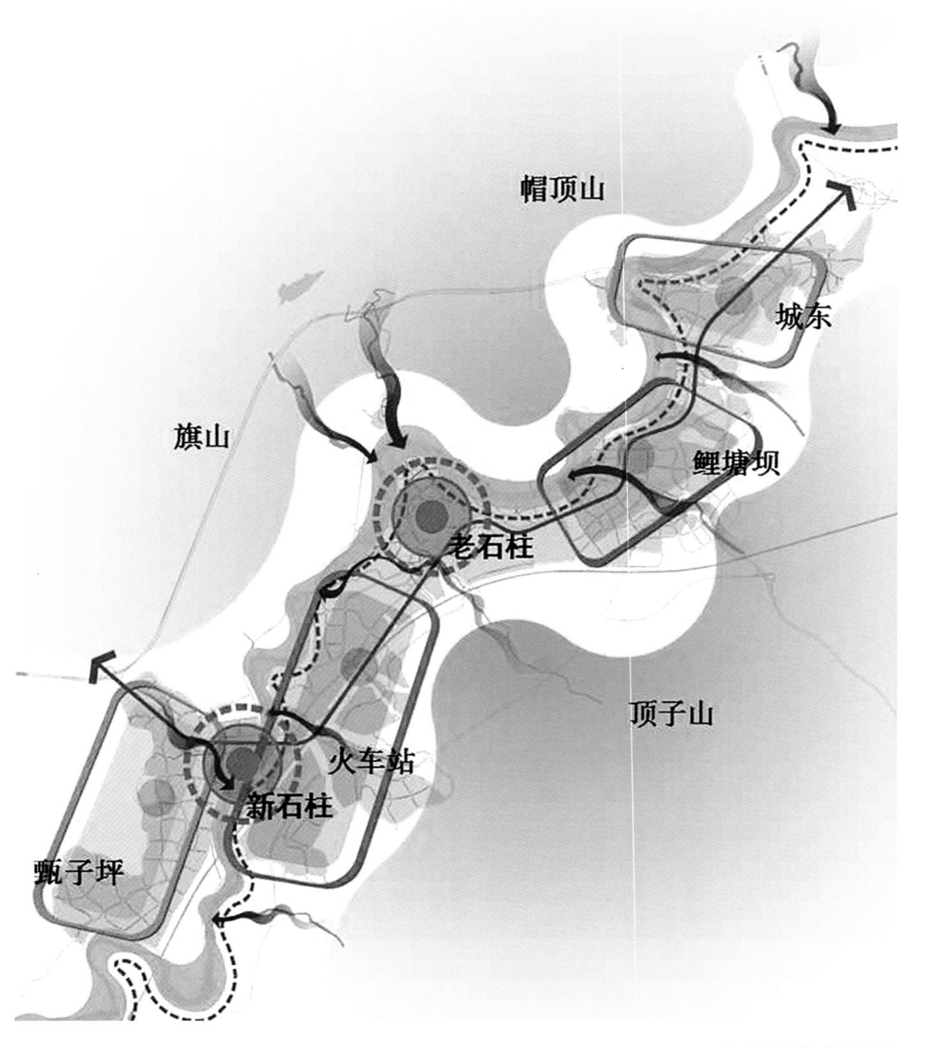

空间结构分析图

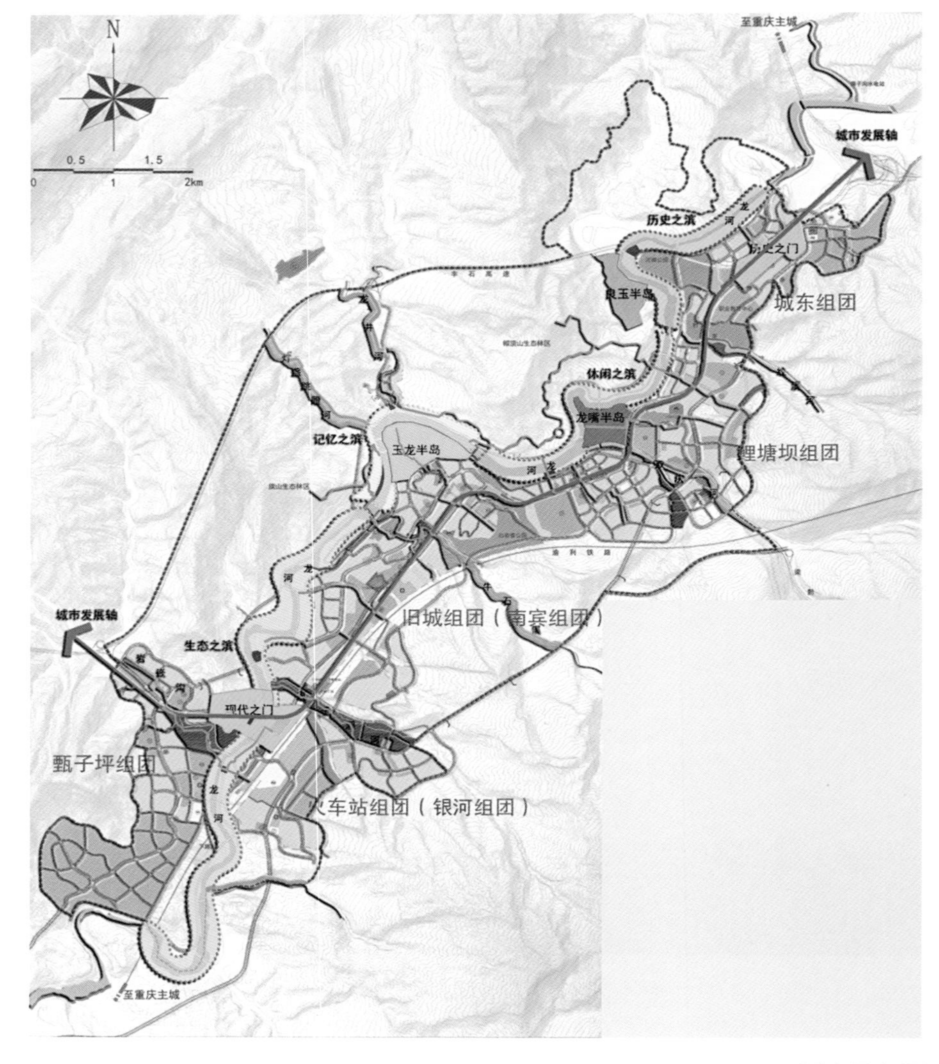

要素叠加图

岸、山体、节点、轴线，提炼归纳出七大控制要素——石柱之门、摆舞水岸、青山城郭、多彩半岛、织锦舞台、山歌步道、风情大道，通过划定管控范围，提出管控要求，制定控制导则等方式对城市空间形态进行管控。系统控制：对道路交通系统、绿地景观系统、夜景照明系统、公共艺术系统、五线管控等进行了系统控制。风貌控制：对风貌分区、开发强度、建筑高度、城市天际线进行控制引导。

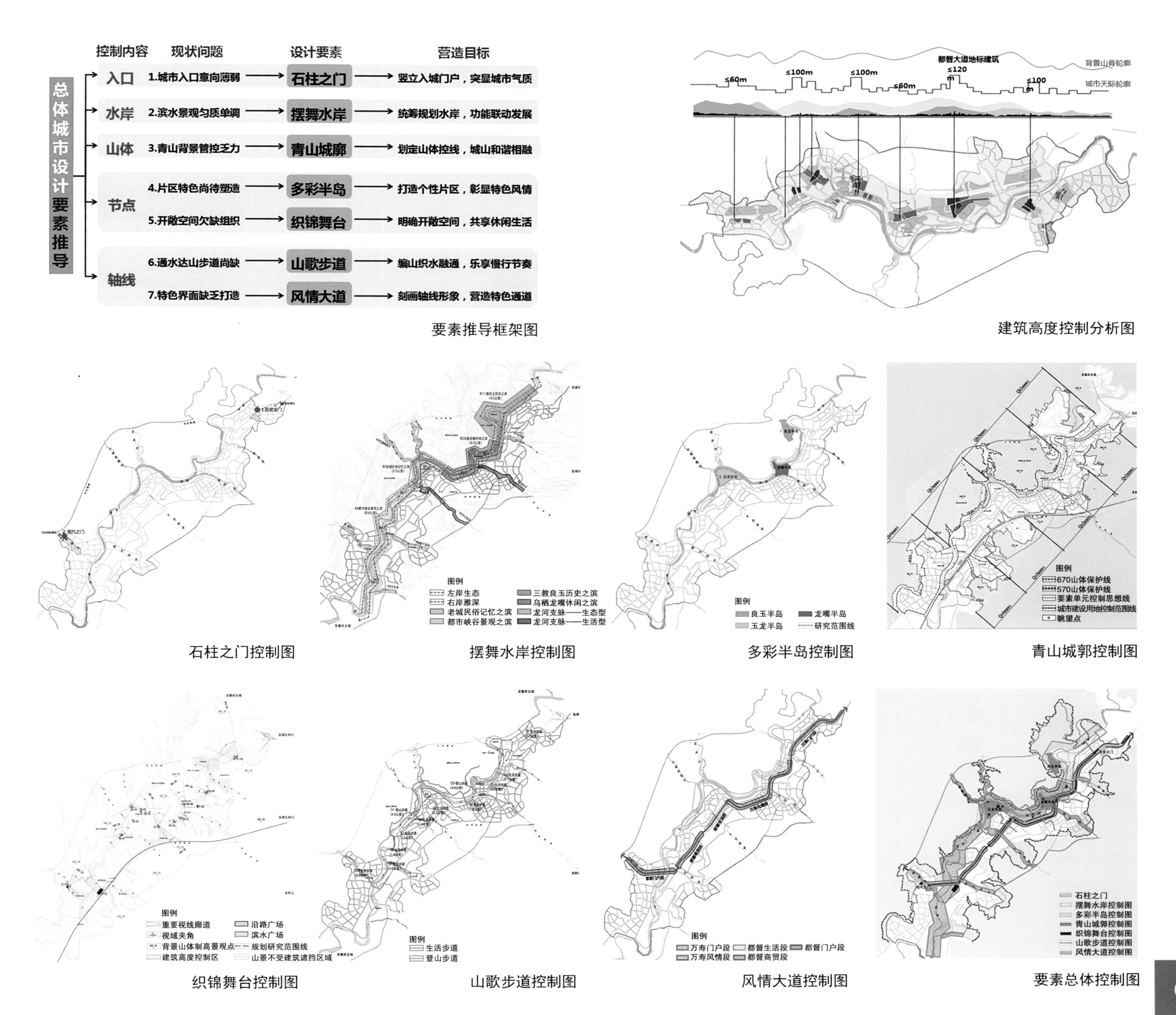


要素推导框架图

建筑高度控制分析图

石柱之门控制图

摆舞水岸控制图

多彩半岛控制图

青山城郭控制图

织锦舞台控制图

山歌步道控制图

风情大道控制图

要素总体控制图

# 石柱县黄水镇总体城市设计

*Comprehensive Urban Design of Huangshui Town in Shizhu, Chongqing*

## 一、项目背景

石柱县位于重庆东部，是渝蓉地区通往华中和华东地区重要通道，为渝东枢纽门户。黄水镇位于石柱县东北方向约63公里，地处渝鄂边陲，扼出渝之要道，302省道穿镇而过，距沪蓉高速公路26公里，距重庆市区225公里。为强化黄水镇总体形态结构，延续历史文脉，再造人文景观，力图使传统文化和现代生活相融合，特编制本次城市设计。城市设计区域面积约4.69平方公

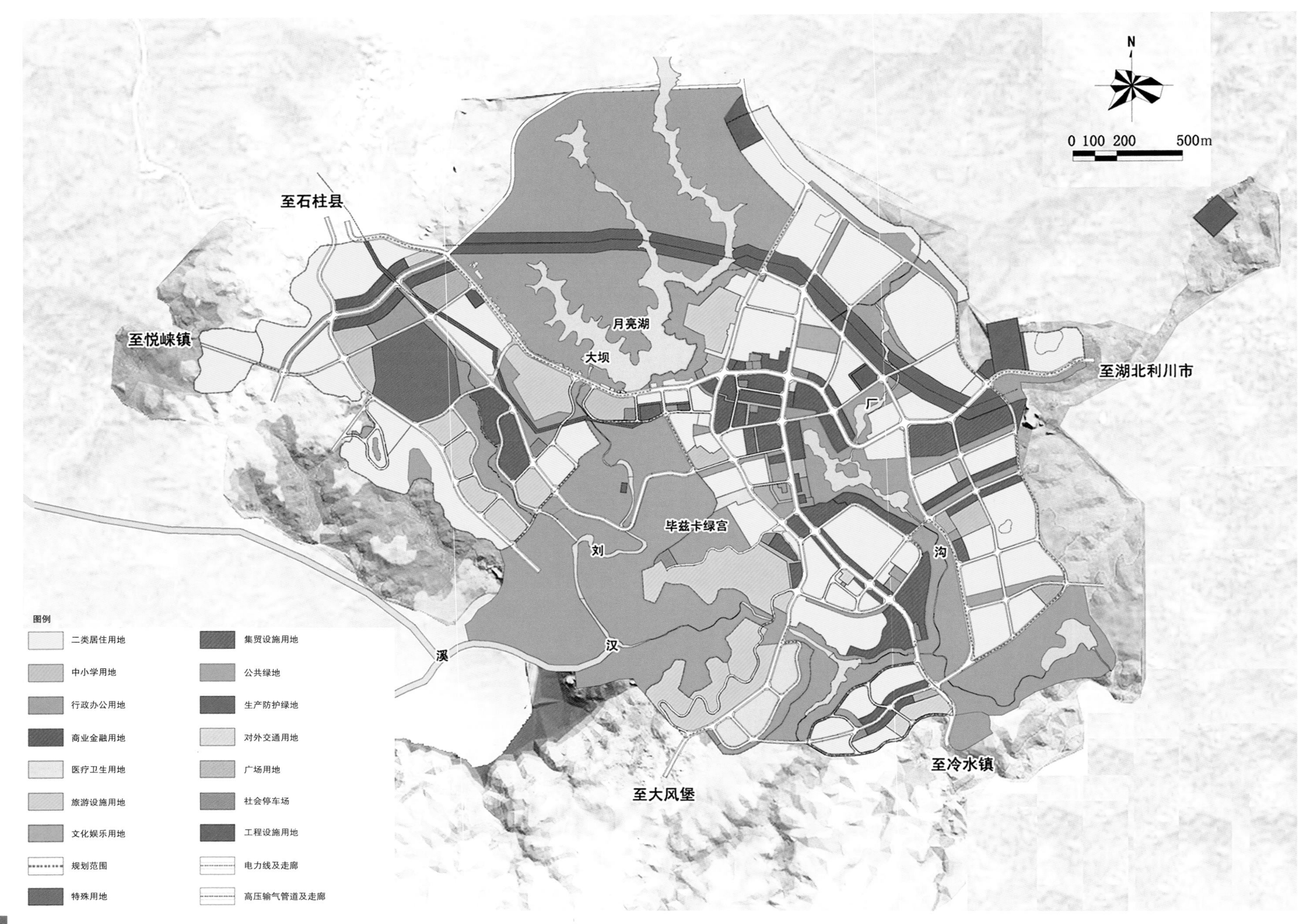


城市设计土地利用规划图

里，由上海红东规划建筑设计有限公司于2012年担纲完成。

二、设计构思

本次总体城市设计提出在环境景观大协调的前提下，注重发掘和强化黄水镇“山缓”、“水曲”、“林密”的地缘特征，挖掘创新，在“两河一湖”的景观格局中彰显自身特色。方案将黄水镇城市总体形象定位为“五彩山水、生态明珠、森林小镇”，设计主题为“两河碧水穿城过，群山环抱明月归”。一是突出自然山水格局，提高山体、水系的可见程度和可达性，保证滨水地带及山地的公共性和开敞性。二是强调各个片区中心的建设，形成沿主要景观大道及生态绿带簇状组团结构的山水小城。三是注重土家族地方特色文化的发掘、整理、保护和利用，强调地方特色文化与城市公共空间系统的结合，再现城市古韵。四是加强对黄水镇旧城传统格局的保护与建筑风貌的控制，将“土家风韵”特色表现在景观建设、构筑物设置和城市公共艺术设计中。

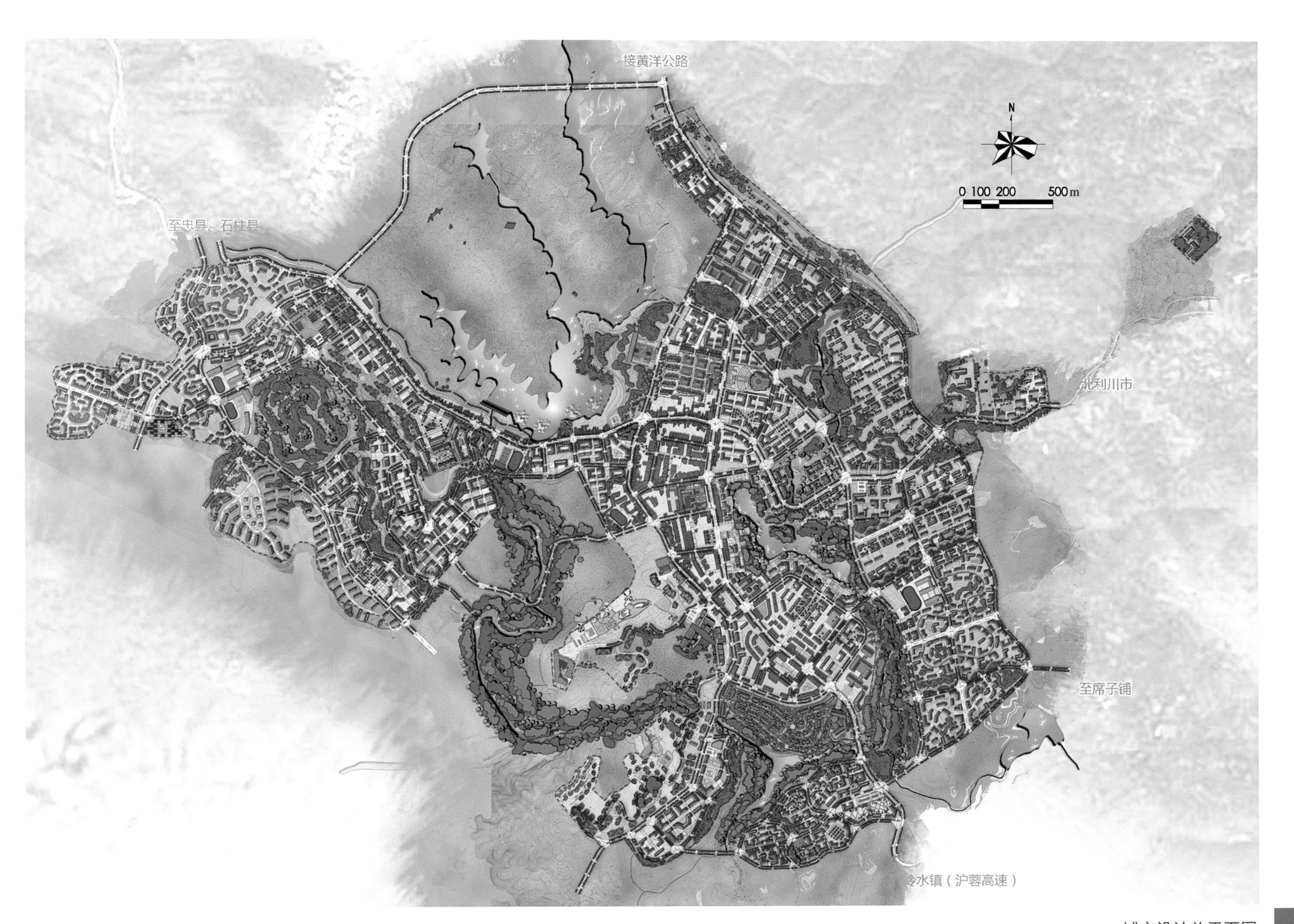


城市设计总平面图

# 石柱县黄水镇总体城市设计

*Comprehensive Urban Design of Huangshui Town in Shizhu, Chongqing*

三、空间结构

设计方案提出了“众峰环绕，曲水入城，林城相嵌，湖光山色”的总体结构，构建了“一心、两带、八片、多楔”的空间结构，总体上形成“山、水、城、林”交融的簇状组团式布局，打造一主七副八个城市组团，组团之间充分

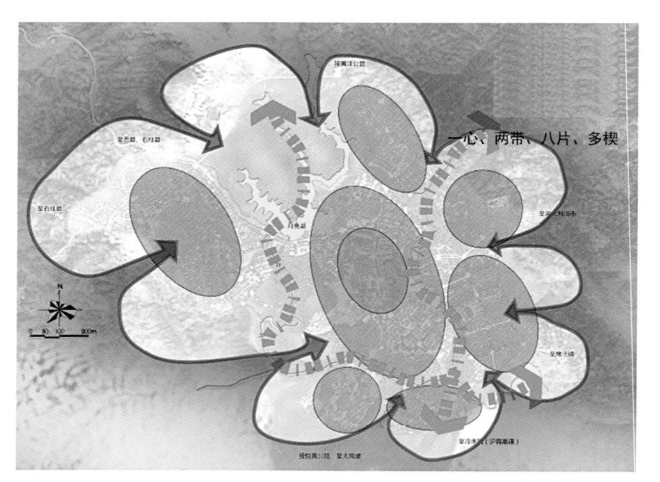


结构构思图

功能分区图

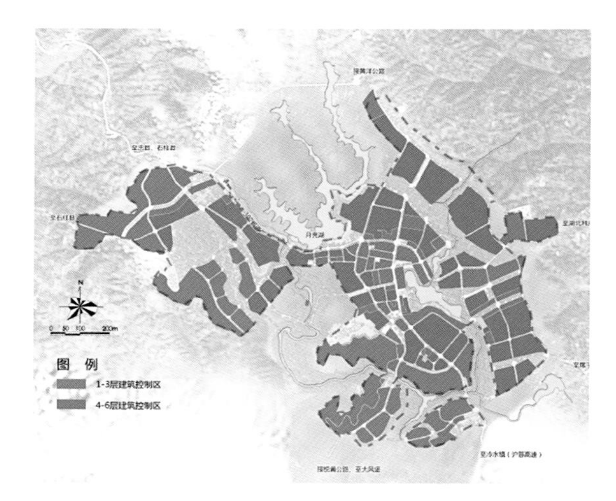


建筑高度控制图

整体鸟瞰图

利用天然溪流、生态绿地等形成绿廊，相互隔离。

四、主要内容

设计方案主要从节点、开放空间、照明、城市色彩、眺望点和视廊系统、高度和天际线、公共艺术、特色片区、四线控制等方面展开，分别对其提出控制与引导要求。节点控制：山体节点、绿化节点、建筑风貌节点。开放空间控制：山体空间、河湖空间、广场和绿地。照明控制：城市轮廓线、道路景观、节点景观、河道景观、城市标志和广告照明。城市色彩控制：色彩分区、道路交叉口色彩、特色节点及标志性建筑的色彩。眺望点和视廊系统控制：山体眺望、人工建（构）筑物等。高度和天际线控制：高度分区、天际线峰点、环月亮湖天际线、中央天际线。特色片区：旧城传统风貌协调区、滨水特色区、环月亮湖特色区。通过对以上内容的控制，展现黄水镇的地域特色，延续文脉，达到城市设计目的。

游客中心示意图

黄水市场示意图

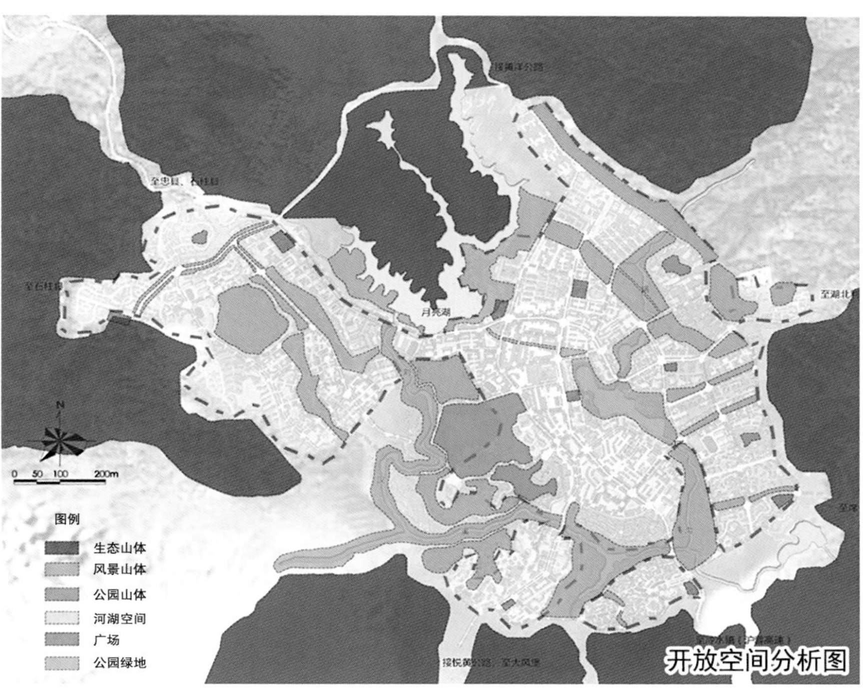

开放空间分析图

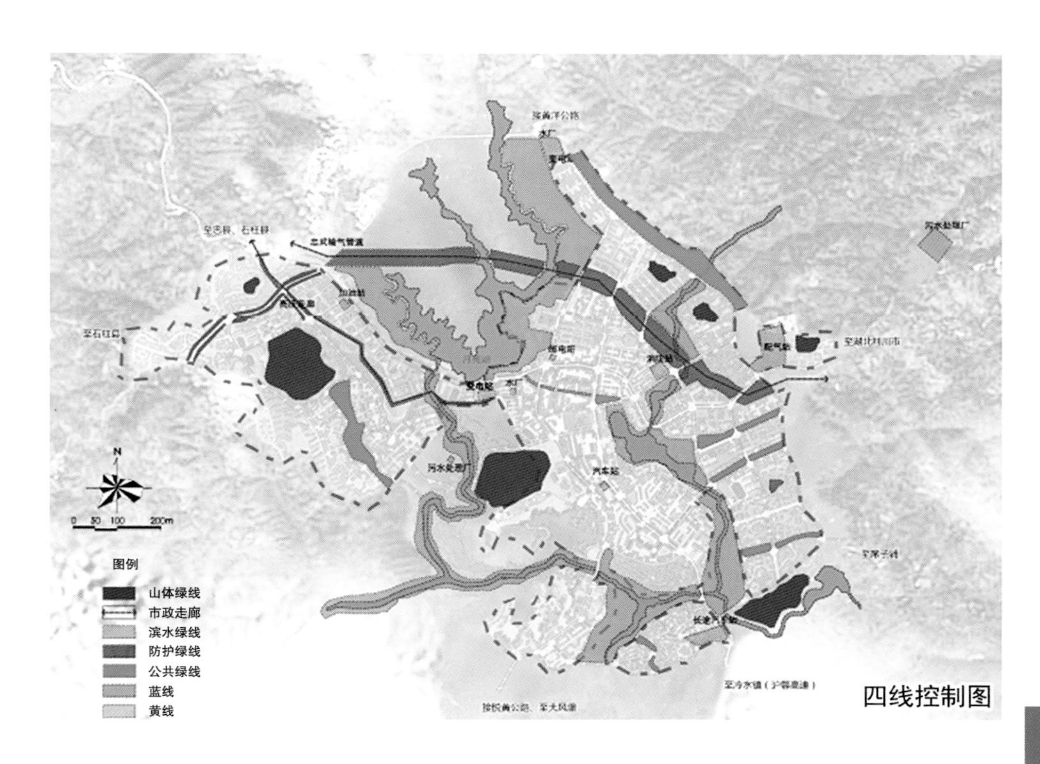

四线控制图

一、项目背景

酉阳县中心城区总体城市设计范围西至炭山盖山，北至酉阳河闸坝，东至团堡，南至岩板滩，包括钟多组团和小坝组团南部。总规确定了城市建设用地以外的用地属于研究范围。城市设计区域面积为30.35平方公里，由深圳市城市空间规划建筑设计有限公司于2016年担纲完成。

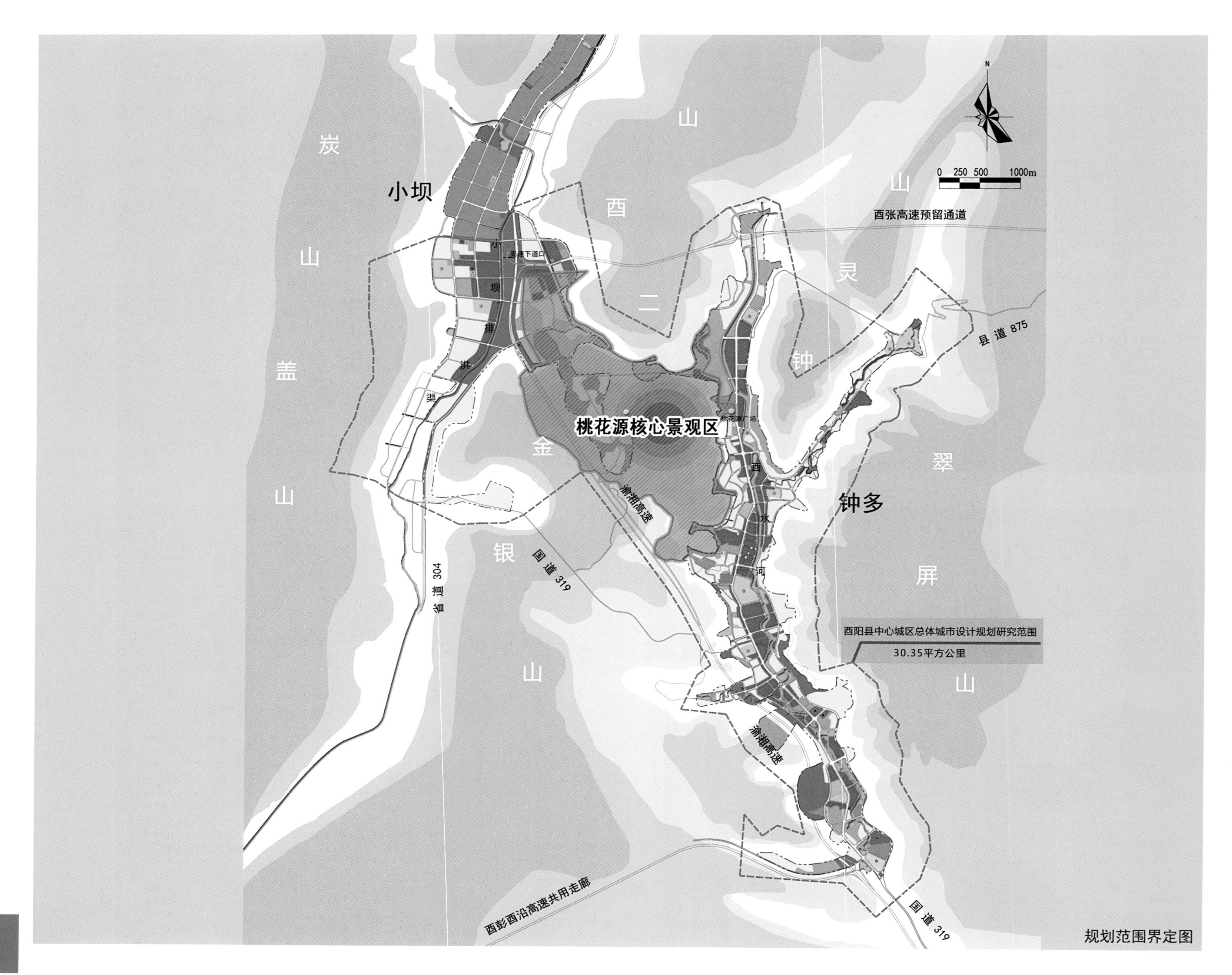

规划范围界定图

二、设计构思

针对大武陵山旅游自然资源、文化同质化的问题，结合休闲度假旅游区的打造，提出“归隐+景城”的特色差异化发展定位构思。

提出“生态+文化”的协同发展：协调景区与自然的关系，保护和利用山体自然景观，营造山水生态的特色。保留和延续原真性文化，重点打造土苗土司文化的自然人文景点，突显酉阳城市文化特色。

提出“景城”的差异化特色定位：协调景区发展与城市发展的关系，城市发展与大景区一体化建设，塑造景城一体的城市形象。

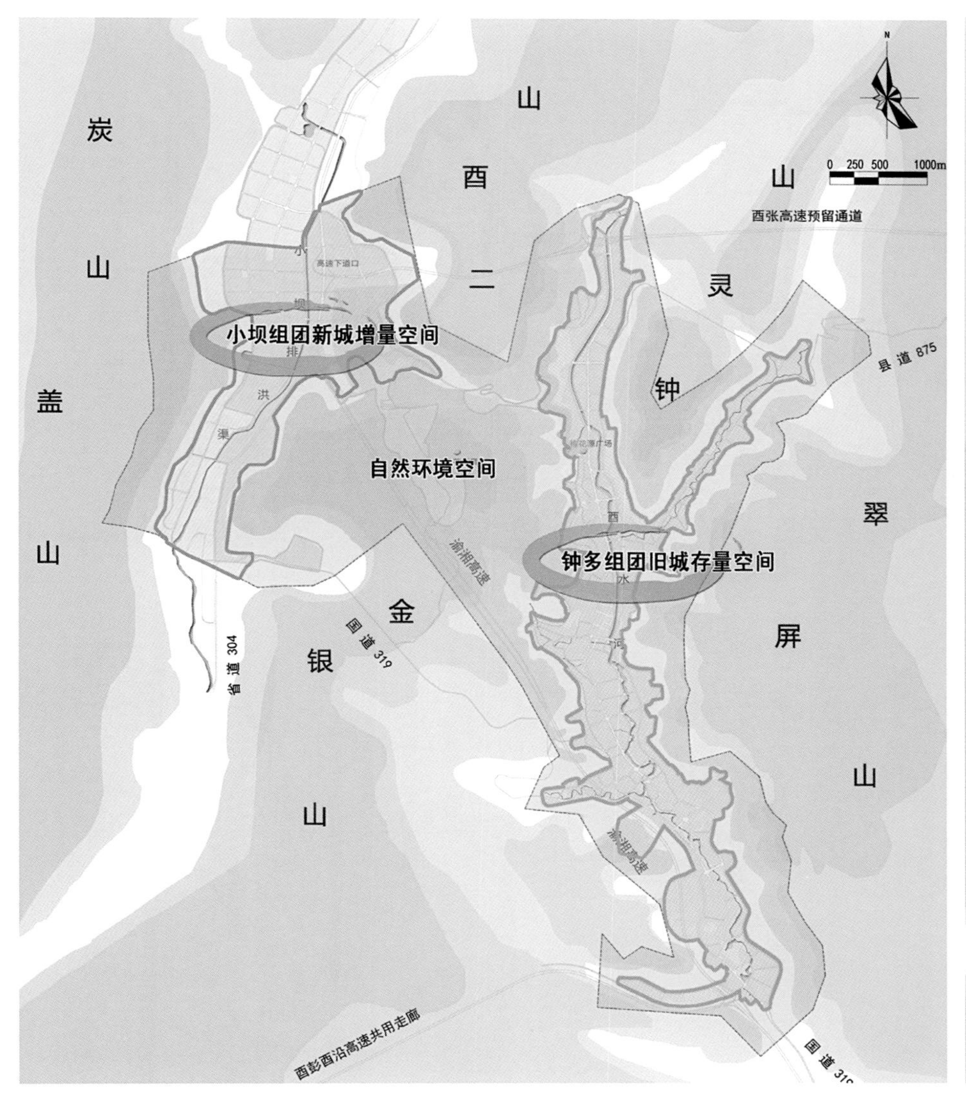

三个空间区域划分图

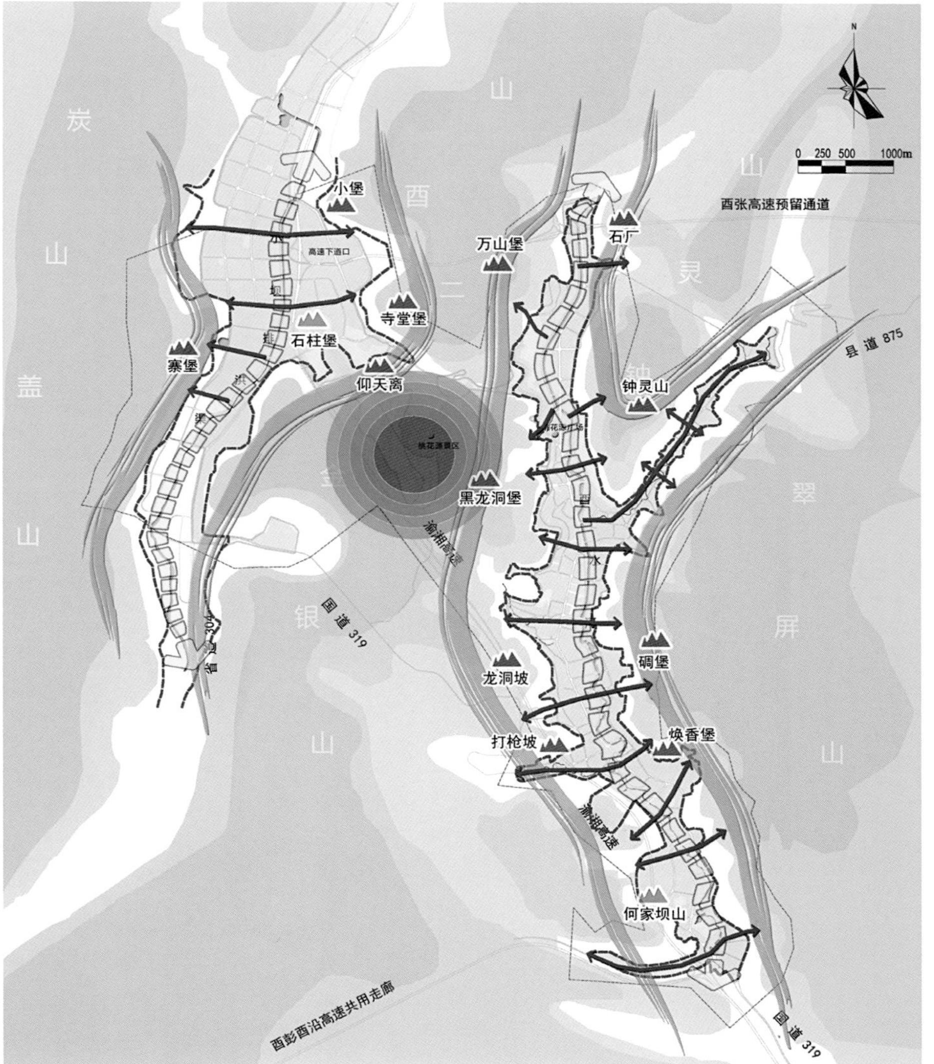

生态安全和空间景观分析图

三、空间结构

方案提出“一心两城、两带五幕”的总体结构；一心为桃花源核心景观区，两城为钟多组团旧城和小坝组团新城，两带包括小坝排洪渠景观带和酉阳河景观带，五幕为炭山盖山、二酉山、金银山、翠屏山、钟灵山。

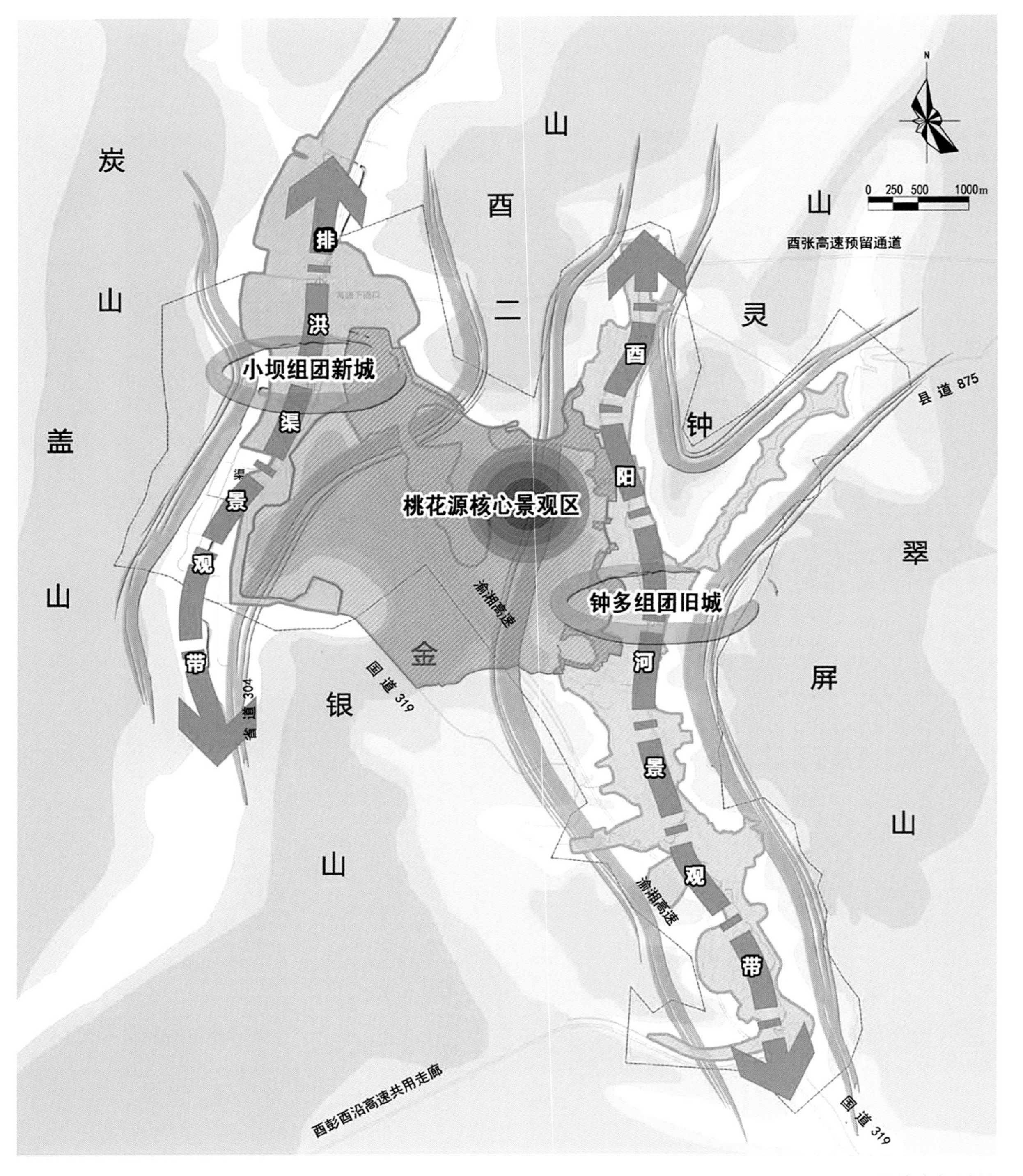


总体空间结构

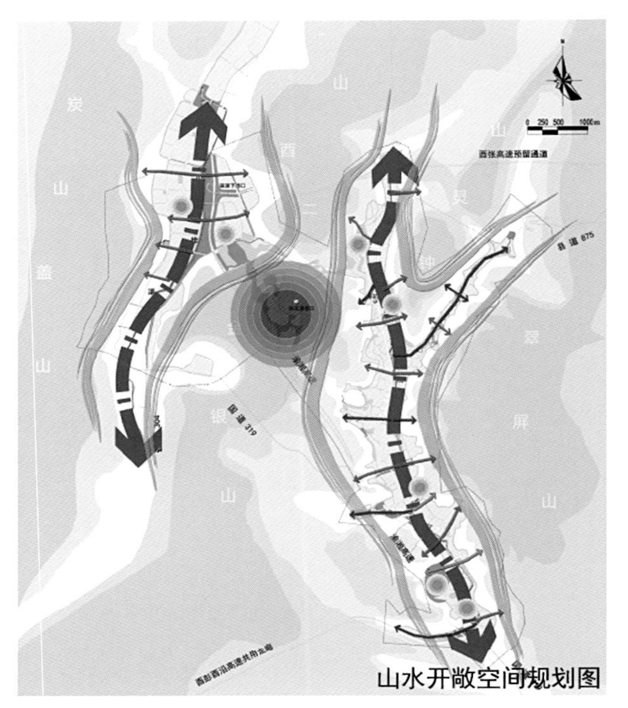


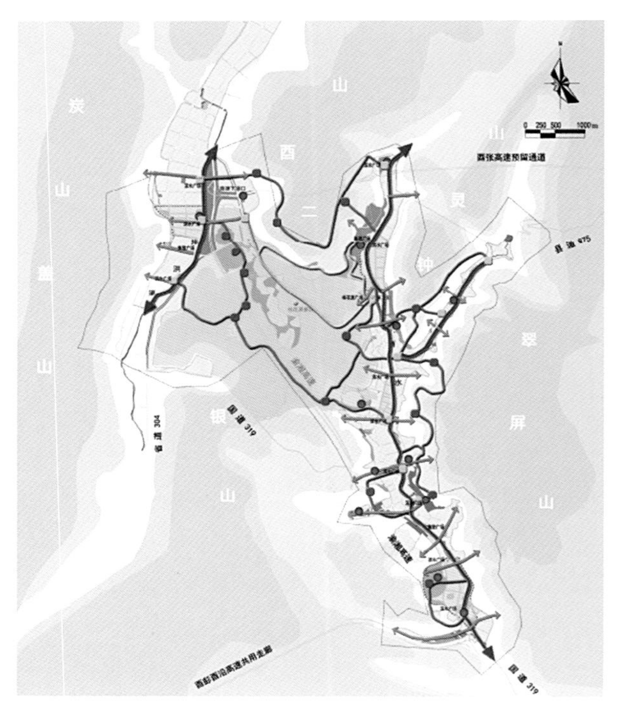

城市开敞空间规划图

四、主要内容

主要内容为一心、两带、五幕，十二廊

一心：为现状桃花源核心收费景区和桃花源森林公园形成的主要景区核心，也是山体控制的重点。

两带：小坝桃花源互通片区排洪渠、酉阳河及两侧绿地建筑形成的滨水景观带。

五幕：炭山盖山山体绿脉、二酉山山体绿脉、金银山山体绿脉、翠屏山山体绿脉、钟灵山山体绿脉，其中二酉山、金银山为现状森林公园，翠屏山、钟灵山打造为郊野公园。

十二廊：主要是指排洪沟与重要道路、绿地所形成的十二条主要绿色廊道。

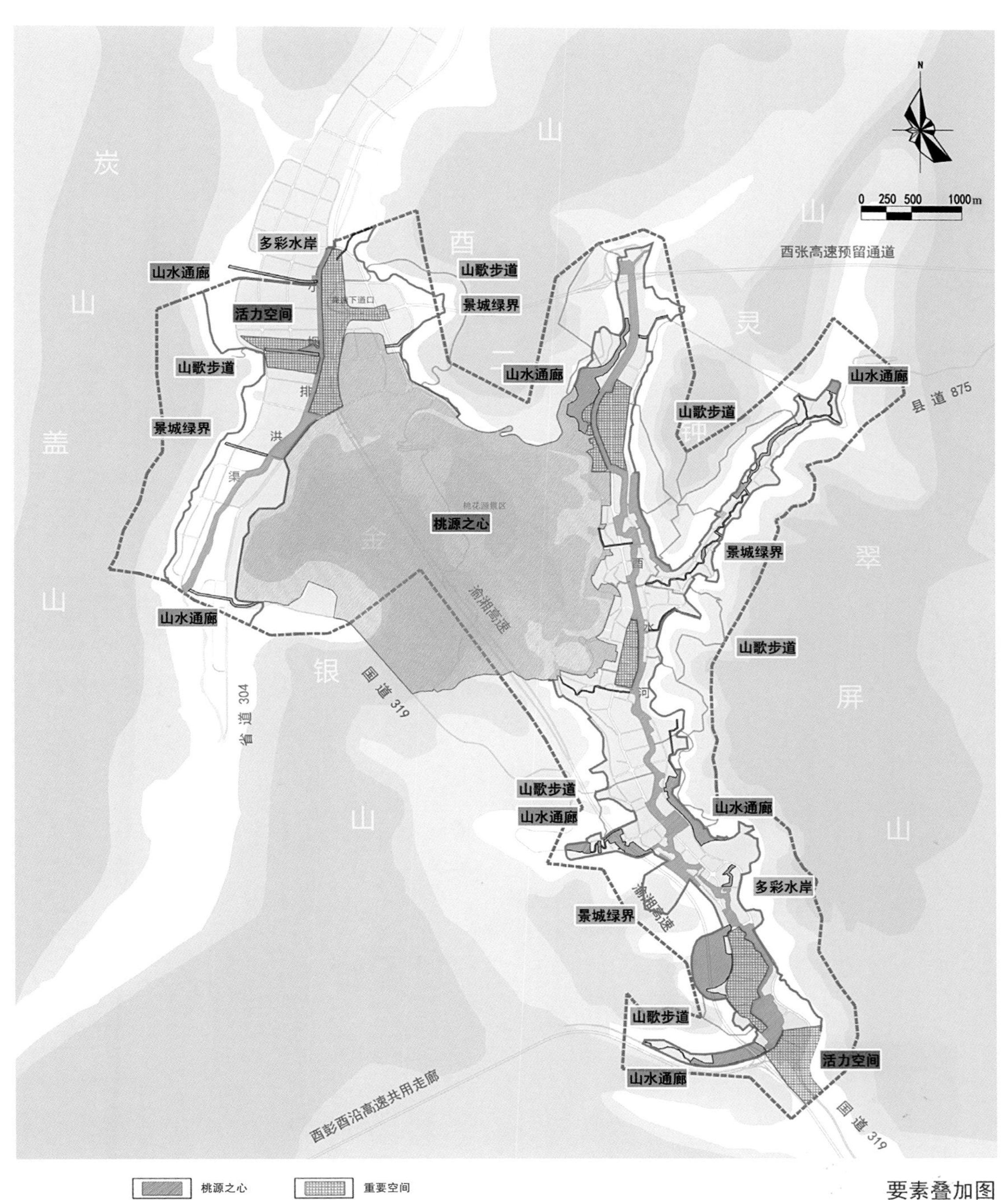


要素叠加图

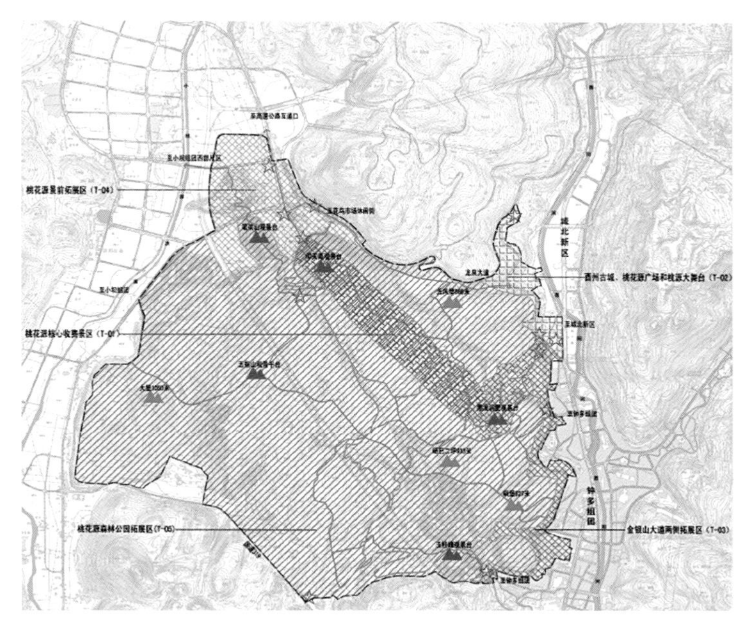

控制导则图1

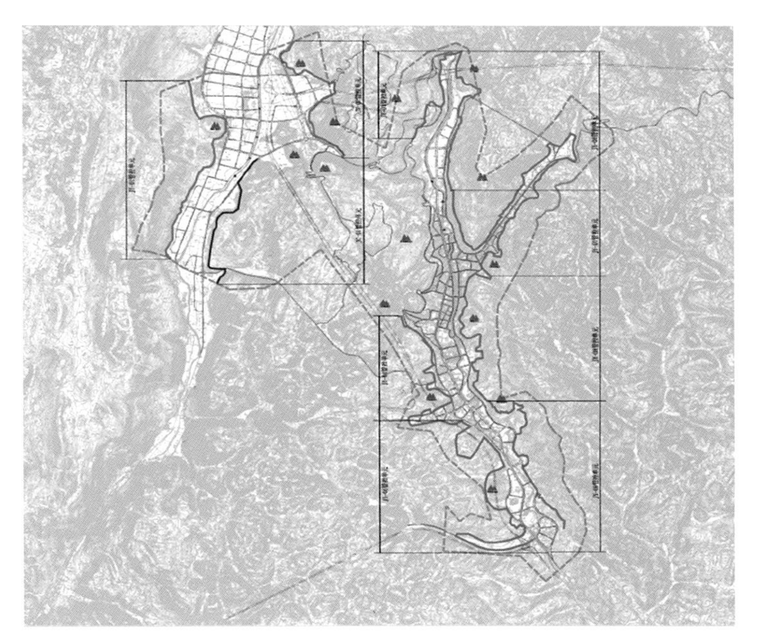

控制导则图2

# 彭水县主城区总体城市设计

## Comprehensive Urban Design of Pengshui, Chongqing

一、项目概况

彭水苗族土家族自治县，位于重庆市东南部，乌江下游，北接湖北，南连贵州，东西宽77.88公里，南北长96.40公里，辖区面积3903.79平方公里。县域范围内，海拔高度在190～1860m之间。处于“一圈两翼”中的渝东南翼生态区。

彭水总体城市形态沿江呈带形发展，主要发展区域是适合城市建设的河流冲积地段和沿河漫滩区域。整个城市由周围山脉围合形成了“两山夹一槽”的格局。乌江和郁江在城市中心处交汇，继而北流，形成“Y”字形的格局，整个城市也因此形成“一城三片”的格局。城市设计区域面积31.27平方公里，由重庆大学城市规划与设计研究院于2010年担纲完成。

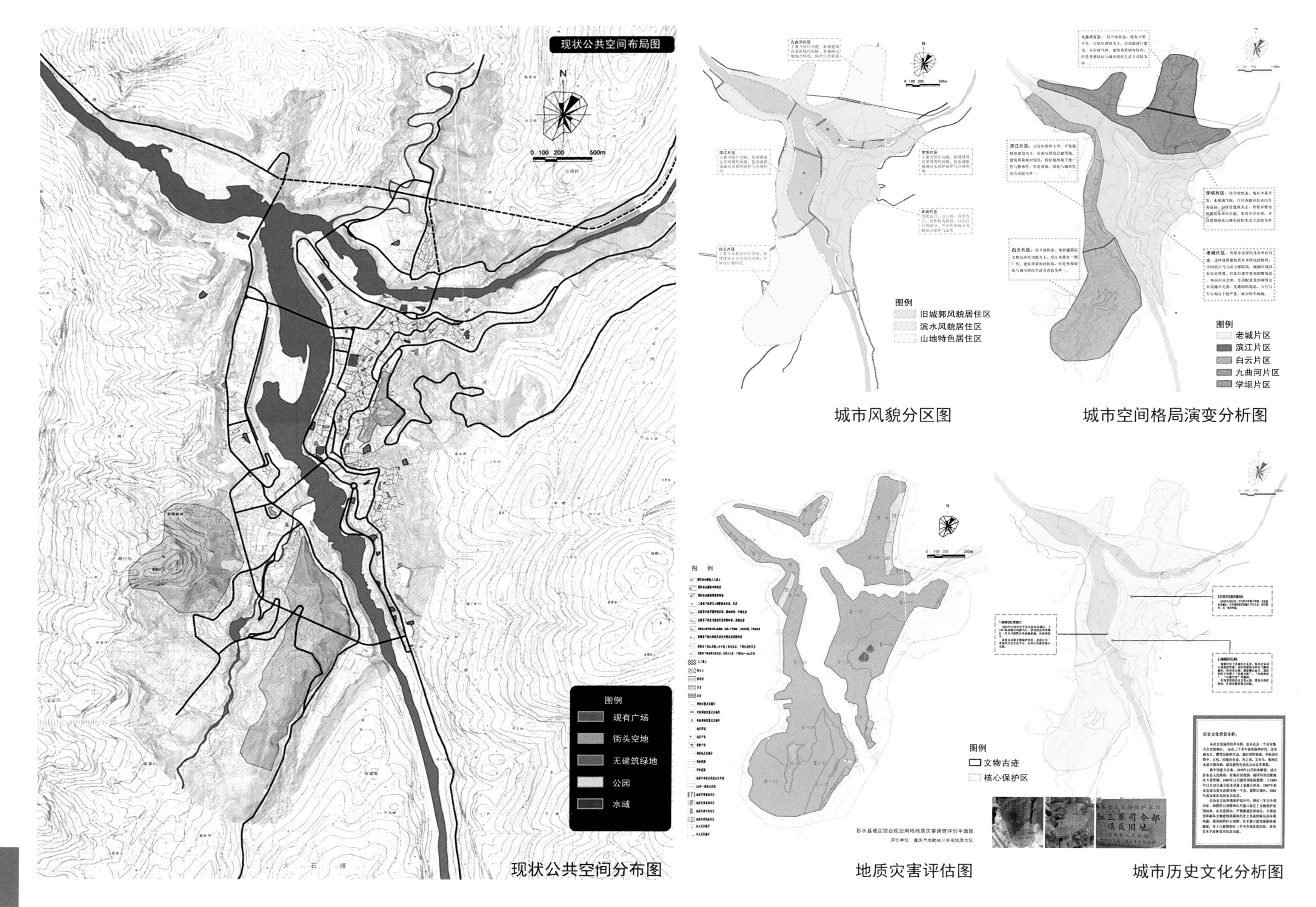


现状公共空间分布图

城市风貌分区图

城市空间格局演变分析图

地质灾害评估图

城市历史文化分析图

二、设计构思

维持彭水山水城市格局，保护其极具特色的层叠错落的城市景观，改善交通状况，优化城市景观与公共空间体系，美化城市外观与夜景成为本次城市设计需要解决的问题。由此，引出本次设计的核心概念——叠、映、山、水。

“叠”——山地城市错落层叠的特色；

“映”——城市色彩光影与山水景观交相辉映；

“山水”——山、水是彭水最为重要的景观元素，依山傍水的彭水具有优美的城市景观，也因为其山水城市格局产生了独特的城市空间景观——峡景。

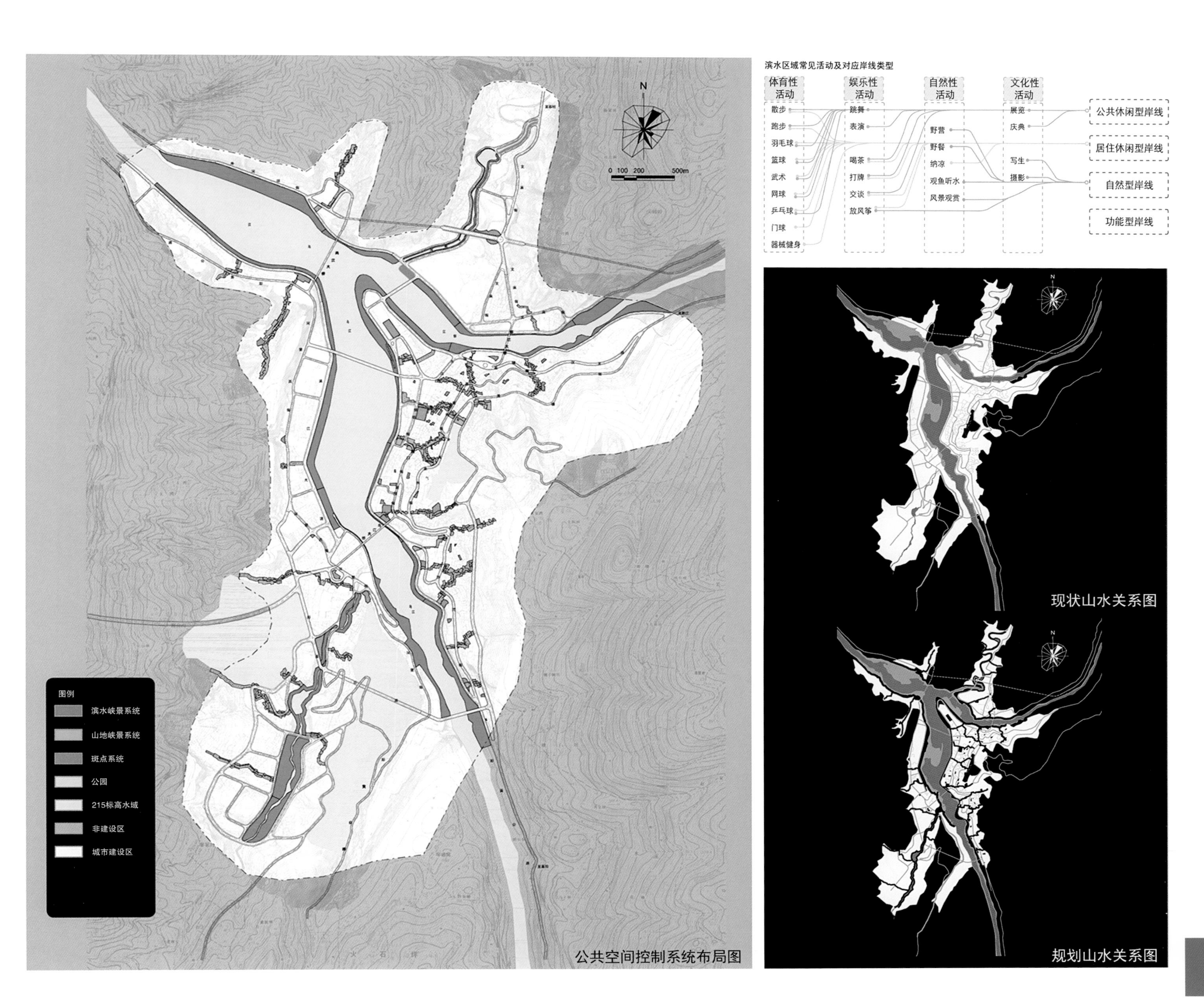


滨水区域常见活动及对应岸线类型

公共空间控制系统布局图

现状山水关系图

规划山水关系图

三、空间结构

采用以水为主轴的“Y”字形空间骨架，并且利用“峡景”空间在山水之间建立联系，形成“指状结构、三大组团”的空间结构。

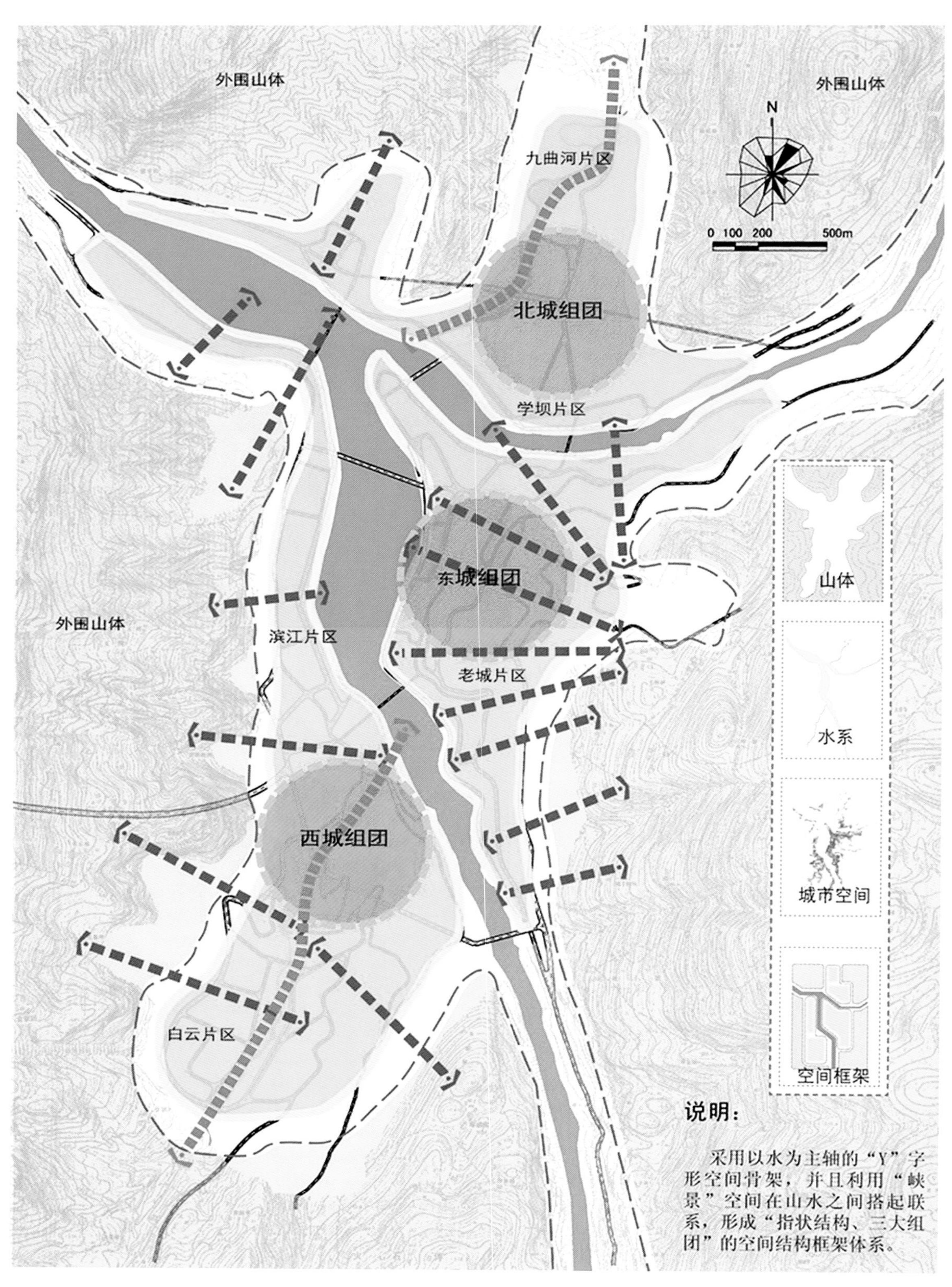


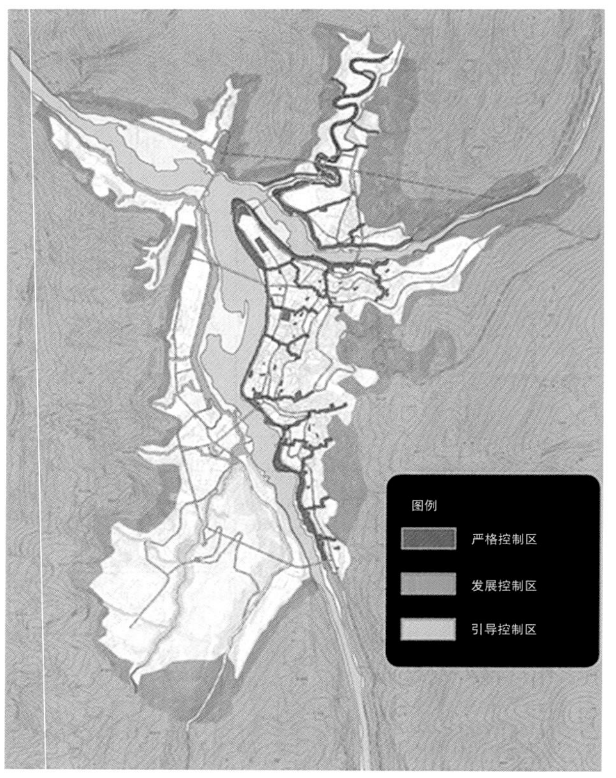


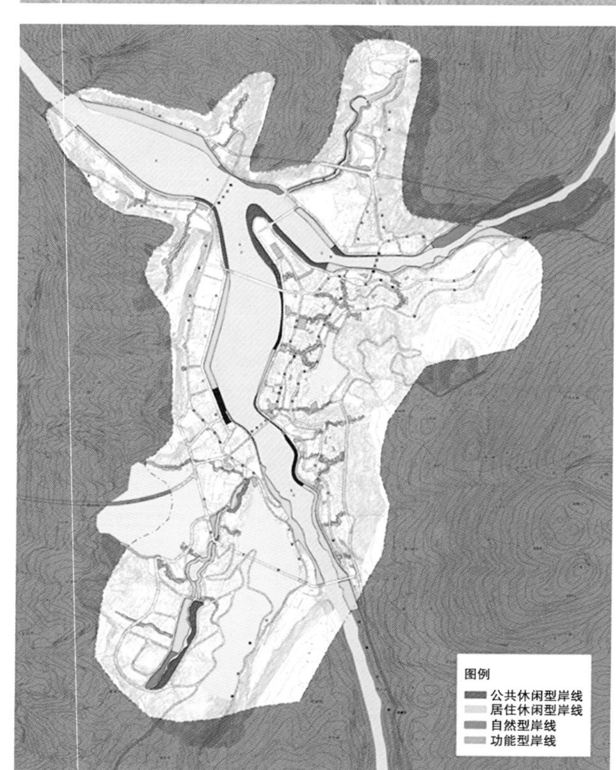

四、主要内容

城市控制从公共空间控制系统、建筑引导系统、标志控制系统、交通控制系统、拆迁量控制系统等五大方面展开。

公共空间控制系统：城市内已有几个城市广场，同时还有一些自发形成的街头公共空间。控制系统将这些已有的公共空间导入、整合，形成一个连续、完整的公共空间系统。

建筑引导系统：总体目标为减容、增绿、留白、整容，从高度、体量、建筑形制等三方面控制引导。

标志控制系统：从城市出入口、城市桥梁、山体制高点、观景走廊、形象标志等五方面构建城市标识系统。

交通控制系统：通过过境交通梳理、码头道路组织、道路宽度改造、单向车道布局、道路交叉口处理、新建滨江路、新建两江大桥、局部道路网改造、增设社会停车场等手段完善交通控制系统。

拆迁量控制系统：以新区（九曲河片区、学坝片区、滨江片区、白云片区）开发与旧城（老城片区）改造相结合的原则进行城市建设，以新区开发为主，旧城疏导为辅。

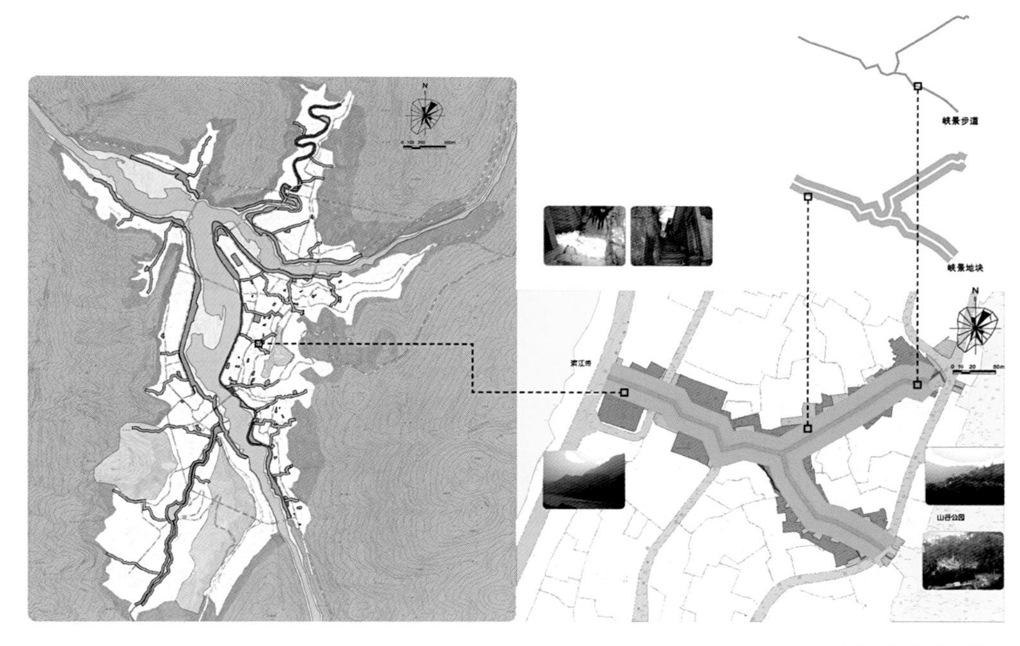

峡景结构分析图

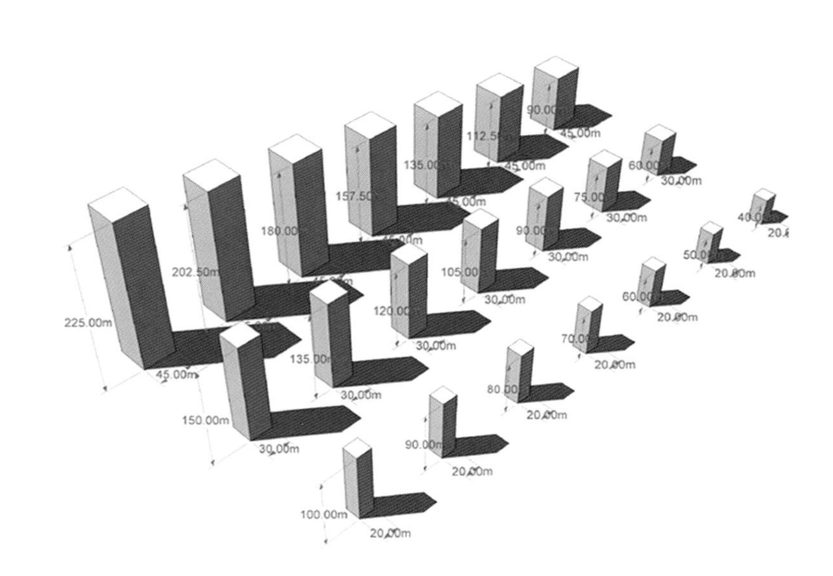


高层建设体量示意图

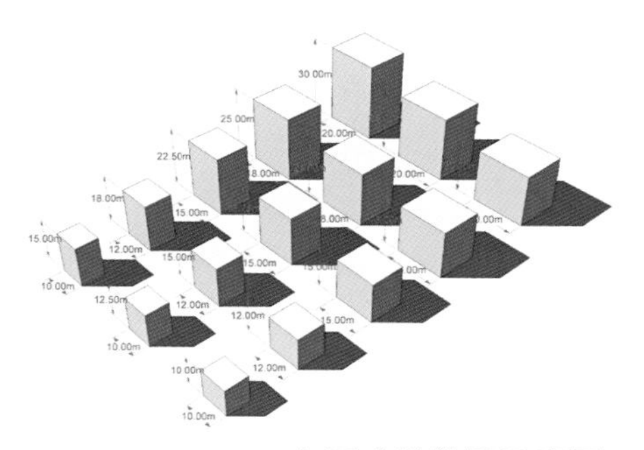

多层建设体量示意图

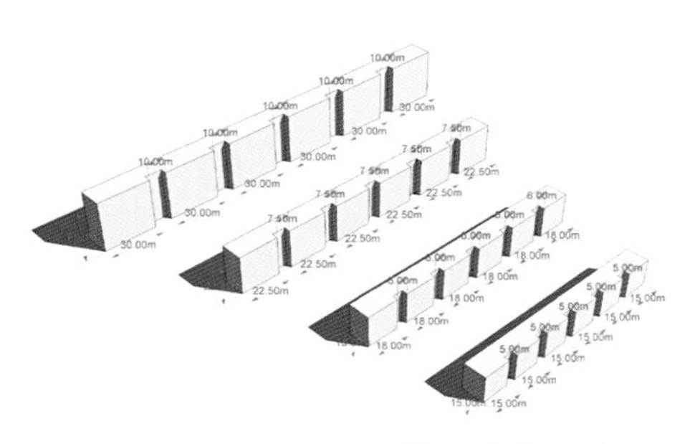

多层建设体量变化示意图

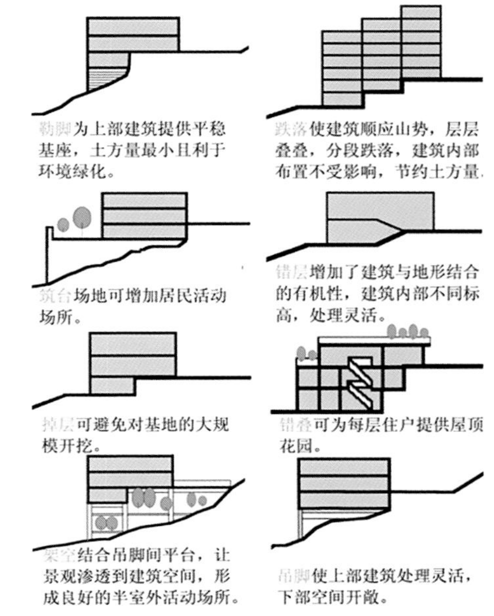


建筑结构分析图

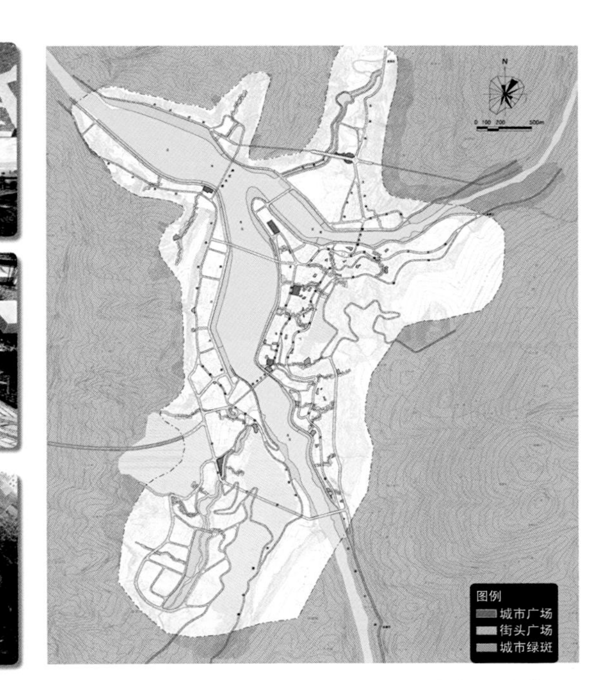


公共开敞空间分布图

# 详细城市设计篇

# DETAILED URBAN DESIGN

详细城市设计是以城市规划或总体城市设计为依据，对城市局部地段的土地使用、空间形态、建筑形体、开发强度、广场绿地、道路交通、市政设施、环境小品及人文活动场所等进行详细安排、部署的设计工作。从2006~2016年的10年间，重庆市规划局共组织开展远郊区县的详细城市设计86项，编制面积达211.32平方公里，覆盖30个区县，本书选取了其中35项具有代表性的项目进行介绍。

从详细城市设计的编制思路与技术方法演变而言，大致经历了以下四个阶段：

一是2006年工作开创阶段。重庆市的详细城市设计工作早在20世纪90年代末就已开始，所以，区县详细城市设计开展初期，在编制思路与方法上主要依托和延续了以前的经验与做法，专注于城市设计方案与技术本身的完善，同时，随着计算机技术在设计中的普及应用，设计方案的表现形式较之以前更加丰富多彩、表现力更强，传统的以空间形态设计与展现为主体的编制技术逐渐走向成熟。

二是从2007~2010年的法定化探索阶段。这一时期，城市设计开展的工作机制逐步趋于完善，面向全国公开征集方案、多领域高水平专家参与方案指导等工作机制的建立，极大地推动了设计思想的繁荣和设计水平的快速提升。2007年7月，市规划局印发了《重庆市城市设计编制技术导则（试行）》，导则明确了片区与地段城市设计的内容深度、成果形式，提出要在城市规划或总体城市设计的指导下，提炼特色景观要素，分别编制设计要素、重要节点、地块城市设计分图图则，并纳入法定的控制性详细规划以指导实施。当时，由于区县城市设计与控规编制的主体不同，导致两者在管控内容上有相当程度的脱节。针对这一情况，市规划局提出，在开展区县详细城市设计的同时，由设计单位同步编制该范围内的控规，以确保城市设计中的三维形态管控内容能够在控规中得以充分落实，并要求最终形成由控规和城市设计共同组成的统一成果。在十一五期间，按照该要求先后组织编制的城市设计约有16项，极大地推动了区县城市设计的法定化进程，城市设计在规划实施中的积极作用也逐渐显现出来。

三是从2011~2015年的调整优化阶段。在经济快速发展时期，各区县都面临着大量控规调整需求，然而由于种种原因城市设计却难以同步调整。在此背景下，市规划局不再强制要求与详细城市设计同步编制控规，而是将工作重点放在城市设计自身编制水平的提升上，注意增强设计方案的合理性、可操作性和可实施性，以此更有效地指导法定规划编制。在这一阶段，各区县详细城市设计多以重点片区为主要对象，以建筑群体空间组织、公共空间设计为主要内容。建筑群体空间组织主要通过城市天际轮廓线、整体风貌、沿街沿河重要界面的设计与控制等来展开，构建与城市功能相协调、具有艺术美感的建筑群体空间秩序；公共空间组织主要是明确核心节点和线型公共空间的布局，制定大中型公共空间的尺度、规模等的底线管控要求，提出对小型公共空间如街头广场、小型公园等的引导建议，为后期城市设计方案实施留有一定的弹性。

四是2016年以后的精细化发展阶段。经过十年的探索与实践，详细城市设计编制的思路与方法逐渐趋于成熟，但也存在一些问题，一是详细城市设计的编制范围普遍较大，从实施的角度而言，对重点地区建筑风貌管控深度还显不够；二是城市设计实施、修改调整的机制有待完善。因此，从2016年开始，结合国家对城市设计的新要求，市规划局以城市设计人性化、精品化、特色化、法定化为目标，加强了区县重点地区的精细化城市设计工作，同时，在城市设计项目遴选上，注意与区县近期土地出让需求相结合，进一步增强了城市设计在指导实施中的时效性与可操作性。

# 黔江区重点地区详细城市设计

*Detailed Urban Design of Important Area in Qianjiang, Chongqing*

## 一、项目背景

黔江区重点地区包括正阳南核心区、正阳大道沿线、峡谷公园、高速公路出入口四个区域。正阳南核心区位于正阳南组团的核心位置，北至经五路，西与正阳大道相邻，南至黔江大道与火车站相邻，东至黔龙公园东侧道路，城市设计面积0.96平方公里。正阳大道是黔江新城中“三横六纵”干道网络中最重要的一条城市干道，城市设计面积1.01平方公里。峡谷公园贯穿老城区、正阳、舟白三大组团，属典型的喀斯特地貌，城市设计面积6.03平方公里。黔江南高速公路出入口道路连接包茂高速公路与黔江新城正阳南片区，设计范围为包茂高速公路出入口及周边地区共0.32平方公里，包茂高速公路是黔江新城区的主要出入口，对于整个黔江区都是重要的门户性景观节点。城市设计由哈尔滨工业大学深圳研究生院于2010年担纲完成。

## 二、设计构思

城市设计分别对四个区域提出设计构思。正阳南核心区提出多功能叠加的概念，即“生态+展销+物流+商住”，力争创造高效、公平、方便、绿色、和谐的城市核心区；正阳大道沿线地区力求成为展示生态特色的标志性景观大道，提供丰富活动的人性化活力街道；峡谷公园提出要体现生态动感旅游文化，实现自然景观、生态理念与娱乐体验、科普教育之间的创新结合；高速公路入口通过重构绿色景观要素、塑造现代风格节点、结合民族特色风情三方面进行设计。

正阳南核心区

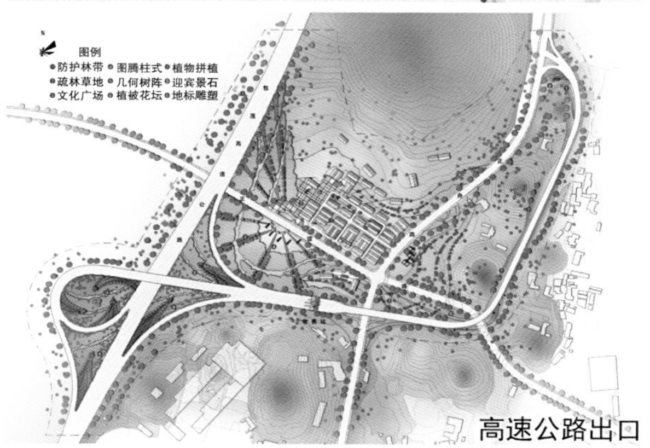


高速公路出口

正阳大道沿线

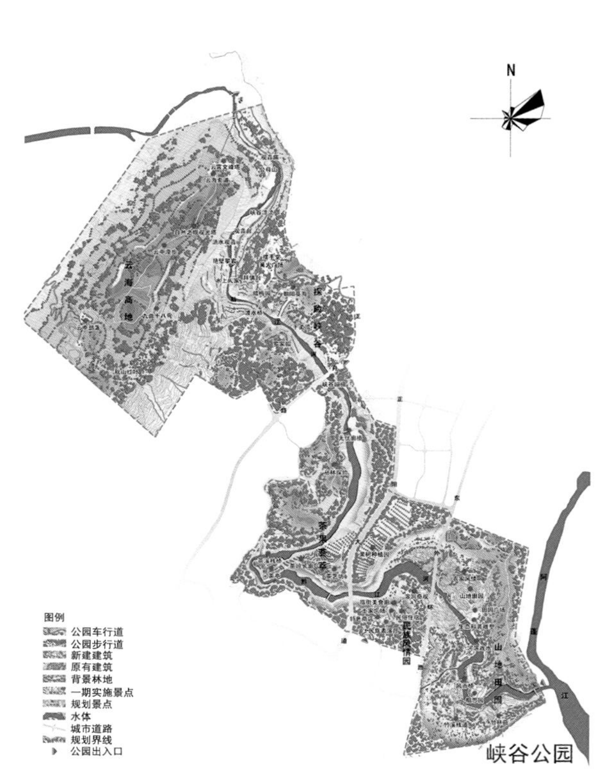


峡谷公园

三、空间结构

城市设计方案将核心规划区域划分为正阳南核心区、正阳大道沿线、峡谷公园、高速公路出入口四个重点区域进行城市设计。正阳南核心区为以生产性服务、商贸物流、商务办公为主的商贸物流中心，形成“一核、两轴、多单元”的空间结构；正阳大道沿线以秩序、生态、形象鲜明、活动丰富为设计目标，形成“一带、三段、三心、五节点”的空间结构；峡谷公园作为大尺度峡谷公园，力图将生态峡谷公园与民俗风情融为一体，以“一轴五片区”作为空间结构布局；高速公路出入口主要通过景观设计引导来实现城市风貌的展现。

四、主要内容

正阳南核心区控制要素包括地块开发强度、高度控制、景观结构、开放空间系统、步行系统等；正阳大道沿线主要对沿路景观小品、街道界面功能、色彩、景观绿化进行控制；峡谷公园控制要素包括交通组织、景点策划、公共服务设施、旅游线路、建筑高度控制、视线通廊等；高速公路出入口控制要素包括视线分析、标志物、夜景照明、交通组织、建筑改造等。

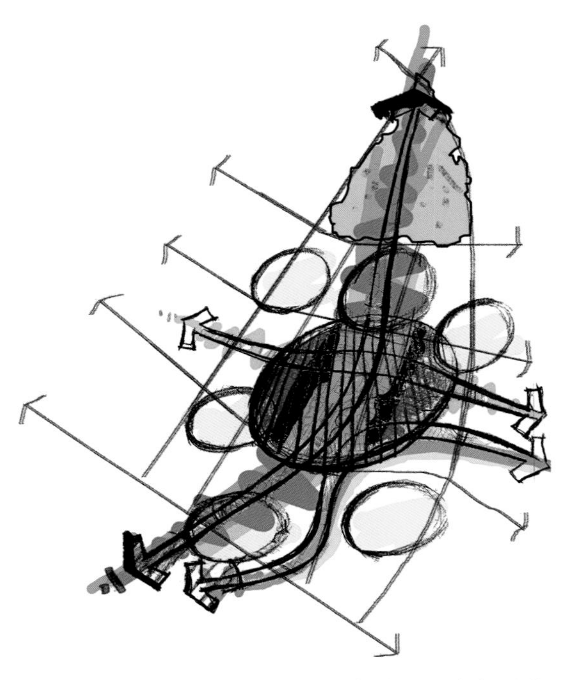

正阳南核心区空间结构

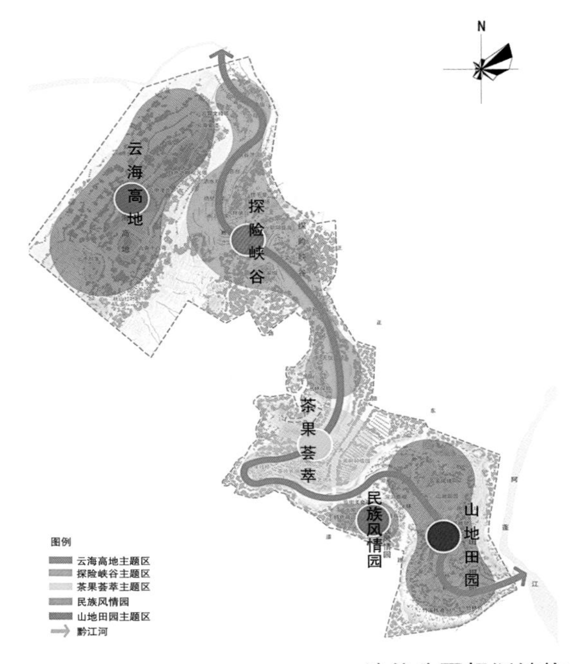


峡谷公园规划结构

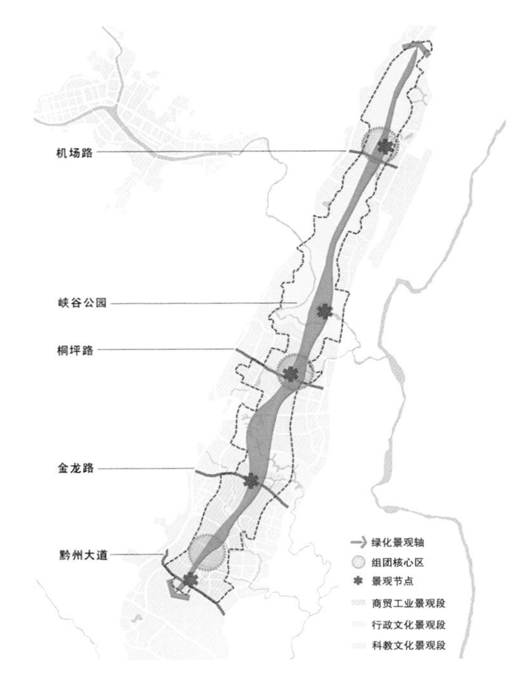


正阳大道沿线景观结构

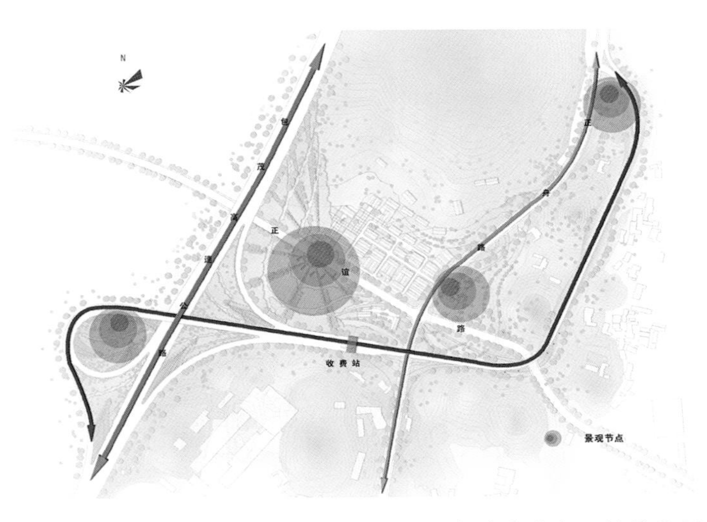


高速公路出口结构分析

# 长寿区北部片区详细城市设计

## *Detailed Urban Design of North Area in Changshou, Chongqing*

一、项目背景

北部片区位于长寿区凤城以北，东至桃源大道，南至渝宜高速公路，西至菩提山脚，北至长寿火车北站。方案坚持以人为本，充分利用用地周边自然环境要素，创造人与自然和谐共生的城市空间，打造长寿的门户区域。城市设计区域总面积5.1平方公里，由重庆市规划设计研究院于2011年担纲完成。

二、设计构思

北部片区具有特殊的区位优势、良好的自然环境，能够容纳大型城市设施。通过对长寿区现状功能的梳理以及对北部片区发展潜力的深入分析，北部片区功能定位为：以行政办公、商业商务、旅游接待、文化娱乐和居住功能为主导，兼有游憩、产业、职业教育等综合功能，多元化发展的长寿区级城市中心区，具有地区带动力的综合拓展新区，在充分挖掘长寿城市特色与自然资源优势的基础上，贯彻“山景——山景入城、城中有山；绿街——绿荫邻里、情景街道；乐城——多样完善、乐活新城”的核心理念。

设计方案提出七大策略，一是根据城市发展需求拓展功能，完善城市构架，打造复合中心；二是打造横纵双轴，南北向依托基地中央山体延续城脉生态轴线，东西向打造城轴公园，形成联系山河的走廊；三是结合市政廊道及步行网络创造网络化的绿色廊道体系；四是将居住区配套公共服务设施沿街道共享布局，并与街头公园充分结合，创造自然的交流平台；五是控制视线通廊两侧建筑高度，内低外高，建筑尺度多样，形成起伏多变的天际轮廓线；六是结合重点设施合理布局公交站场，建立以公交为导向的地块开发策略；七是依托中央城轴公园和森林大道等城市公园系统，采用多种形式体现城市发展脉络和地域历史人文积淀，形成点网结合的文脉体系。

城市设计鸟瞰图

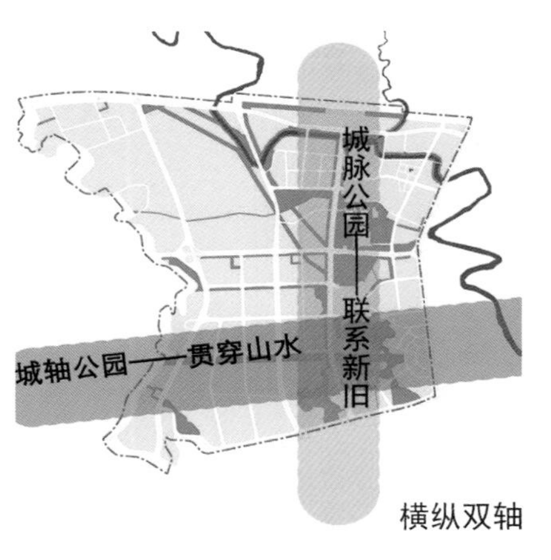


横纵双轴

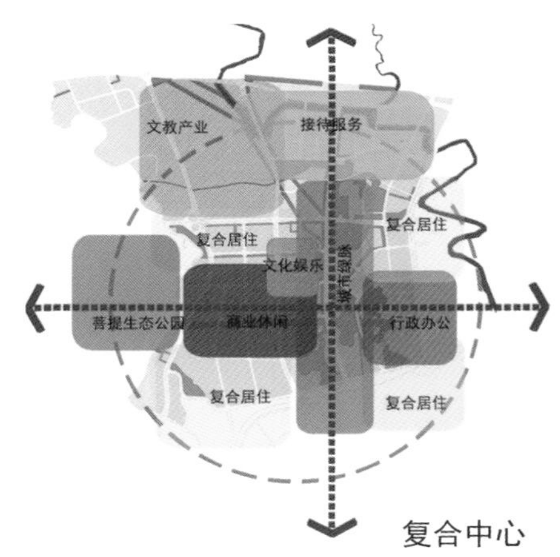


复合中心

## 三、空间结构

城市设计分为四大区域，包括区级行政中心片区、休闲商业中心片区、站前商务服务片区以及文教产业片区。

## 四、主要内容

设计方案包括功能结构、城市交通系统、绿化系统、公共开敞空间、公共设施分布、城市小品布局与引导、开发强度、建筑高度、街道界面和建筑风貌、小品、照明及标识等主要内容；重点片区内对建筑风貌、建筑形态、步行空间等进行控制。

城市设计总平面图

# 长寿区凤西片区详细城市设计

*Detailed Urban Design of FengXi in Changshou, Chongqing*

一、项目背景

长寿凤西片区位于长寿中心城区中部，凤城—桃花组团西部，北邻桃花新城，南接江南组团，西北面为城市绿心菩提山，东南面和老城中心相连，起着联系各个功能组团的作用。凤西片区背山面江，自然景观环境优越。长寿城市发展呈南北向轴线生长，北部新城聚集高新产业与配套居住，桃花组团展示古镇风韵与新区形象，南部产业园区坐拥国家级工业园与江南钢城，老城延续多样性生活。根据长寿城市发展需要，结合片区本底条件，本方案将凤西片区定位为低碳宜居的绿色社区。城市设计由重庆市规划设计研究院于2012年担纲完成。

二、设计构思

方案结合自然景观优势与相关规划对本片区的定位，提出“植桐引凤、梧园营城”的规划理念，取“凤栖梧桐”之意，寓意本片区以居住服务功能为主。规划于凤西片区广植梧桐、银杏、香樟等，融入菩提山整体景观环境，发展生态品质、低碳环保的邻里社区，承接老城人口的疏解，配套工业园区的居住，服务快速发展的长寿区。规划策略从构邻里、通视廊、连步道、绣广场、造绿园、筑水景、分台地、展形象八个方面进行设计，以造园的手法营建凤西梧园，体现低碳宜居，展现五型长寿。

方案突出“梧桐道”和“五色园”两个理念。“梧桐道”借鉴“绿道”规划模式，于基地中部由北向南设置一条总长度达4公里的慢行步道，两侧遍植梧桐，中间根据步行疲劳间距设置满足多种活动需求的开敞空间节点，倡导慢节奏生活。沿梧桐道选取五个各具特色的景观节点作为“五色园”，以五色梧桐命名，赋予不同的特色功能。五色梧园分别是以商贸服务功能为主的“金桐湾”，以教育及医疗服务为主的“青桐丘”，以公园景观及休闲运动为主的“翠桐园”、“碧桐湖”，以及以观江赏景为主的“赤桐台”。

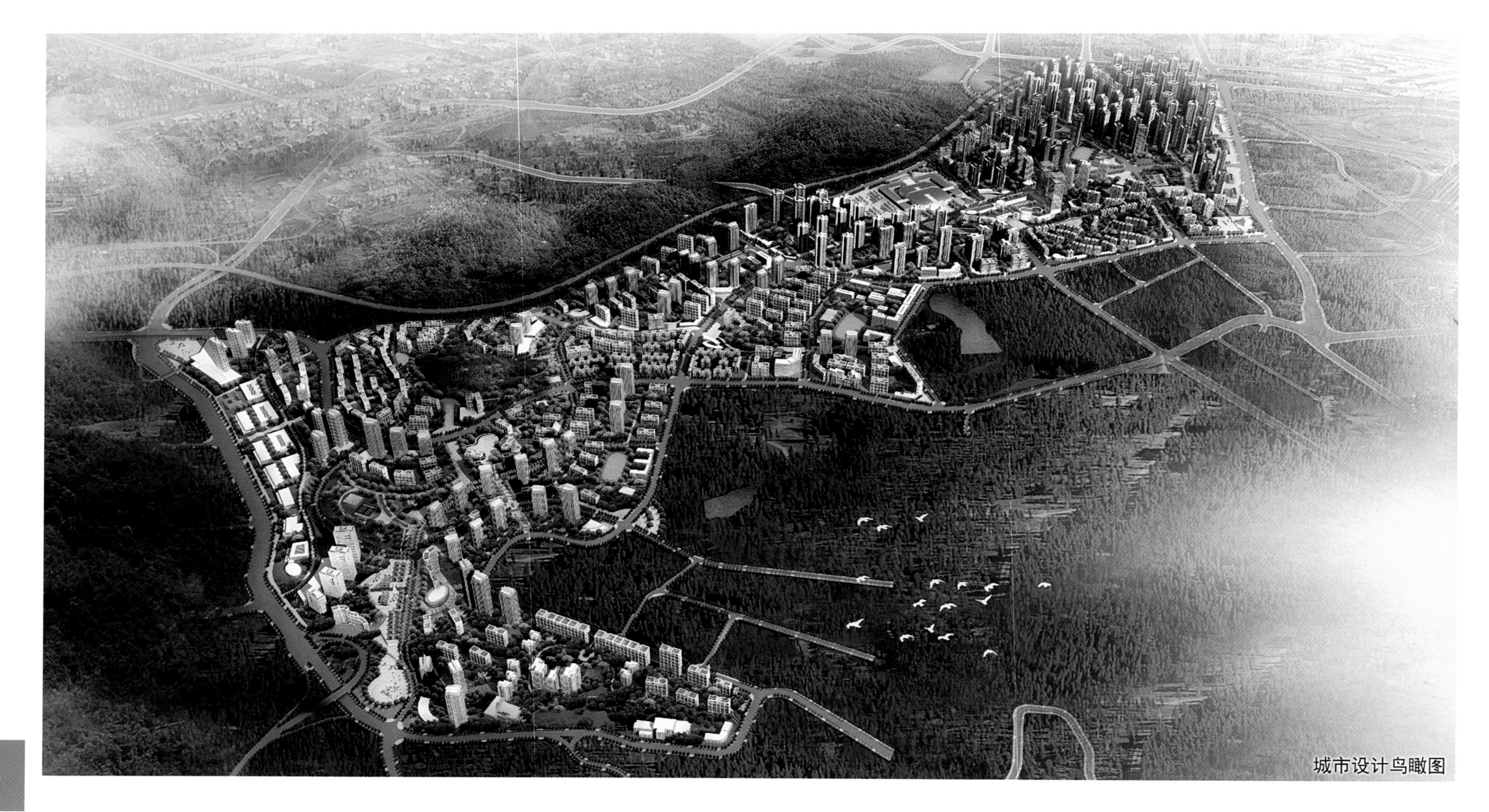

城市设计鸟瞰图

## 三、空间结构

设计方案形成“一带五园、双心四片”的空间结构。“一带”为纵贯南北的梧桐道慢行系统，形成中央景观带与市民活动、交往的生活带。“五园”为由北向南形成五个各具特色的景观节点。“双心”为中部商贸服务中心及南部山体公园生态绿心。“四片”为依据规模与功能分布将规划区划分为四个功能片区：中心商贸综合区、南北两片居住生活综合区以及产业服务综合区。

## 四、主要内容

设计方案包括绿地与开敞空间，景观视线，公共空间，公共服务设施，道路交通，开发强度，建筑高度，天际轮廓线，建筑风貌，建筑色彩及材料，绿线、蓝线、黄线，慢行系统，重要节点等控制要素。

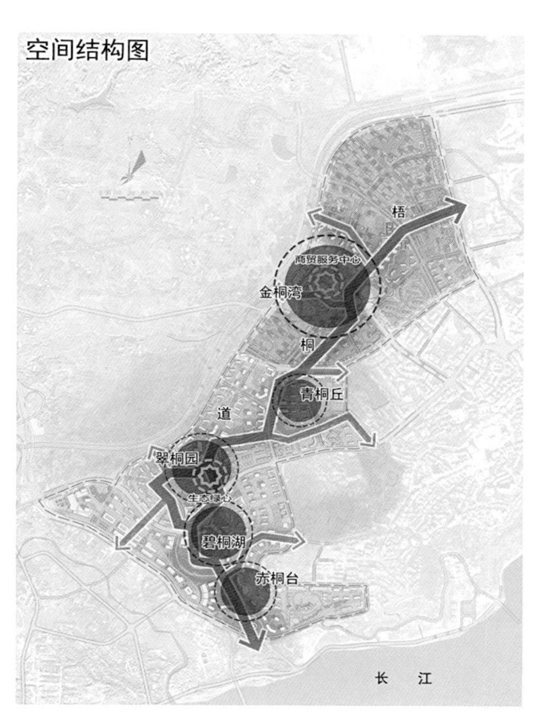


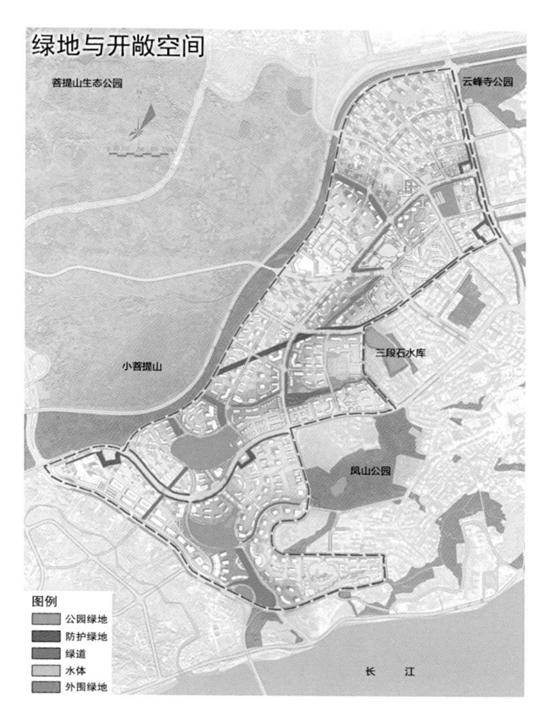


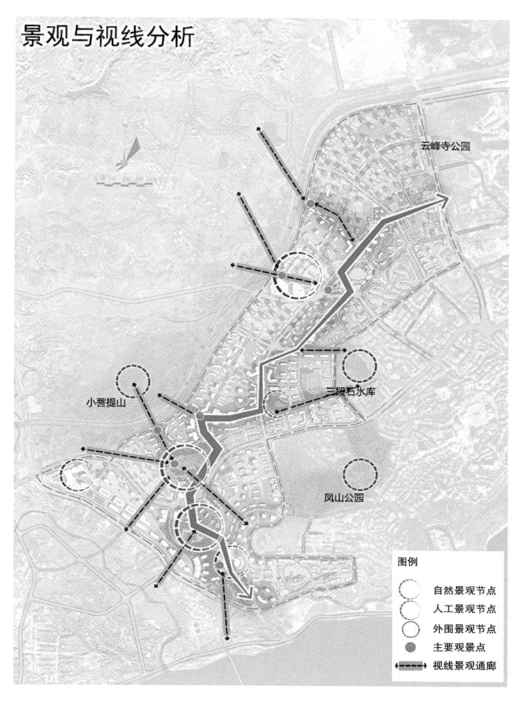


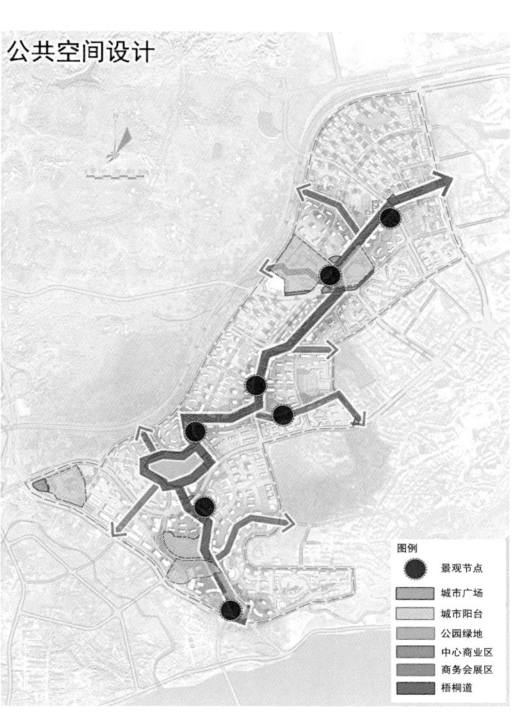


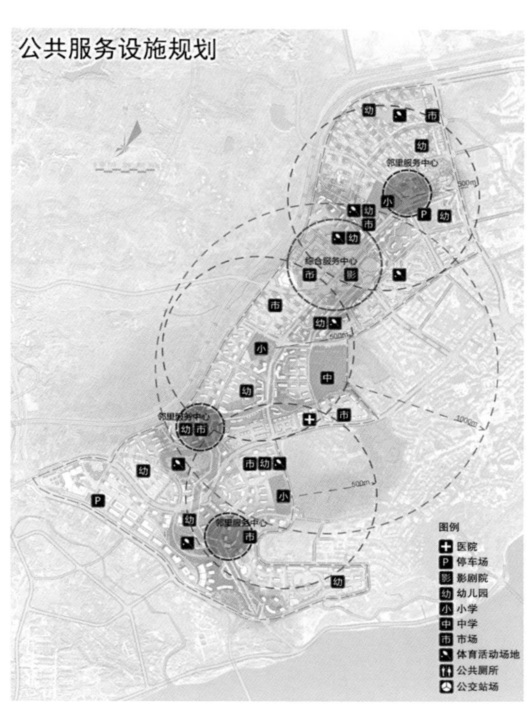


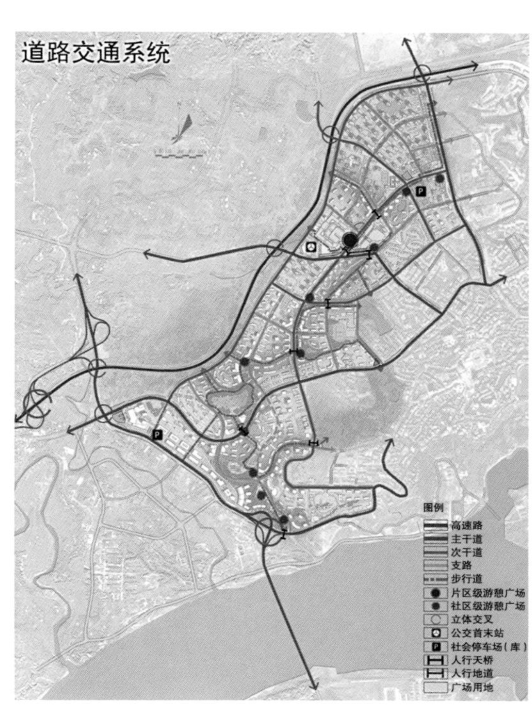

# 江津区双福新区核心区详细城市设计

*Detailed Urban Design of Shuangfu Area in Jiangjin, Chongqing*

## 一、项目背景

江津区位于重庆市西南部,双福新区地处江津北大门—双福镇，位于新兴的重庆西部新城核心区，被纳入重庆“半小时经济圈”。为强化双福新区的城市总体结构、明确总体形象特征，并为双福新区核心区城市建设和形象塑造提供总体的发展思路和框架，特制定本城市设计。城市设计区域面积约4.1平方公里，由美国ASA景观规划与城市设计集团于2013年担纲完成。

## 二、设计构思

设计方案以“青山、细水、绿韵、幸福生活”为新区建设的核心总目标，体现本区域在整个新区中的核心地位，塑造全新的城市风貌，完善片区的城市功能体系，提供宜居宜业生活环境。片区的定位是：将双福新区核心区打造成江津的北部门户，双福新区未来的商业中心和文化中心，具有山环水绕景观特色的以生态居住、商业金融、商务办公、市民活动功能为主的生态宜居新区。

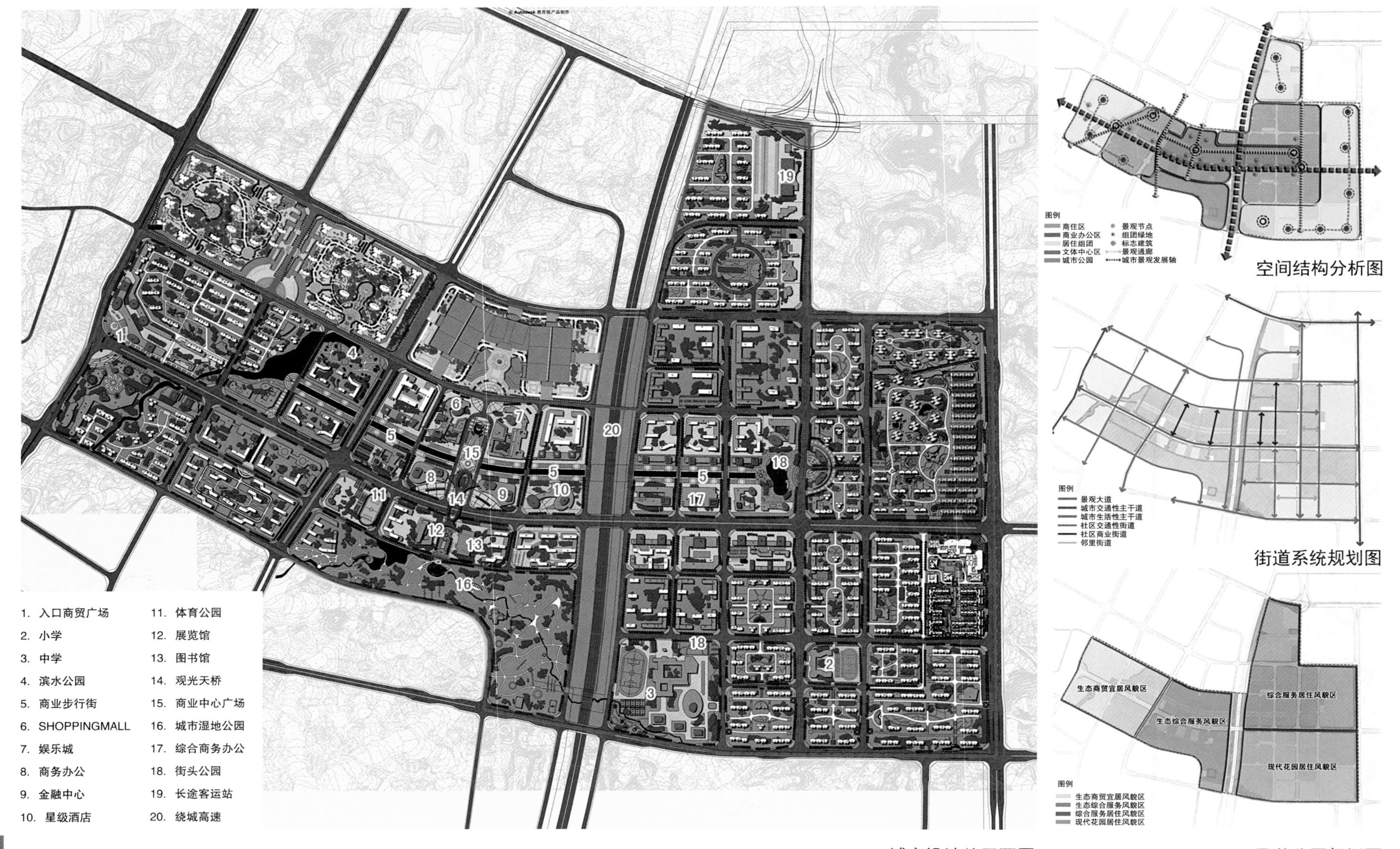


空间结构分析图

街道系统规划图

城市设计总平面图

风貌分区规划图

三、空间结构

设计方案构建了“一心多组团，双轴多通廊”的空间结构。一心：双福新区的商业中心，包括东西两翼，东翼以商业为主，西翼以商业办公和文化娱乐为主。双轴：核心区绿色网络，沿福城大道的城市发展轴和沿绕城高速两侧的生态绿化轴。

四、主要内容

设计方案主要从城市设计要素与系统控制、城市风貌特色与特定意图区控制两方面展开。城市设计要素与系统控制包括对开敞空间、广场、绿地、滨水、边界、街道、慢行系统、建筑高度、建筑设计、城市色彩、城市照明、街道设施等内容的控制。城市风貌特色与特定意图区控制是将设计区域分为生态商贸宜居风貌区、生态综合服务风貌区、综合服务居住风貌区及现代花园居住风貌区，分别对不同风貌区的定位、开敞空间、交通组织、建筑形态等提出特定的控制要求。同时，对片区中心及重要的节点区域进行详细设计。

整体鸟瞰图

# 合川区东津沱片区详细城市设计

## Detailed Urban Design of Dongjintuo Area in Hechuan, Chongqing

### 一、项目背景

东津沱片区位于合川区中心城区东部，嘉陵江从基地西侧蜿蜒而过。片区区位优势明显，是合川通往重庆主城的东南门户。随着合川城市框架逐步拉开，未来东津沱片区会与合阳、南屏、东渡半岛共同构成合川区的城市核心。城市设计区域面积约4平方公里，由林同棪国际工程咨询（中国）有限公司于2016年担纲完成。

### 二、设计构思

东津沱片区的总体定位是以“都市宜居禅宗养心、棉纺工业创意产业”为主题，以旅游体验为目的，集旅游休闲、文化创意、商业娱乐等功能为一体的城市新生活方式的互动空间，成为合川区新生活的品牌代言。从人的需求出发，设计方案形成了四大策略：策略一，以休闲旅游为引擎；策略二，以公共服务项目为提升；策略三，以养心度假为支撑；策略四，以文化创意为特色。

城市设计土地利用规划图

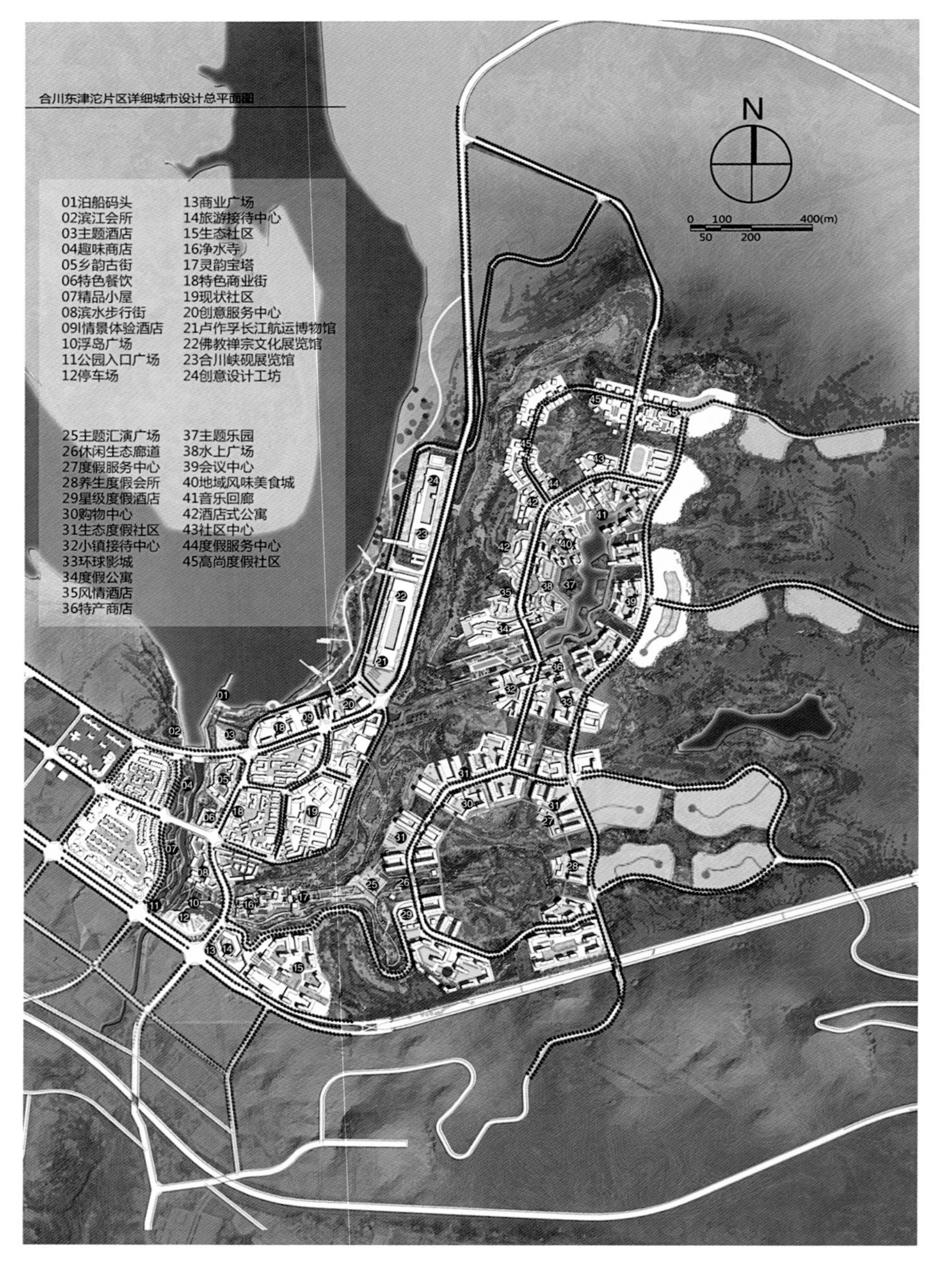

城市设计总平面图

三、空间结构

设计方案形成“一环、两轴、四心、四片区”的空间结构，提出“以山水定框架、以功能串组团、以交通调布局、以视廊塑空间”的营城策略。以山水定框架：山水格局还原山水风情的绿色脉络，建立与周边生态要素的联系通道，保护区域生态格局的完整性。以功能串组团：引入四种乐山乐水、乐享人生的生活体验功能片区（都会商业城区、山居度假社区、高端商务旅游小镇、江滨创意文化街区）。以交通调布局：建立多元并行、提升路网效能、升华旅游体验的交通规划体系。以视廊塑空间：由外向内分析外部认知东津沱的关键识别点及城市界面，引导空间秩序；由内向外梳理重要景观视野，设置重要城市观景平台。

四、主要内容

设计方案主要包括主题特征引导、景观环境控制、人性化交通、空间形态控制、城市风貌控制、建筑风貌要素引导、低冲击开发控制等内容，并对重要区域深化设计，提出地块控制要求。

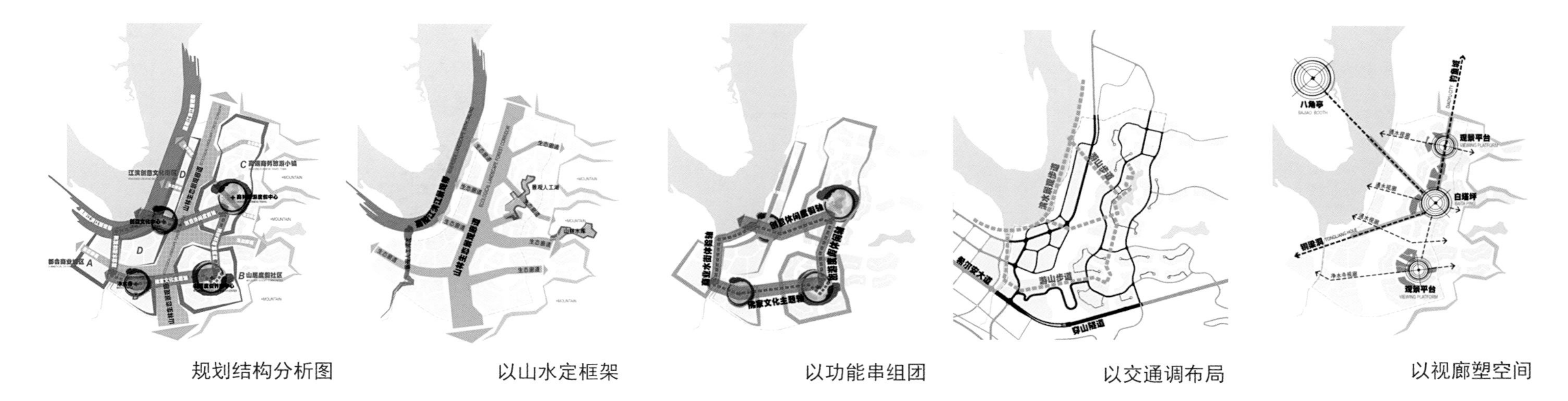

规划结构分析图　以山水定框架　以功能串组团　以交通调布局　以视廊塑空间

整体鸟瞰图

# 永川 G 标准分区城市设计及控制性详细规划

*Detailed Urban Design and Regulatory Detailed Planning of G Area in Yongchuan, Chongqing*

## 一、项目背景

永川位于重庆市西南部，规划区位于永川主城区西南侧。规划区为浅丘陵地带，作为紧邻永川老城区的主要拓展区域，是未来永川发展极具想象力的空间。项目以上位规划对基地的定位为导向（以高档住宅为主，兼有西部居住区级的商业服务中心），结合基地优越的山水环境、营造人文资源景观，为规划区开发建设成为永川高品质、生态化绿色健康住区创造良好的发展机遇。城市设计区域面积约2.93平方公里，由广州市科城规划勘测技术有限公司与重庆仁豪城市规划设计有限公司联合体于2009年共同担纲完成。

## 二、设计构思

设计方案落实城市总体规划的相关规定，细化片区功能，并提出三点设计理念：一是借山缀水、串丘成链：借周边桃花山，并在公共活力带间点缀水体，预留生态廊道串联基地内保留的山丘形成珍珠链。二是山水相依、丽景傍居：以山为景，以水为脉，以绿为调，建筑依山水而筑，屋在绿中，绿在城中，山环水绕。三是茶竹意蕴、街市溢彩：以“茶竹”文化为灵魂，以商业街区为载体，营造汇聚“人气、商气、喜气”的现代健康、生态、休闲的城市康居之所，构建串联山水格局的城市活力带，以贯穿基地南北联系桃花山公园和

总体鸟瞰图

麻柳河生态绿地的城市次干道为依托，打造林荫大道，串联城市次中心、体验式商业、社区中心和文化建筑的复合型城市活力带。

三、空间结构

设计方案中，“一心”为集商业、文化、休闲、娱乐为一体的城市次中心商业区；“两肺”为北侧的公园和南侧的生态绿地；“一带”为一条串联各功能组团的城市活力带；“五组团”为被城市道路自然围合而成的居住组团，以及一个位于西南侧的市政设施区。

四、主要内容

设计方案控制要素包括建筑高度、建筑体量和尺度、建筑后退距离、地块绿地率、建筑风格、屋顶形式、建筑色彩、用地性质、视线通廊等。通过城市设计导则对城市设计要素进行控制，识别设计重点（城市活力带和生态绿廊）并分别提出控制要求，对于其他区域则分为若干地块分别进行强制性规定和指导性意见。

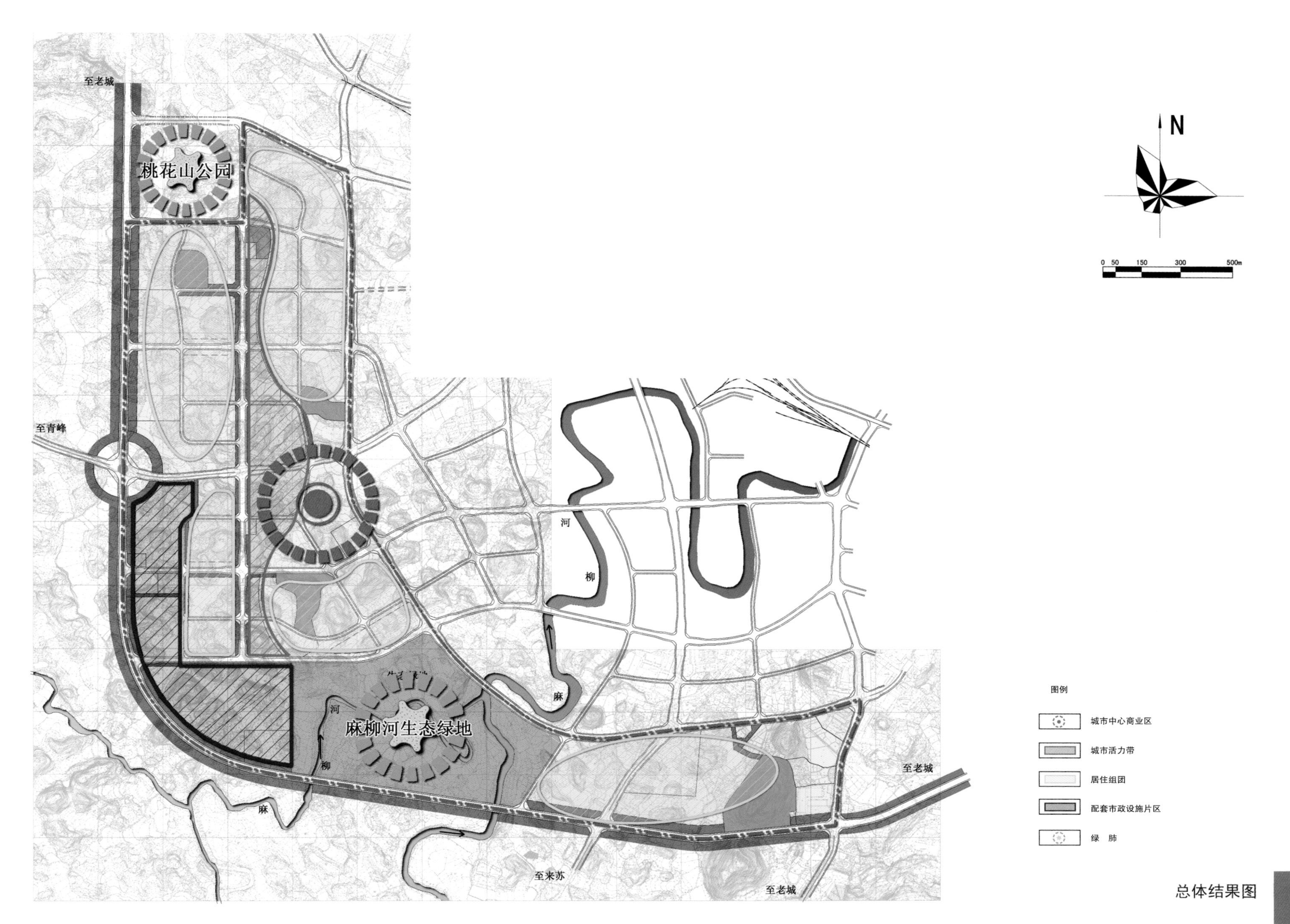


总体结果图

# 南川区核心区详细城市设计

## *Detailed Urban Design of Important Area in Nanchuan, Chongqing*

一、项目背景

南川区位于重庆市南部，北与涪陵区相邻，南与贵州省道安、正安、桐梓县接壤，东接武隆县，西连巴南区、綦江县、万盛区。设计区域是南川区的核心功能区，也是实现“六城同创”的关键地区，城市设计区域面积2.5平方公里，由中外建工程设计与顾问有限公司在2010年担纲完成。

二、设计构思

设计方案将设计区域定位为以行政办公、文化娱乐、商业商务和居住为主导功能的现代高效、特色鲜明、低碳生态、具有滨水空间特征的城市中心区。方案提出四方面的设计构思：一是梳理空间架构，整体空间架构为“功能复合轴+生态景观轴+居住社区”。二是崇尚自然生态，依托凤嘴江现有的水岸景观资源，结合规划用地功能，规划东西向生态景观廊道，构建生态化的开放空间和绿地景观系统，形成多样化、生态化的滨水空间。三是激发中心活力，在中心区布局商务办公、行政办公、商业、文化、娱乐、休闲、体育、居住等综合功能，通过土地的复合利用和使用功能的多样性、综合性，增强中心区的吸引力和活力。四是打造宜人社区，通过多种空间组织模式来营造丰富的社区居住环境，结合中轴主开放空间，以广场、公园、街头绿地、滨水绿带等来构筑层级分明的公共开放空间体系，打造具有地域风貌特色的社区。

三、空间结构

设计方案的总体空间结构为“纵横双轴，东西两片，一心多点，融汇天地”。一是中轴引爆，两侧互动。以众多大型公建来构筑形成区域最具吸引力

城市设计鸟瞰图

的功能中轴，集聚多元功能并联动两侧地块开发。二是碧水为脉，带形渗透。以东西向的水系作为区域最为重要的生态景观蓝带，结合水系蓝带形成向两侧用地内部渗透的绿廊，同时也将永隆山体景观引入街道步行空间之中。三是路景相对，珠联璧合。强化东西向的龙凤大道和龙济大道作为城市景观大道对空间界面的引导，形成高低错落、变化丰富的街景轮廓。

四、主要内容

设计方案包括综合交通组织、绿地水系规划、开放空间规划、公共服务设施布局、公共活动导引、建筑高度与天际线控制、开发控制等主要内容。同时，方案通过空间地标、空间视廊、空间节点、空间界面和建筑风格等五要素的控制，建立空间秩序，实现设计目标。

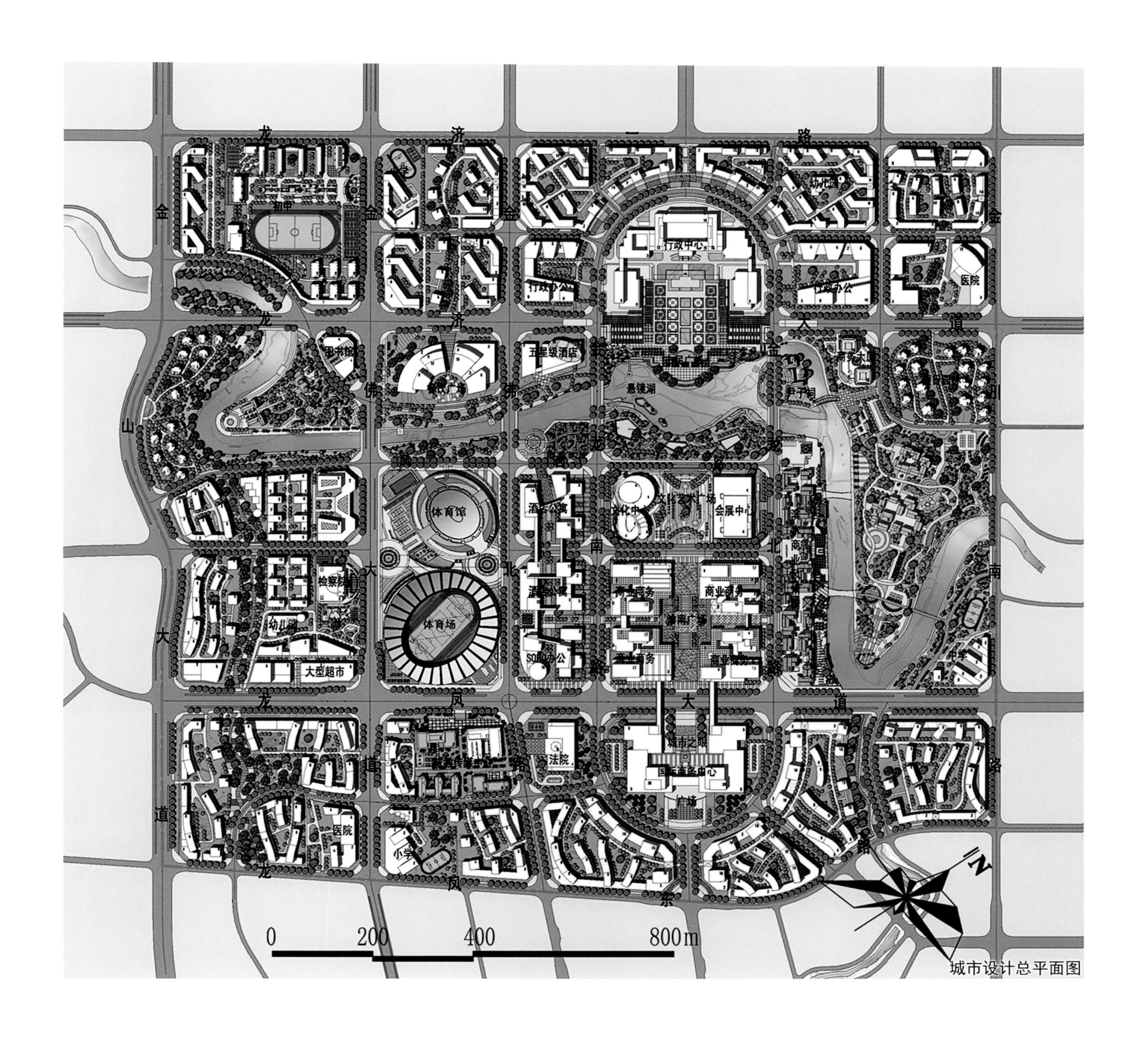

城市设计总平面图

# 南川区花山片区详细城市设计

## *Detailed Urban Design of Huashan Area in Nanchuan, Chongqing*

### 一、项目背景

南川区位于重庆市南部，地处渝黔、渝湘经济带交汇点，属重庆城市发展新区。花山片区位于南川中心城区东北部，用地沿花山森林公园带状展开，总体呈U字形布局。为提升花山片区城市品质，塑造特色鲜明的临山城市空间形态，加强和规范花山片区的规划建设管理，特编制本次城市设计。城市设计区域面积约3.4平方公里，由深圳市华阳国际工程设计有限公司于2013年担纲完成。

### 二、设计构思

本次城市设计的规划定位是以居住功能为主，辅以商业、商贸和旅游服务等功能的城市综合片区，并形成生态保护隔离带，保护花山不被城市发展所侵蚀。规划理念是“绿脉织城”：一是采用城市设计手段使绿脉自花山向城区内延伸；二是在自然环境与城市环境之间增加公共空间的数量并提升品质；三是合理规划建设规模与建筑高度，使新建城区的尺度与花山相协调。

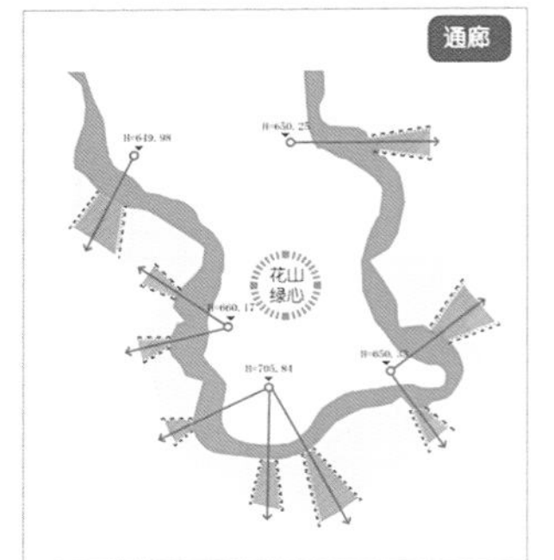


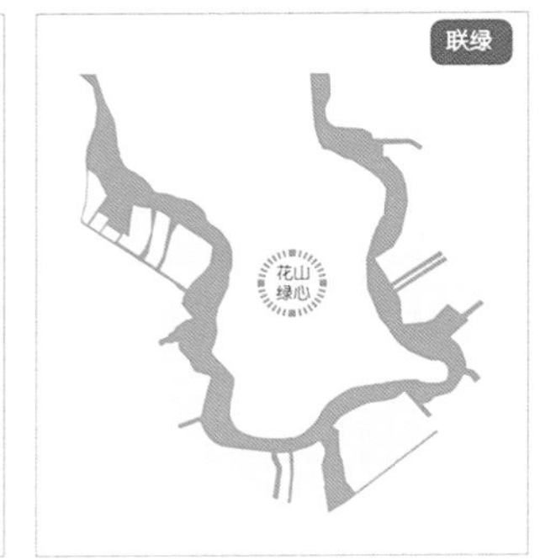

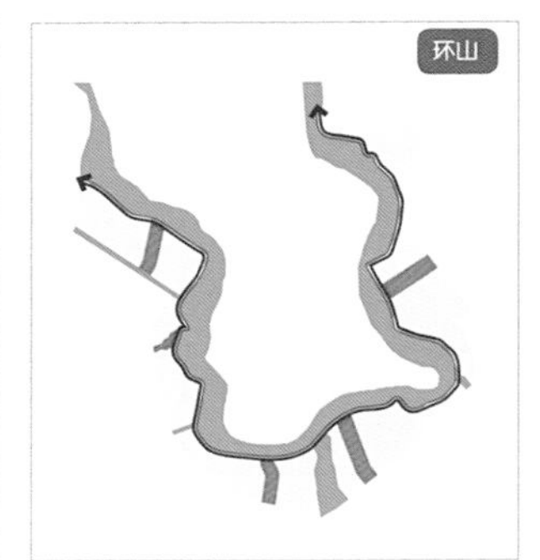


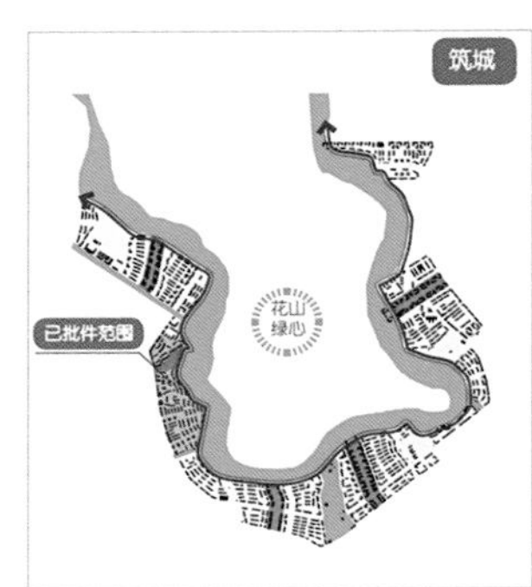


城市设计策略分析图

城市设计总平面图

主城北侧拓展区鸟瞰图

四季公园鸟瞰图

三、空间结构

本次城市设计遵循“六大策略”，包括“通廊”、“联绿”、“分区”、“设心”、“环山”及“筑城”。通廊：控制9条强制性绿地，形成绿脉，由花山向设计区域延伸。联绿：根据已有和规划的居住区位置，选择主要用地沿街面控制6个关键性开口，并向花山绿心延伸，形成贯穿整个用地的带状绿地。分区：以绿脉为界，用地整体上分为6个片区。设心：在各片区中心规划公共配套与社区中心。环山：用地靠花山一侧设置一条以步行为主的环山旅游慢行道，并在道路一侧控制一条宽20米的绿带。筑城：细分城市肌理。

四、主要内容

设计方案从观山通廊、公共空间、公共配套设施、道路交通系统等方面展开，充分结合了地形地貌与周边自然环境条件，实现了对生态环境的保护和城市与自然的融合。

整体鸟瞰图

# 南川区龙岩河片区详细城市设计

*Detailed Urban Design of Longyan River Area in Nanchuan, Chongqing*

一、项目背景

南川区位于重庆市南部，地处渝黔、渝湘经济带交汇点，属重庆城市发展新区。龙岩河片区位于南川中心城区东部，与南川主城区隔花山相望，北接北固片区，南临东胜片区。城市设计区域面积约2.03平方公里，由浙江大学城乡规划设计研究院有限公司于2015年担纲完成。

二、设计构思

城市设计的总体定位是以龙岩河自然生态资源为核心，营造具有山水特色、生态复合、商业服务、旅游配套等功能的城市后花园、旅游服务新城及生

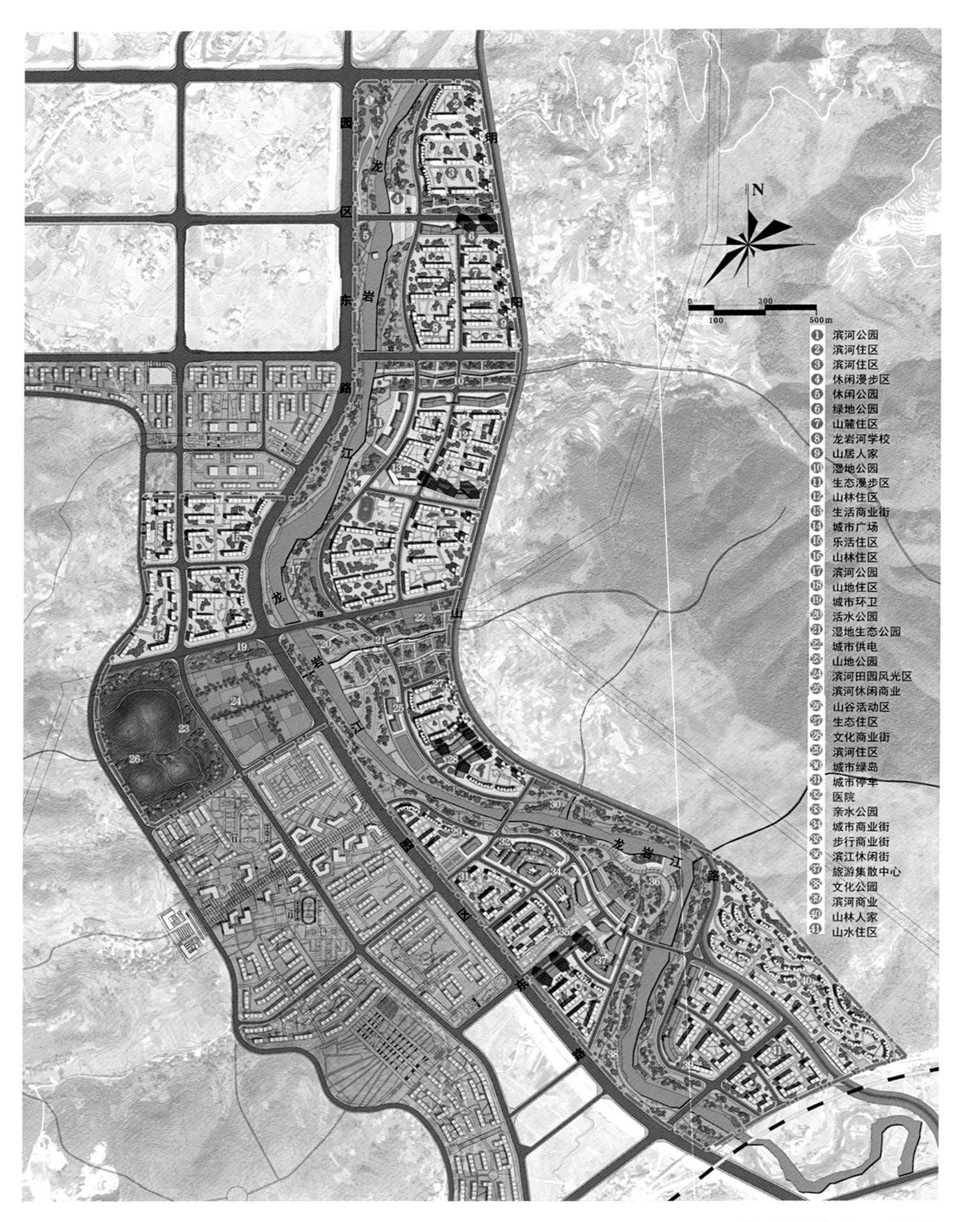


城市设计总平面图

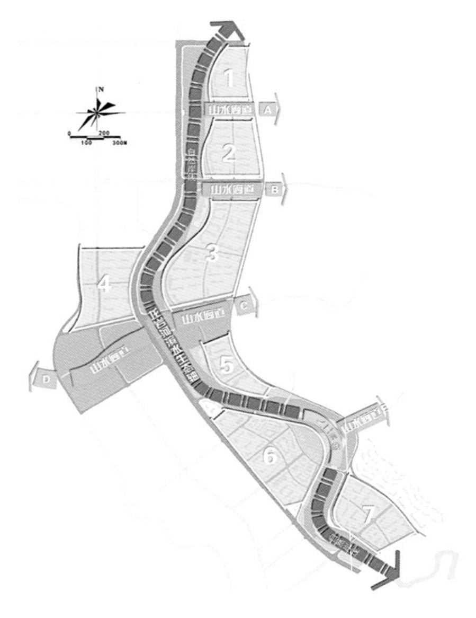

规划结构分析图

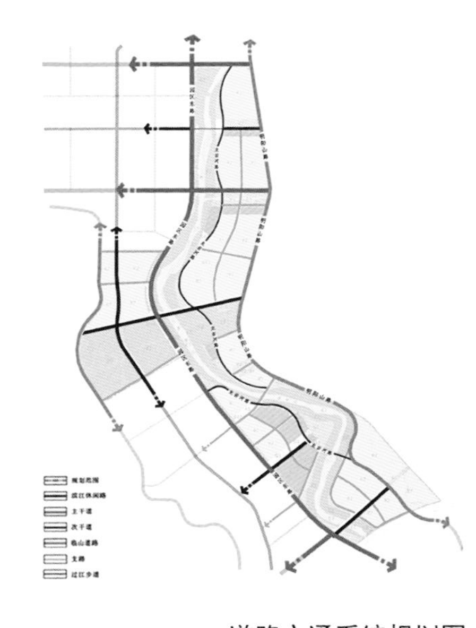

道路交通系统规划图

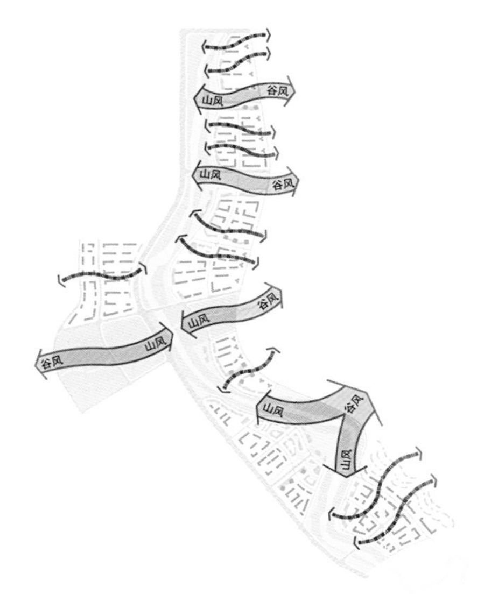


山谷风平面分析图

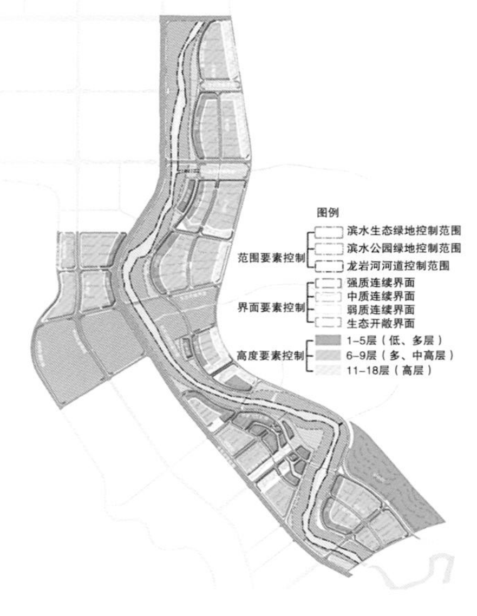


综合控制图

态城市建设先导区，并提出了城市微气候、低冲击开发两大城市设计策略。

三、空间结构

设计方案建构了“一轴、五廊、七岛”的空间结构。一轴：“龙岩河滨水生态轴”；五廊：包括生态绿地和公园绿地共同构成的5条宽窄不一的“山水廊道”；七岛：两轴和五廊分割形成的“七个城市半岛”。

四、主要内容

设计方案主要从要素控制、详细设计引导两方面展开。要素控制主要从要素范围、城市蓝线及绿线、城市高度分区、道路界面、城市风貌、城市微气候控制、低冲击开发等方面进行控制。详细设计引导则从半岛区、龙岩河沿岸、生态廊道这三个区域着手。

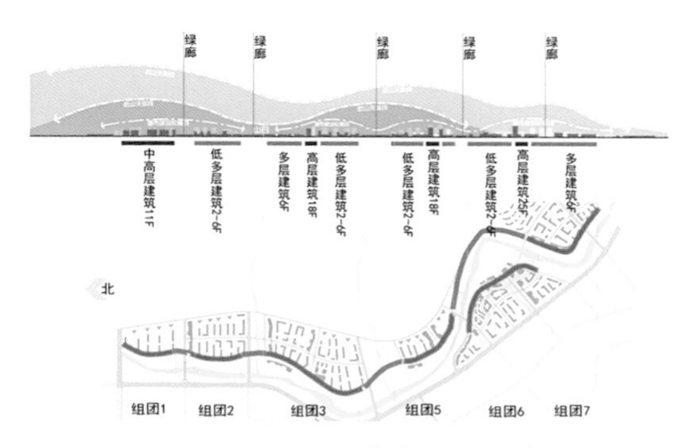

滨水天际轮廓线引导图

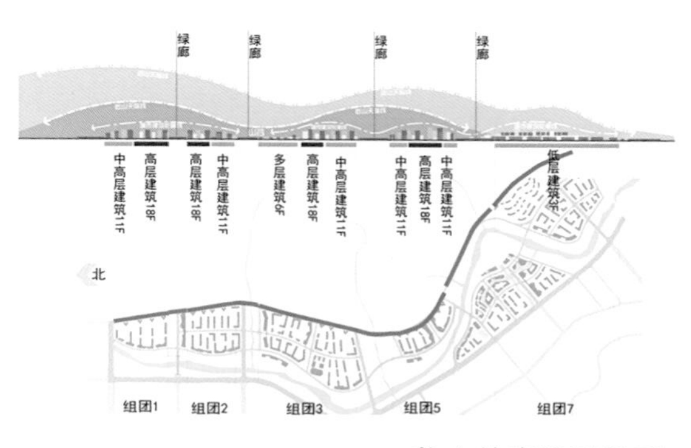

临山轮廓线引导图

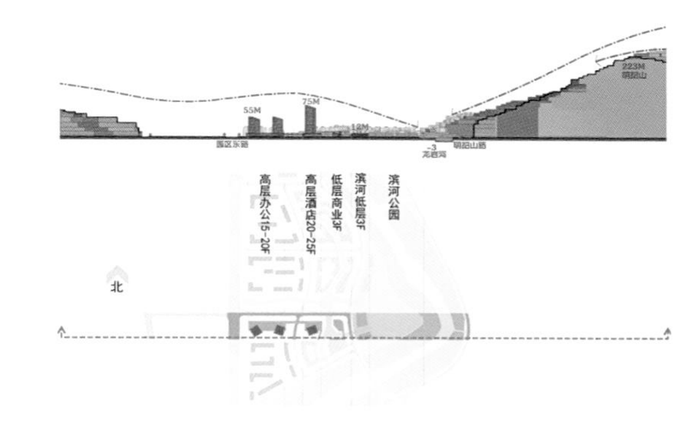

龙岩河商业半岛横断面引导图

整体鸟瞰图

# 万盛区中心组团东林片区详细城市设计

*Detailed Urban Design of Donglin Distract in Wansheng, Chongqing*

## 一、项目背景

万盛中心组团东林片区位于万盛主城区东南部，从六井坝到腰子口之间的狭长地带，是通往黑山口风景旅游区的必经之路。设计区域北面连接老城区，南面连接规划中的工业园，西端接綦万（綦江—万盛）高速公路入口，东端通往黑山谷风景旅游区，场地中部还有万盛汽车总站和火车站2个重要交通枢纽站。为促进万盛旅游经济的发展，结合场地内棚户区清理和旧厂矿搬迁改建，完善城市功能，提升城市形象，为当地居民提供良好的生活休闲环境，特编制本次城市设计。城市设计区域面积约2.31平方公里，由重庆市规划设计研究院于2010年担纲完成。

## 二、设计构思

设计方案以“谷、韵、盛、景”作为设计理念。谷：场地东西两端的山谷地形，有利于城市入口形象的塑造，并对城市特色的展现提供了有利的自然条件。韵：设计区域沿清溪河呈带状发展，在城市景观和功能布置上，应强调一种韵律感。盛：根据万盛总规确定的目标，将该片区打造成为万盛城区的主要居住组团和旅游服务基地。景：从优美的山谷景观、溪河景观到以工业为主题的城市景观，独特的人文主题将极大地提高本区域的可识别性和知名度，为万

城市设计总平面图

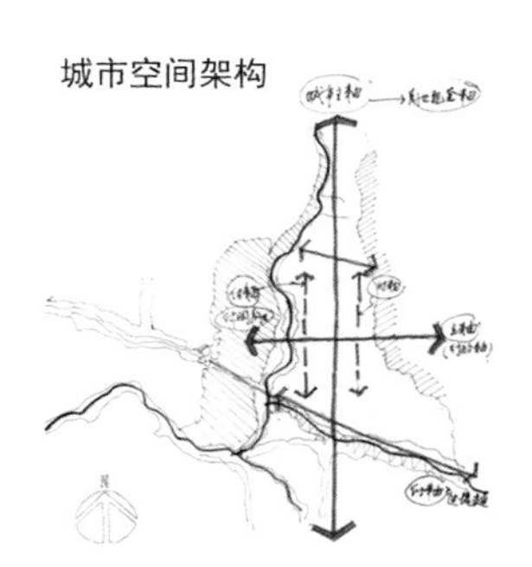


绿化系统导向

商业空间导向

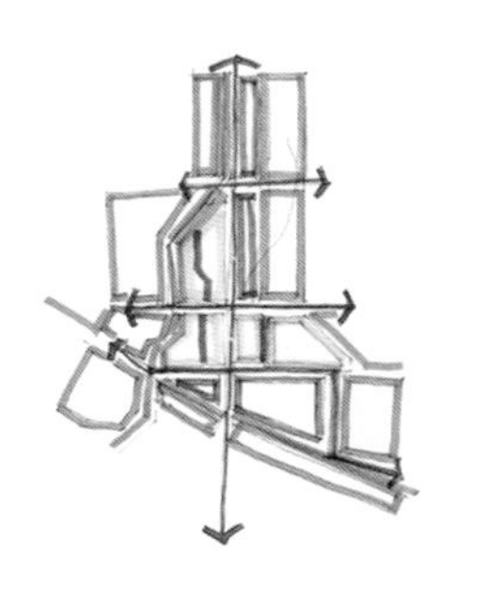

空间引导分析图

盛的发展打下坚实基础。

三、空间结构

设计方案采取“一带、双轴、两心、两园、三组团”的布局方式。一带即孝子河与清溪河绿化景观带；双轴即万盛大道商业文化轴与通往桂花公园的南北向生态绿化景观轴；两心即位于片区中西部以万东南路、万盛大道、景观路所围合的公共中心以及中东部的商业金融中心；两园即花卉园和桂花公园；三组团即三个主要居住组团。功能结构分为核心商业区、综合居住区、休闲公园区、对外交通区、市政服务区、旅游配套服务区六大区域。

四、主要内容

设计方案主要对道路交通系统、开敞空间系统、景观视线、绿地系统、建筑风貌等内容进行系统控制，并重点对滨水区域、旧城改造区、景观大道以及部分重要节点进行详细设计。

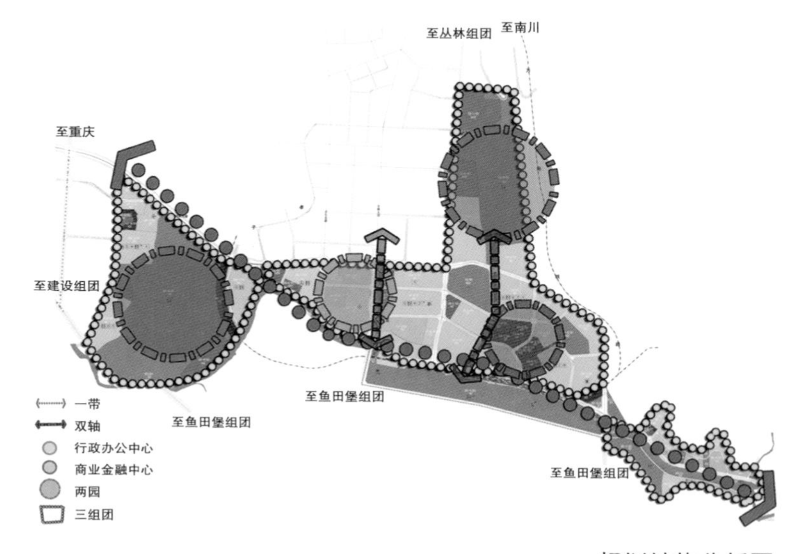

规划结构分析图

功能布局图

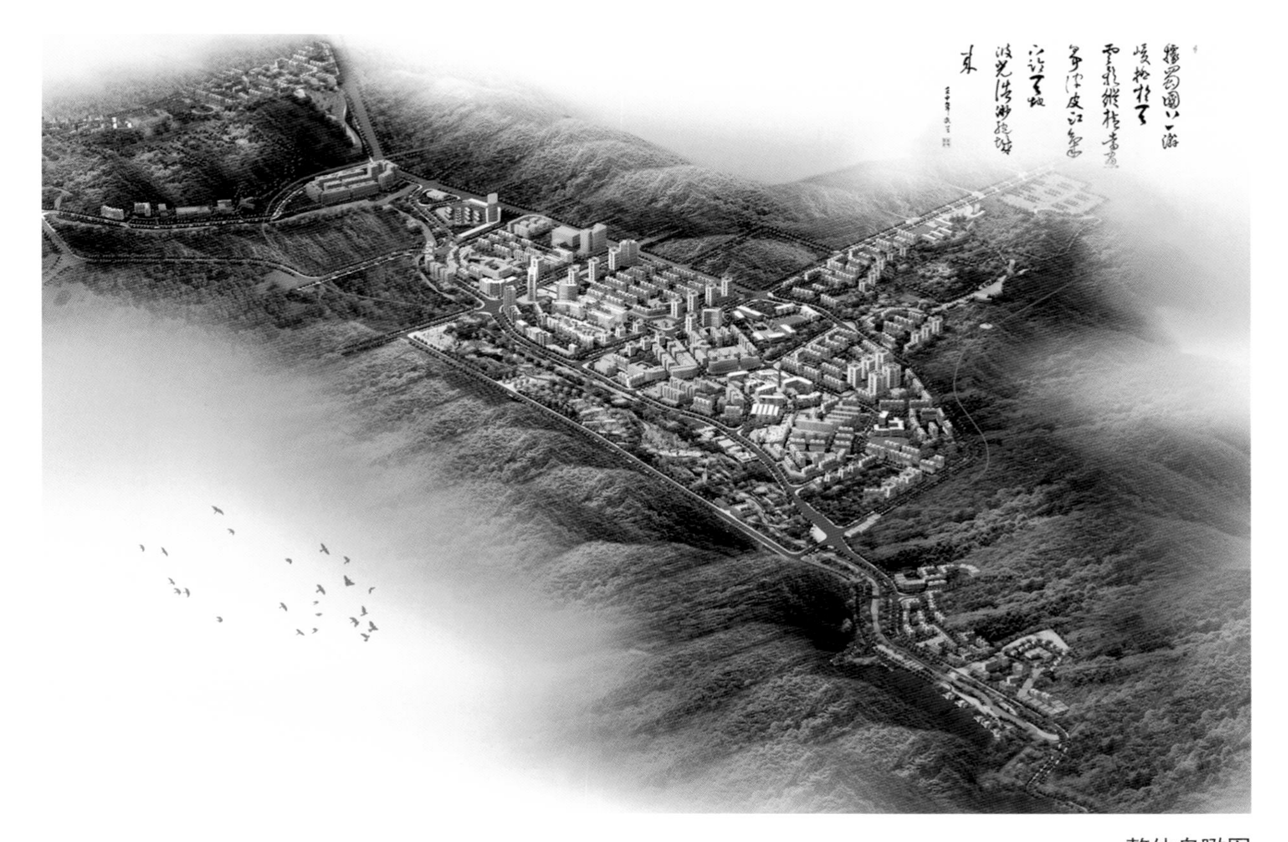
整体鸟瞰图

矿工庭院效果图

遗址公园效果图

# 大足县龙岗组团中心南区详细城市设计

*Detailed urban design of Longgang in Dazu,Chongqing*

一、项目背景

规划区是大足县近期建设重点，新区建设的启动节点，是一个多功能综合区域，重点发展居住、商贸、旅游功能，是旅游服务中心的有力补充。城市设计区域面积约为3.5平方公里，由深圳市城市规划设计研究院于2010年担纲完成。

二、设计要点

生态格局：保留基地内的自然山体，形成联系整个城市的生态绿网系统；

交通组织：结合自然山体，组织环线路网，形成步行优先道；

容量测算：结合原有控规，确定合理的建设容量；

空间形态：营造具备宋韵精神的街巷空间，提供丰富的街市生活，根据不同功能考虑不同街巷尺度、空间高宽比，注重城市天际线的营造；

风貌建设：结合山体，形成宋风宋韵特色风貌区，在协调区营造以中式文化特征为主的现代建筑群。

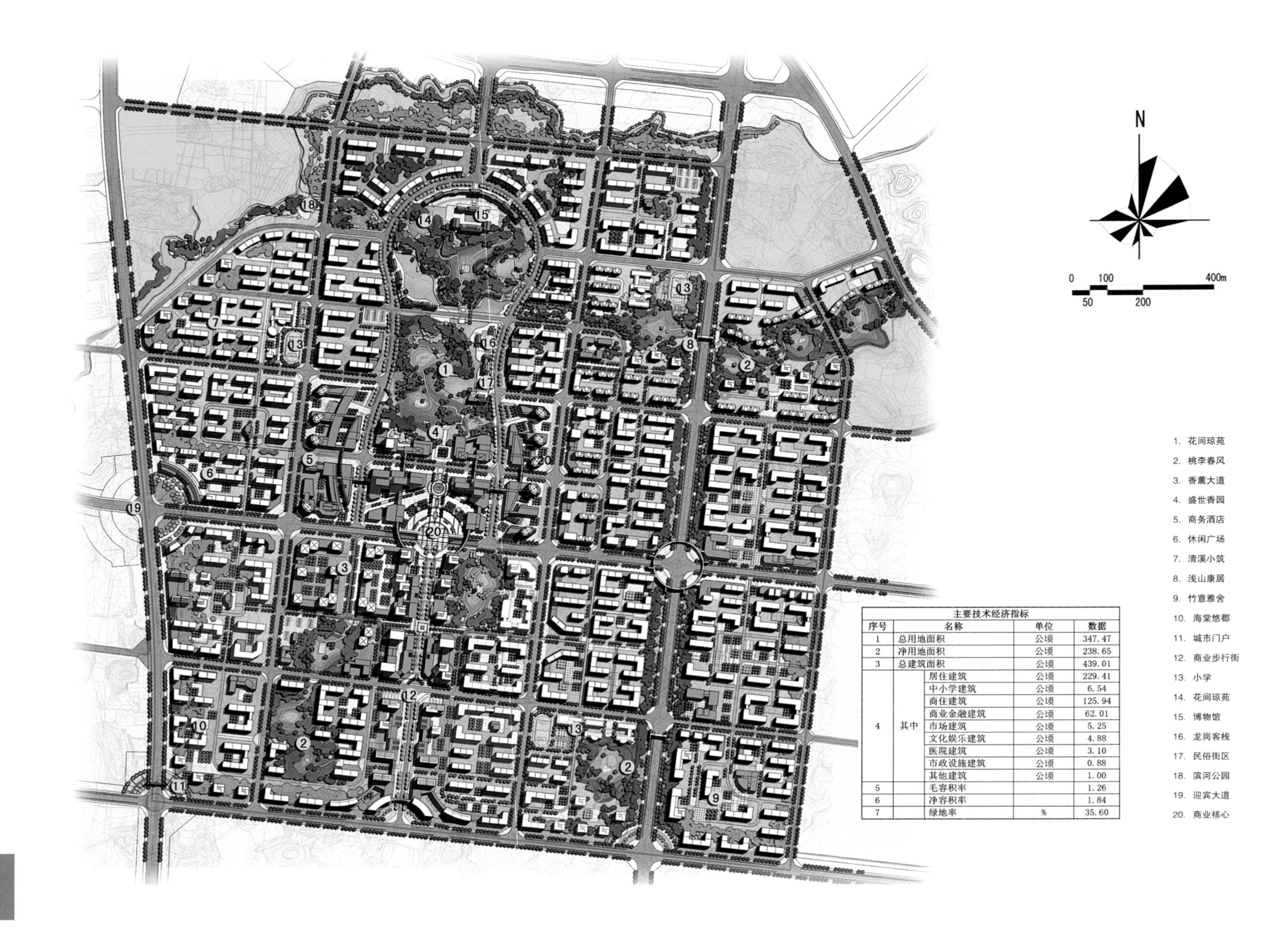


主要技术经济指标

| 序号 | 名称 | | 单位 | 数据 |
|---|---|---|---|---|
| 1 | 总用地面积 | | 公顷 | 347.47 |
| 2 | 净用地面积 | | 公顷 | 238.65 |
| 3 | 总建筑面积 | | 公顷 | 439.01 |
| 4 | 其中 | 居住建筑 | 公顷 | 229.41 |
| | | 中小学建筑 | 公顷 | 6.54 |
| | | 商住建筑 | 公顷 | 125.94 |
| | | 商业金融建筑 | 公顷 | 62.01 |
| | | 市场建筑 | 公顷 | 5.25 |
| | | 文化娱乐建筑 | 公顷 | 4.88 |
| | | 医院建筑 | 公顷 | 3.10 |
| | | 市政设施建筑 | 公顷 | 0.88 |
| | | 其他建筑 | 公顷 | 1.00 |
| 5 | | 毛容积率 | | 1.26 |
| 6 | | 净容积率 | | 1.84 |
| 7 | | 绿地率 | % | 35.60 |

三、空间结构

设计方案形成“绿脉贯通、环核相融、香居四片”的空间结构，串联多处现状山体，形成贯通南北及东西的“人”字形绿脉；打造行人优先的慢行体系，以及具有商业贸易、文化休闲娱乐和旅游服务职能的城市复合功能核心。

四、主要内容

设计方案尊重场地山水特征，打造生态格局，结合山体打造慢行体系。

规划空间结构图

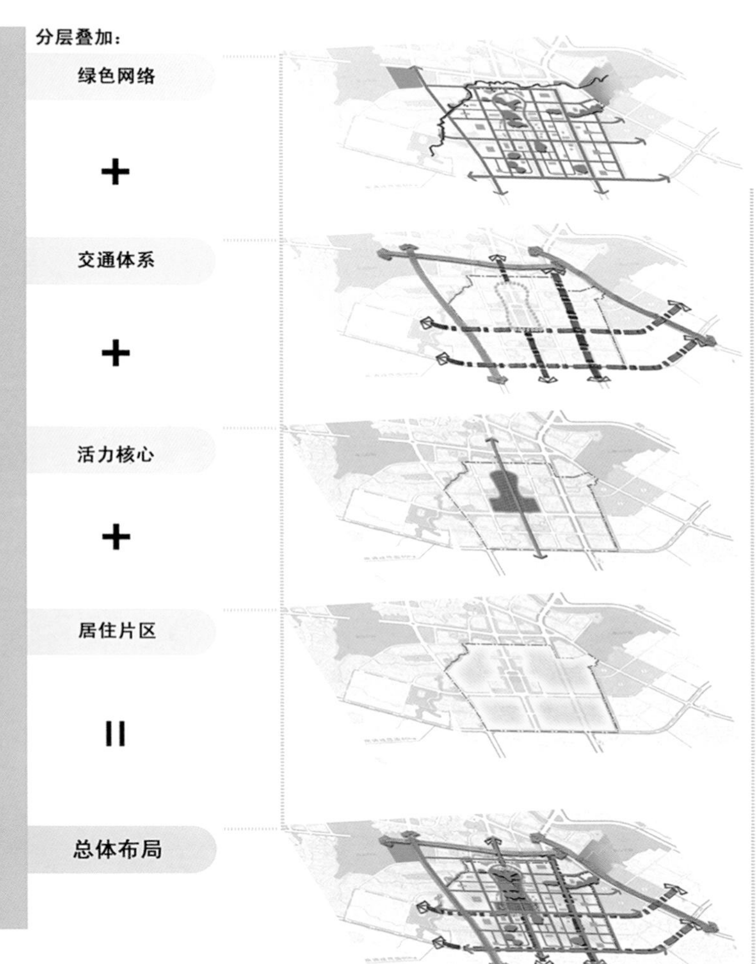

效果图1

效果图2

# 双桥区北部片区详细城市设计

*Detailed Urban Design of Northern area of Shuangqiao, Chongqing*

## 一、项目背景

双桥区地处“成渝一小时经济圈”西线，距主城区约80公里。本次设计范围涵盖双桥区的中央商务区和东部新城区，其中东部新城区以居住功能为主，东面为自然屏障巴岳山。城市设计区域面积约1.34平方公里，由重庆市设计院于2010年担纲完成。

## 二、设计构思

双桥是一座汽车城。在本次城市设计中着力突出了汽车文化在双桥的重要地位，注重现代工业和自然山水的和谐，以实现“宜居、宜业、宜游”的规划目标。深入挖掘双桥区的城市文化，注重自然山水环境，强化建筑风貌的和谐统一。

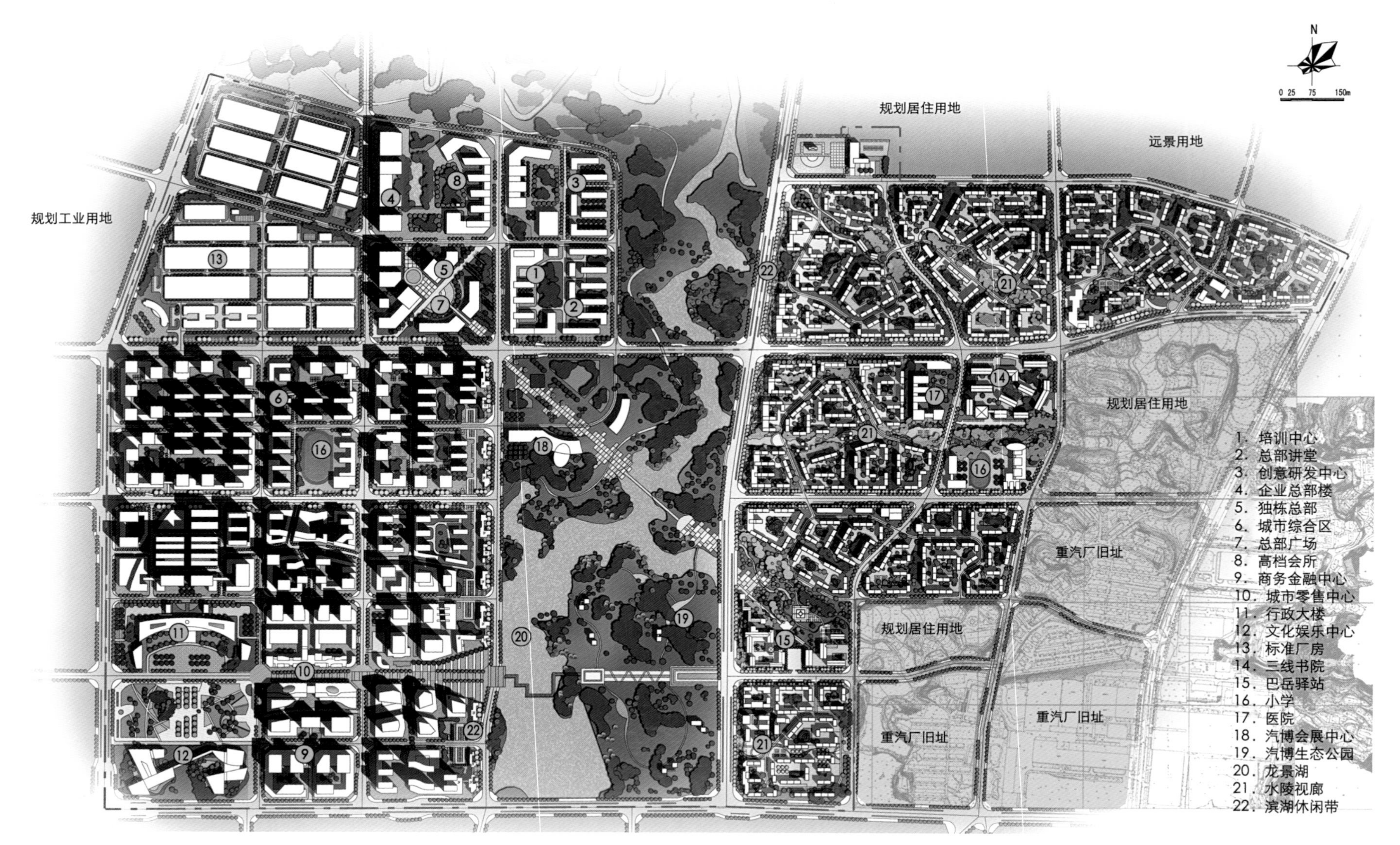


城市设计总平面图

三、空间结构

设计方案的空间结构为“两区、一园”。“两区”指中心商务区、东部新城区，中心商务区包含CBD区域（行政办公区、文化娱乐综合区、城市零售中心、商业金融中心、城市综合区）、滨湖休闲区、总部经济与科研教育区等三部分。东部新城区分为巴岳谧居、学府雅居、清溪绿源、汽博新寓等四个风貌片区。“一园”即龙景湖生态汽博公园。设计方案在中央商务区和东部新城区之间形成龙景湖，因此未来的设计区域将是自然环境优美的山水城区。

四、主要内容

设计方案包括道路交通规划、地下空间利用规划、高度容量分析、绿化系统分析、公共空间设计等主要内容。

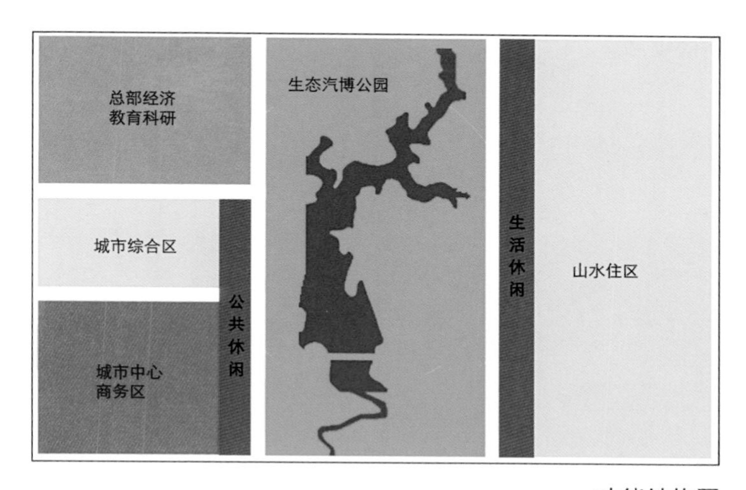

功能结构图

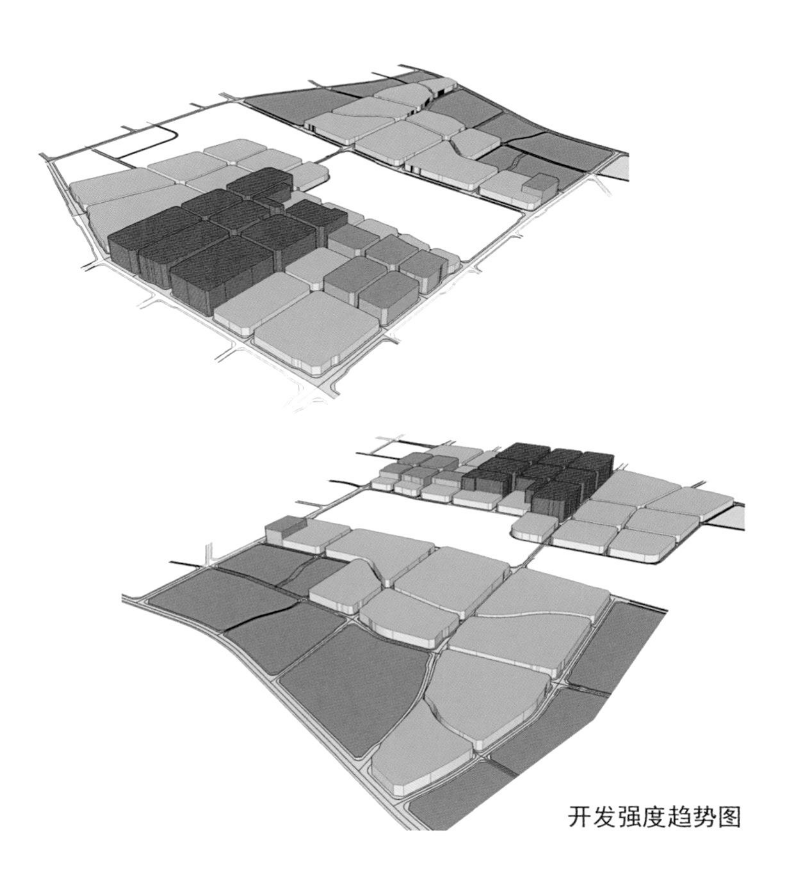
开发强度趋势图

东部片区效果图

# 璧山县来凤片区详细城市设计

*Detailed Urban Design of Laifeng in Bishan, Chongqing*

## 一、项目背景

城市设计范围北至成渝高速公路，南至石坝坡，东至石安村、二道牌坊，西至来凤村。璧山来凤片区山水并行、田园环抱，拥有大量古建筑、古牌坊、宗教遗址、田园风光、水域景观、地方特产、苗木花卉等景观资源。城市设计方案目的在于明确城市特征，塑造高品质的城市公共空间，为城市规划行政主管部门提供实时管理依据。方案目标确定为“释放心灵的都市驿站，彰显特色的巴渝小镇，绿色生态的休闲天堂，多元宜居的第二居所”。城市设计区域面积3.9平方公里，由深圳市城市空间规划设计有限公司于2012年担纲完成。

## 二、设计构思

方案打造五大形象要素，还原并塑造来凤巴渝古镇的城市形象。其中，“五个一”核心要素分别为依托古驿文化，恢复一条驿道；利用璧南河水系，打造一条滨水鱼文化休闲带；在至高处设置一座博物馆，打造空间主体；在交点处建设一处古驿文化广场，传承地域文化；凭借绿色生态资源，形成一个慢行绿环，营造休闲慢生活。

城市设计鸟瞰图

三、空间结构

城市规划结构为“一带、一轴、一核、四片区”。“一带”指璧南河沿岸形成的休闲游憩带；“一轴”指沿古驿道形成的古驿文化轴；“一核”指古驿广场周边形成的商贸文化公共核心；“四片区”指的是中部古镇商贸功能片区，田园旅游功能区以及东、西居住片区。

四、主要内容

设计方案要素包括古驿道、滨水鱼文化休闲带、古驿文化广场以及来凤鱼文化博物馆。方案对公共开放空间设计要求控制面积、地面硬化率、绿地率、铺装材料、街道宽度、街道高宽比；对建筑设计要求控制色彩、形式、风格、材质、高度、界面等。

空间结构分区图

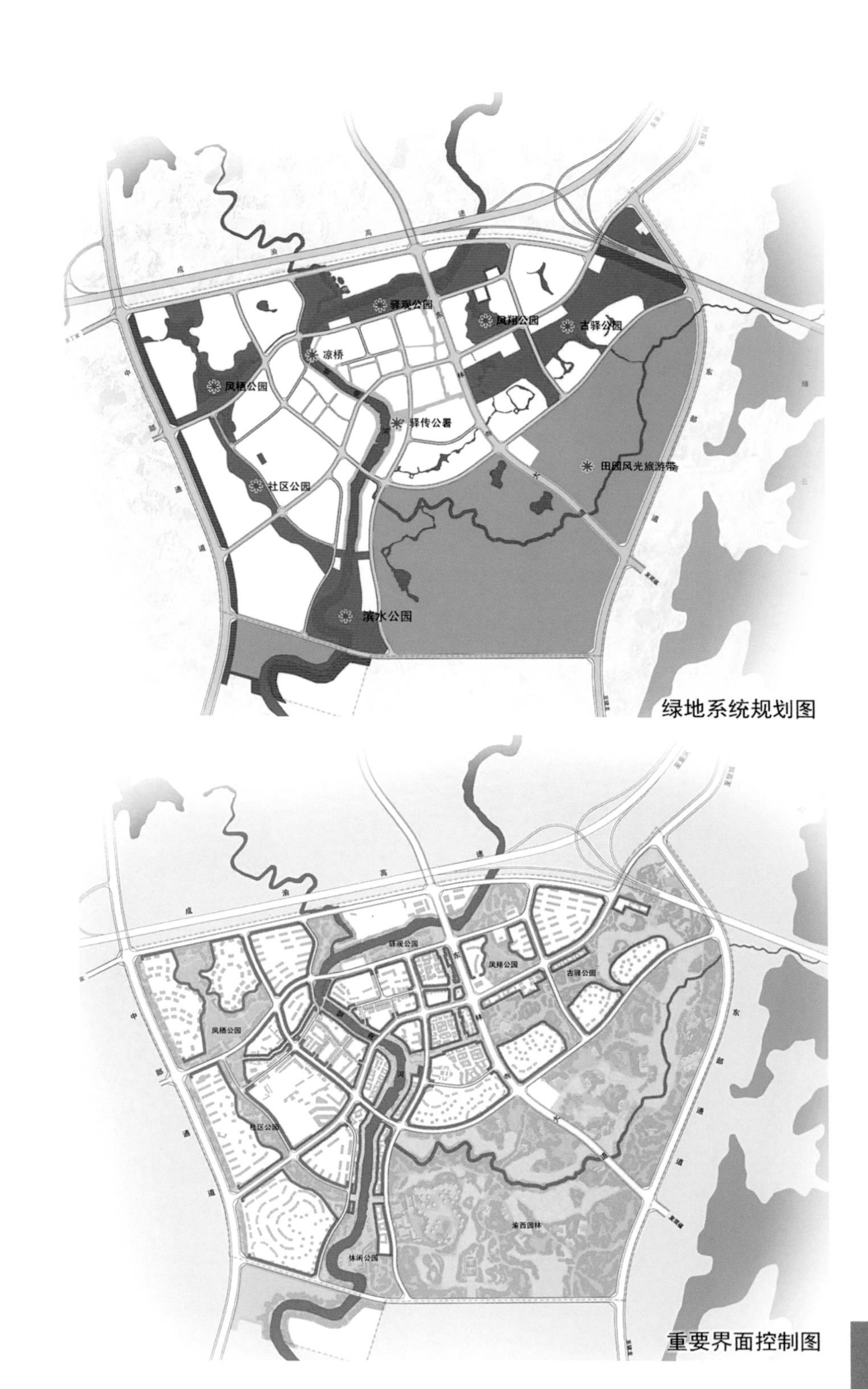

绿地系统规划图

空间结构分区图

重要界面控制图

# 璧山县丁家片区详细城市设计

*Detailed Urban Design of Dingjia Area in Bishan, Chongqing*

一、项目背景

璧山区地处重庆西大门，是渝西各区县到重庆主城区的交通要道、成渝经济带重要节点、重庆主城西进的“第一站”。丁家片区地处璧山南部，是成渝经济走廊重镇，素有璧南商都之美誉。为了建设低碳宜居的生态社区，提升城市形象，完善城市功能布局，引导城市可持续健康发展，本次城市设计以问题为导向，把握地方发展重点及小城镇定位，结合当地具体实际发展需求，紧扣丁家的生态景观特征，塑造特色鲜明、功能合理、交通便捷、景观丰富、产城融合的特色城区。城市设计区域面积约3.38平方公里，由重庆市规划设计研究院于2015年担纲完成。

二、设计构思

城市设计提出了“成渝商驿地、七里花木城”的愿景，打造尺度宜人、风貌和谐的邻里家园，绿丘绵延、花木成林的苗木花园，职住平衡、产城融合的活力业园，辐射璧南、多姿多彩的商贸乐园。

城市设计总平面图

三、空间结构

设计方案形成了“西居东业、一带三心、三翠入城、四星拱月”的空间结构。“西居东业”：西部居住生活组团及东部道口经济发展组团。“一带三心”：“一带”指惠民路东西向城市发展轴带，“三心”分别指西部商业休闲服务中心、中部文化行政中心、东部物流市场配套中心。“三翠入城”：保护并引入张家坡、山湾大塘、勒马川三大绿化景观资源。“四星拱月”：四个邻里社区中部分别构建邻里中心，均衡服务全域。

四、主要内容

设计方案主要从绿地景观系统、道路交通系统、建筑风貌分区控制、开发强度及建筑高度控制、邻里中心、节点及地标、建筑色彩及材料、公共服务设施体系、绿化植被、城市家具及小品、夜景照明、无障碍设计、道口经济等方面对丁家片区的城市建设进行控制与引导，建立空间秩序，实现设计目标。

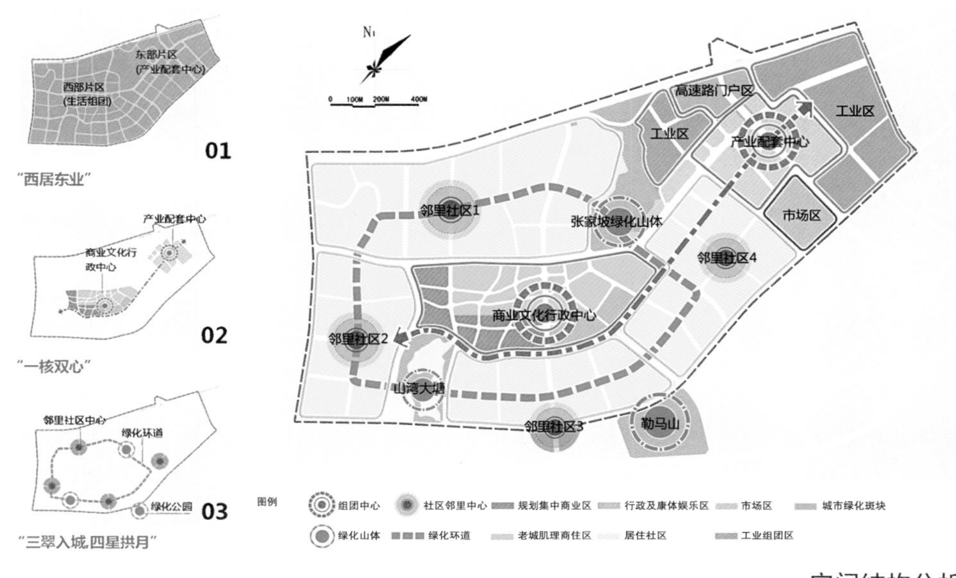


空间结构分析图

土地利用规划图

整体鸟瞰图

# 铜梁县新城中心区详细城市设计

*Detailed Urban Design of the Central City of Tongliang, Chongqing*

## 一、项目背景

铜梁县新城中心区是铜梁县未来的市级城市中心区，位于铜梁县城老城区以东。融城市的商业零售、商务办公、行政办公、文化娱乐、信息服务、社会服务等功能为一体，是铜梁县最重要的公共服务职能区域。设计方案希望将该地区建设成为用地布局合理、空间利用高效、交通便捷、环境宜人、特色鲜明的现代新城中心区。城市设计区域面积约4平方公里，由重庆都会城市规划设计研究院于2006年9月担纲完成。

## 二、设计构思

设计方案提炼了“龙文化”、“科教文化”、“人居文化”三种文化理念，并将“人居文化”作为文化基石，将“龙文化”、“科教文化”作为铜梁县新城中心区人居文化的特色体现。

## 三、空间结构

设计方案的空间结构为“文化景观十字”。“铜梁文化”景观轴：沿中兴路展开，是综合体现“铜梁三绝”的铜梁龙文化、铜梁文化以及少云文化和

整体鸟瞰图

“新铜梁三绝”的科教文化、人居文化、养生文化的城市空间轴线。“新铜梁人居文化”景观轴：轴线是贯穿城市南北向的铜梁新城中心区轴线。两条文化景观轴线交汇处是集中体现“铜梁三绝”和“新铜梁三绝”的区域，各种铜梁文化交织、汇聚于此，城市空间建设亦在此达到高潮，文化与城市空间特色在此融为一体，交相辉映。

四、主要内容

设计方案包括特色空间结构、风貌特色分区与控制、制高点与视景通廊控制、建筑色彩与风格、开放空间规划、城市夜景照明等主要内容。

总平面图

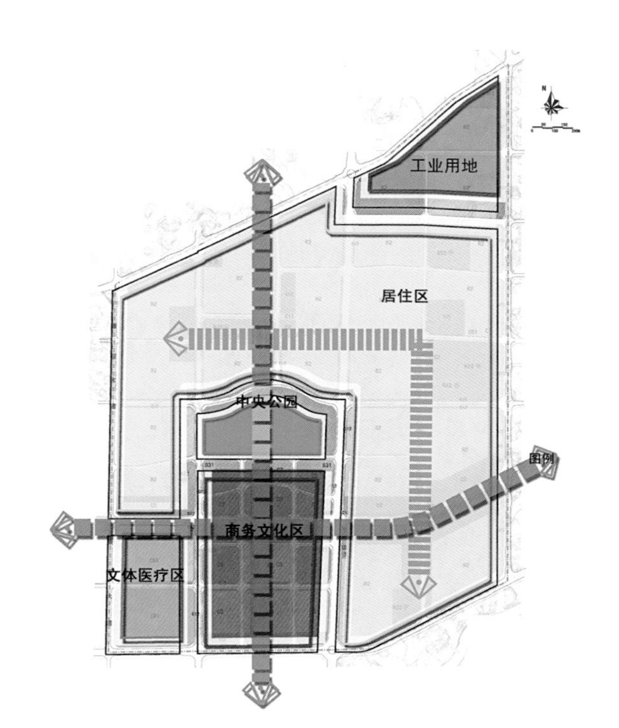

空间结构图

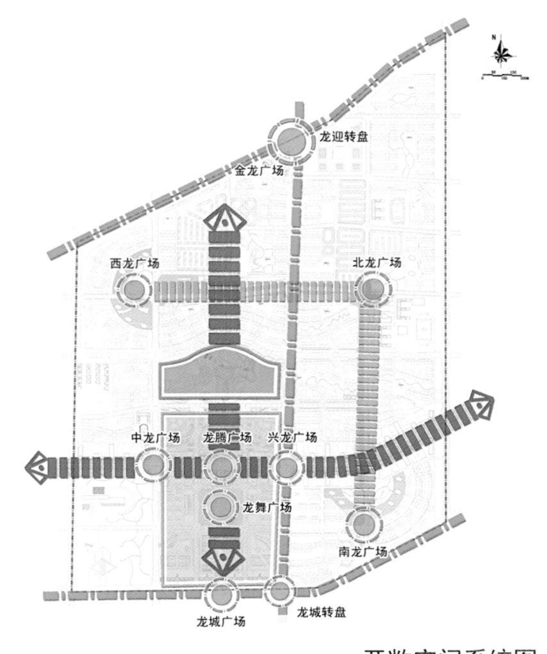

开敞空间系统图

# 铜梁白土坝片区详细城市设计

*Detailed Urban Design of Baituba in Tongliang,Chongqing*

一、项目背景

铜梁县白土坝地区位于铜梁县城中部，淮远河从中穿越。白土坝片区是未来服务整个县城的绿肺以及宜居示范展示区，拥有高品质居住、特色滨水公园、滨水文化设施等多重功能。铜梁的总体城市设计目标为“川岳龙都·人居美地”，城市规划和建设改造活动均应依循此主题进行。总规确定白土坝片区是以居住和公园绿地为主，通过城市结构梳理，场地条件分析，确定片区定位为“城市中最为重要的宜居示范区和公园休闲区之一”。城市设计区域面积约为1.34平方公里，由中国城市规划设计研究院于2010年担纲完成。

二、设计构思

设计方案区域设计构思为：塑心、显山、亲水和透绿。塑心是指塑造整个地区的景观核心，使之成为整个地区“龙眼”所在。显山是指结合山丘脉络组织开敞空间、景观视线和建筑空间形态，通过设计手段彰显山体地形地貌。亲水是指通过塑造良好的观景空间，延续传统生活方式。透绿是指在保留现有绿化的基础上，通过组织连续有机的绿地系统，突出“山在城中、城在绿中”的园林城市特色。

三、空间结构

白土坝片区规划结构为“两轴、两园、两片”。“两轴”是指中央服务轴和滨水景观轴，中央服务轴是南北城市轴线的核心组成部分，两侧布局公共绿地和公共服务设施，向上连接规划中心区，向下直通巴岳山；滨水轴沿淮远河展开，是城市重要的绿化活力通道，两侧建设为滨水公园，适当布置公共活

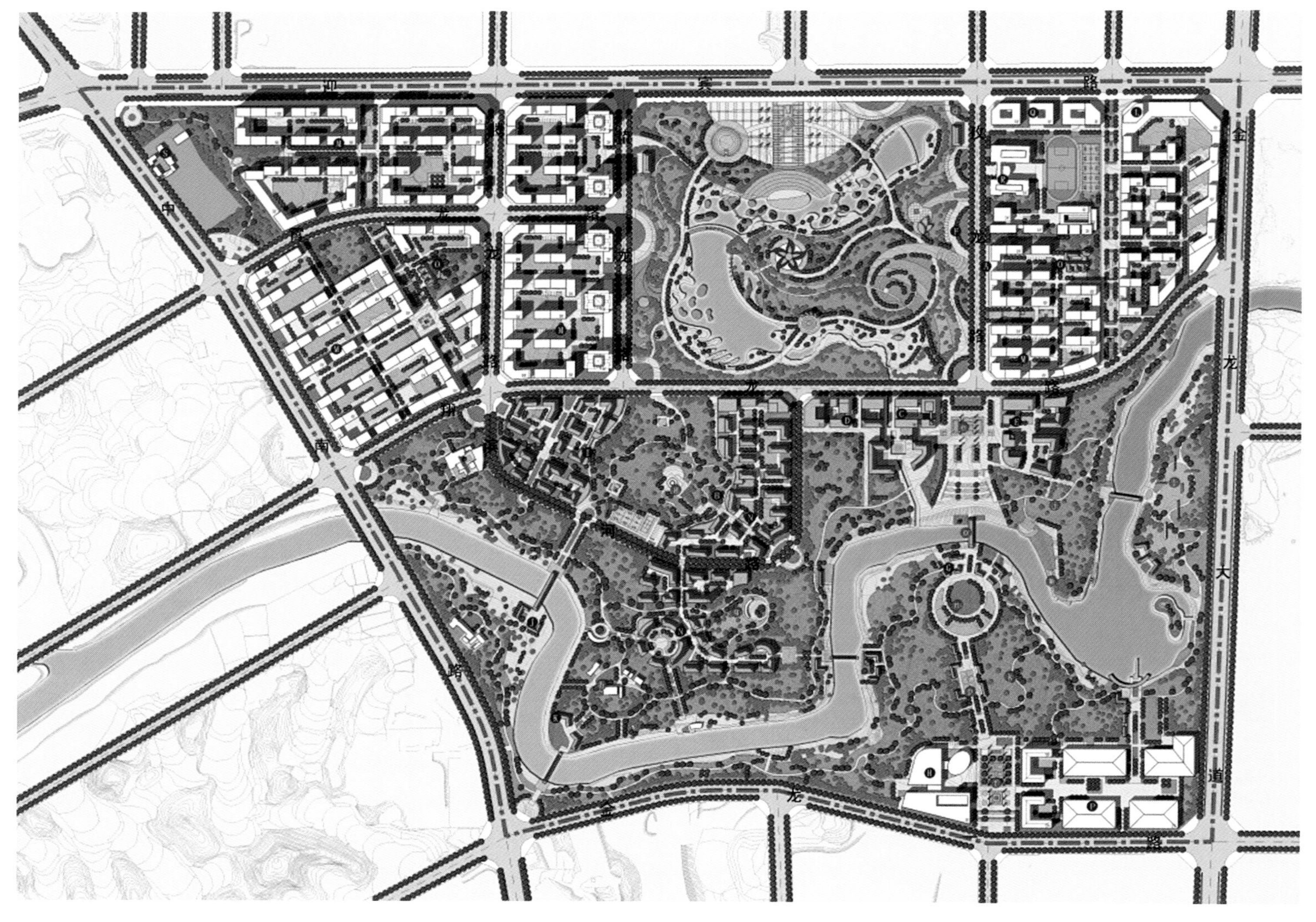

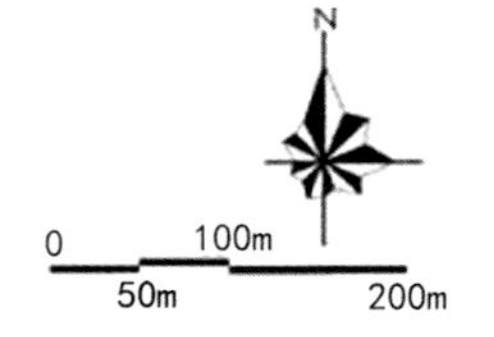


总平面图

动设施。“两园”是指翔龙路北侧现状人民公园和南侧滨水公园，结合不同尺度、不同主题的绿化景观，共同营造一个有活力的滨水休闲公园，是整个白土坝片区乃至铜梁县的绿肺。“两片”是指翔龙路北侧的两片宜居示范区。借助优势资源，发挥土地价值，塑造人居的空间环境，通过建设高品质的居住区，为整个铜梁县起到示范作用。

四、主要内容

设计方案的特色在于继承了铜梁传统建设模式，发掘地段自然特色，将地方人文特征与以浅丘为主的地貌特征，融入城市建设，进行了道路交通规划、绿地系统规划、景观系统规划、建筑实体控制、竖向设计、规划与实施等方面的控制内容。

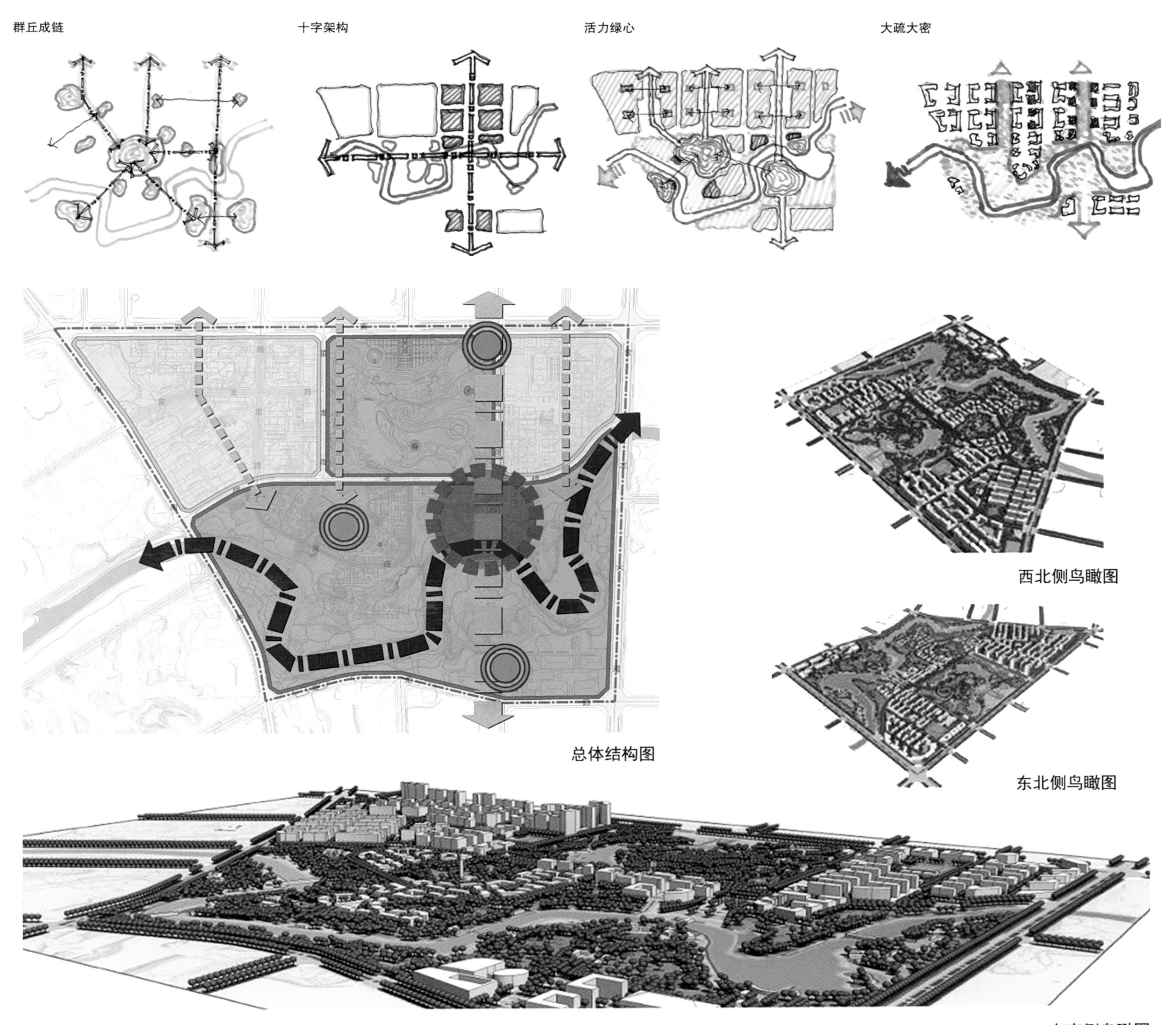


总体结构图

西北侧鸟瞰图

东北侧鸟瞰图

东南侧鸟瞰图

# 潼南县城市入口片区详细城市设计

*Detailed Urban Design of Entrance in Tongnan, Chongqing*

## 一、项目背景

城市设计区域位于潼南旧城以南，遂渝高速公路南出口，北至现状205省道交叉口，整个用地沿迎宾大道两侧布局，是以发展商贸、信息、物流、高新技术、机械制造、食品（农副产品）加工产业为主的城市新区。城市设计区域面积约1.89平方公里，由重庆博建建筑规划设计有限公司与重庆日清城市景观设计有限公司于2009年共同编制完成。

## 二、设计构思

结合城市肌理，突出“城市特色、经济可行、节约用地、现代都市、山水城市”五大设计理念，坚持在地域性设计的原则下展开经济、实用、有地方特点的建筑风貌设计。如提取川东民居封火山墙的符号，进行院落性街区设计，住宅采取传统民居窗花、石刻板等建筑语言，形成符合潼南厚重的川东地域文化积淀的建筑风貌。

城市设计总平面图

三、空间结构

由南至北形成城市之门区—农产品商贸城—产业服务中心—老城区入口街区四大空间序列,并以相应的性质形成城市入口片区的城区门户序曲—产业服务中心乐章高潮—新老城区回旋曲三大空间节点，突显厚重的川东地域文化积淀的建筑风貌。城市门户序曲：以水平向延伸的门框式建筑组合体现城区门户效果，转盘处以体现潼南绿色菜都的景观雕塑表达这一主题。产业服务中心乐章以园区管委会办公、农业科研、园区孵化中心、农产品会展等四栋高楼组合形成产业服务中心高潮，以抽象传统符号的建筑形体展现建筑特色，结合景观小品体现潼南作为“农科新城”的主题。地块北侧新老城区回旋曲：以五栋塔楼作为节点，结合商业功能成为新旧城区的过渡带，在景观布置上表达潼南的红色文化主题。

四、主要内容

设计方案对片区的功能性质、开发控制、空间系统、交通系统、设施系统、景观风貌等方面进行了系统控制，并将公共空间、建筑体量与高度、建筑形式与色彩、景观环境等内容以城市设计导则的方式进行管控。

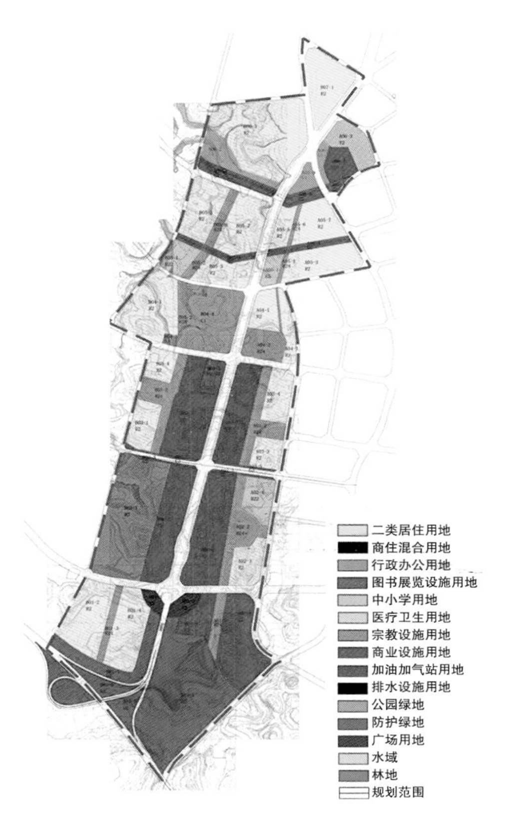


土地利用规划图

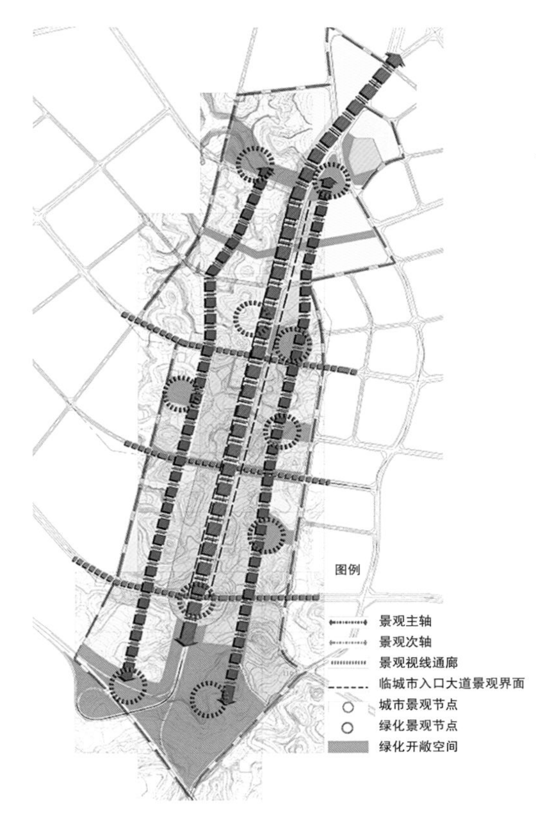


绿化景观及开放空间图

建筑高度控制图

城市入口透视图

入口片区鸟瞰图

# 荣昌县城迎宾大道片区详细城市设计

*Detailed Urban Design of Yingbin Street in Rongchang, Chongqing*

一、项目背景

迎宾大道位于荣昌区的北部新区，是新区未来的核心骨架，北接成渝高速的入口，南接成渝路。作为新区的核心地带，迎宾大道地区主要承担新区中心和居住生活功能。城市设计范围内含两条主要干道，包括迎宾大道两侧宽750米、南北向长约2.1公里的区域，以及昌龙大道两侧宽250米，东西向长2.1公里的区域。城市设计区域面积约为1.78平方公里，由中国城市规划设计研究院于2007年担纲完成。

二、设计构思

结合基地现状情况和未来规划功能，提出“格局传承、肌理沿袭、特质斑块、以人为本”四大设计理念及“一城一道”的设计构思。一城：荣昌未来的

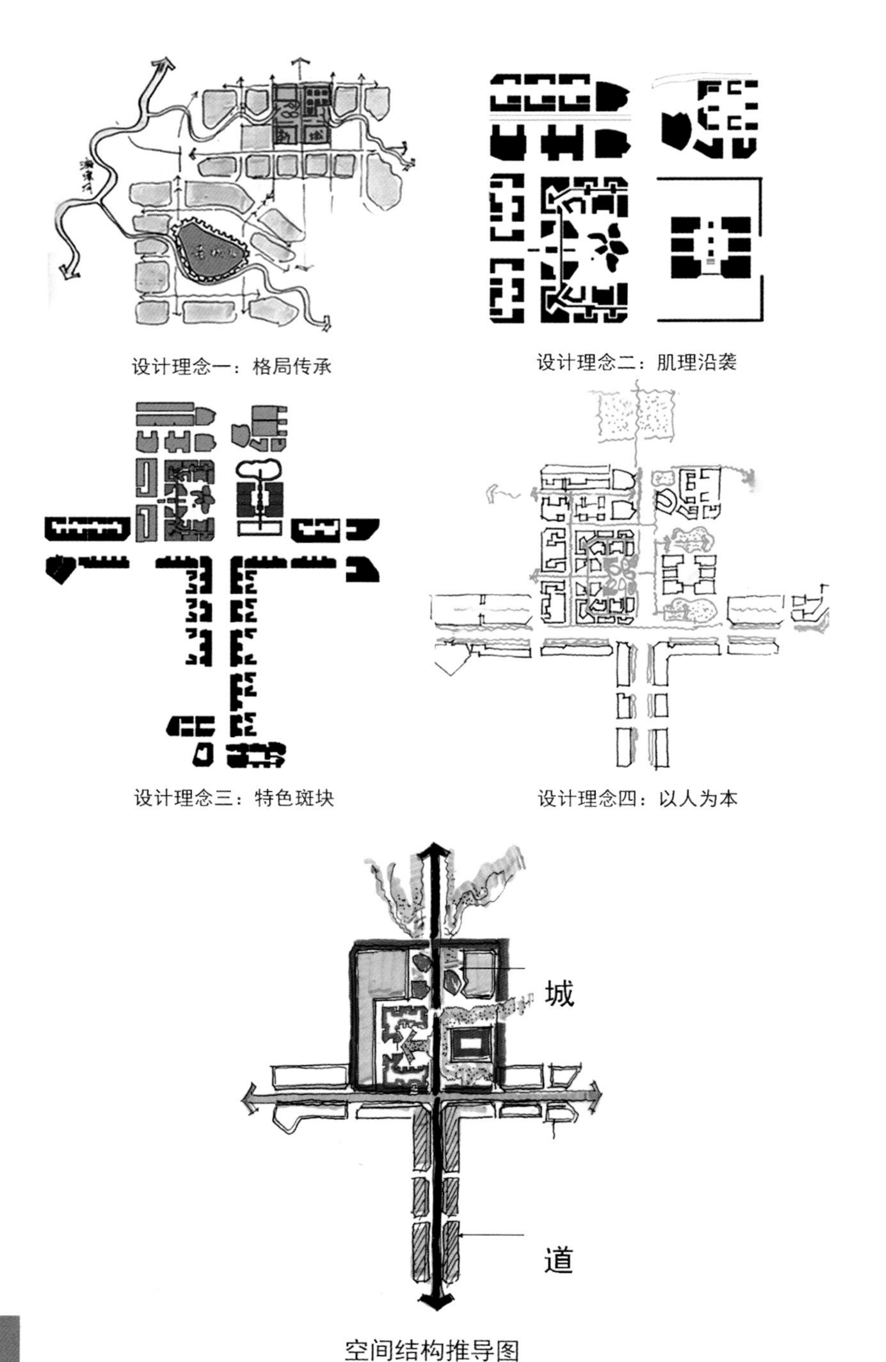


设计理念一：格局传承

设计理念二：肌理沿袭

设计理念三：特色斑块

设计理念四：以人为本

空间结构推导图

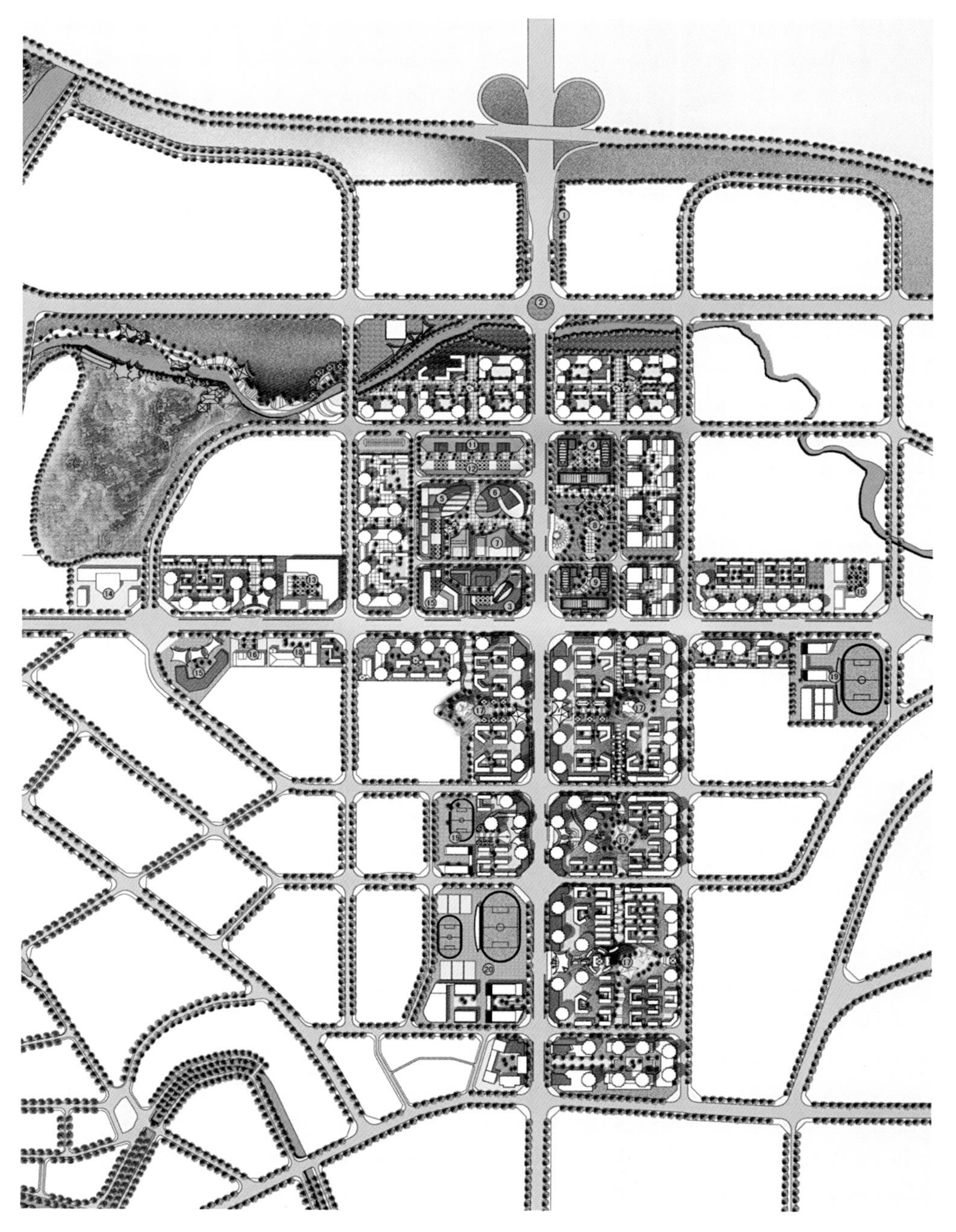

城市设计总平面图

中心区，体现荣昌传统营城方式及海棠香国的文化内涵。一道：荣昌迎宾大道，以轴向组织空间，形成城市未来的核心景观大街。

三、空间结构

迎宾大道地区的土地使用主要考虑综合服务功能和行政办公功能，兼顾必要的休闲娱乐、酒店、商贸服务功能，总体上形成“三区两带”的空间结构。三区：商业文化核心区，商住综合区，行政办公区。两带：沿大道形成以居住为主要功能的两个居住社区带。

四、主要内容

设计方案对功能性质、开发控制、空间系统、交通系统、设施系统、景观风貌等内容进行了系统控制，并将公共空间、建筑体量与高度、建筑形式与色彩、景观环境纳入城市设计导则控制内容。

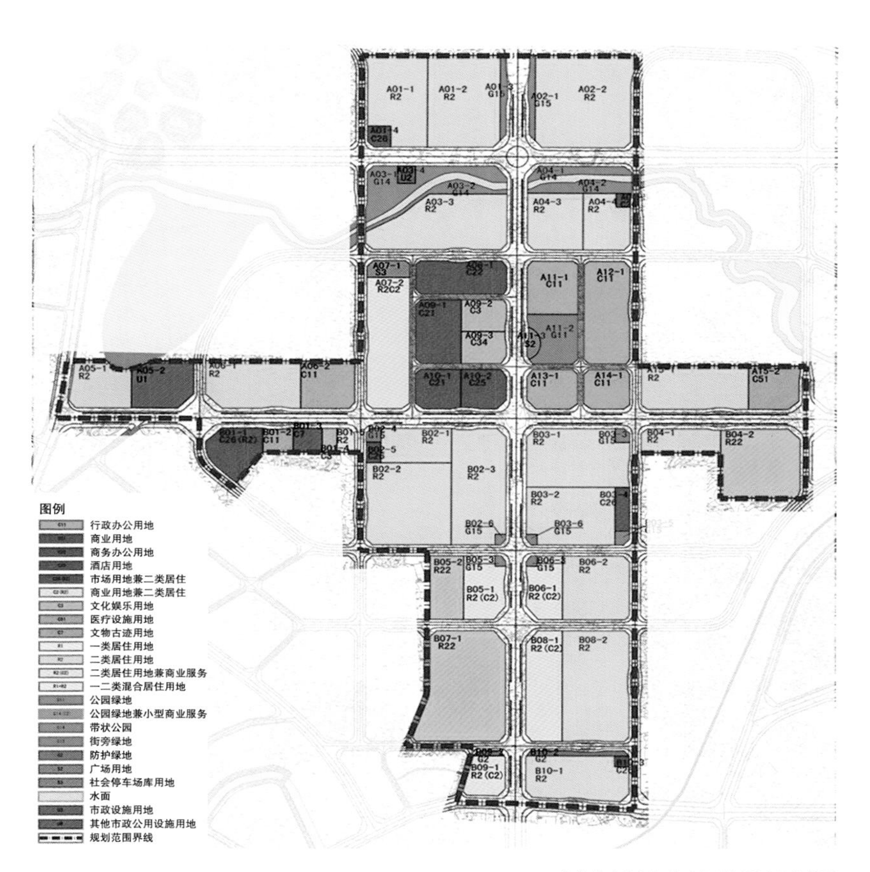


城市设计土地利用规划图

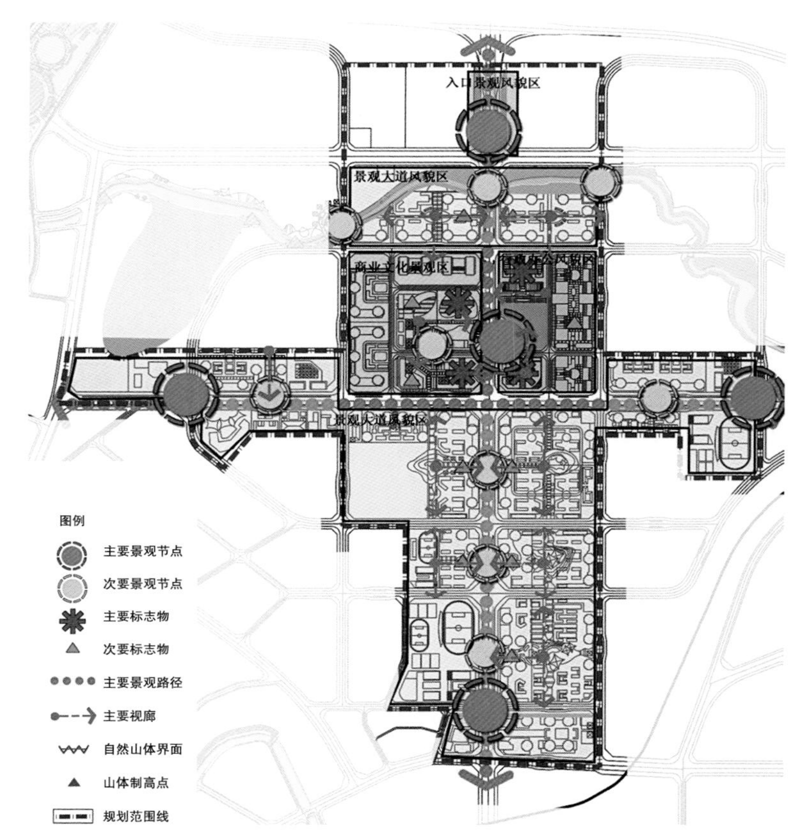


景观体系规划图

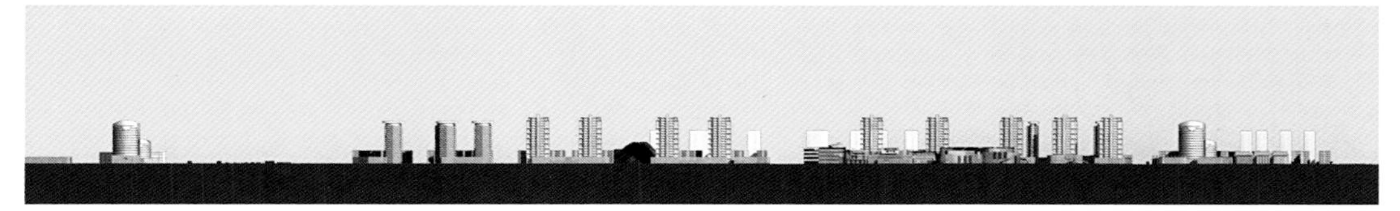

迎宾大道西侧街景立面图

迎宾大道东侧街景立面图

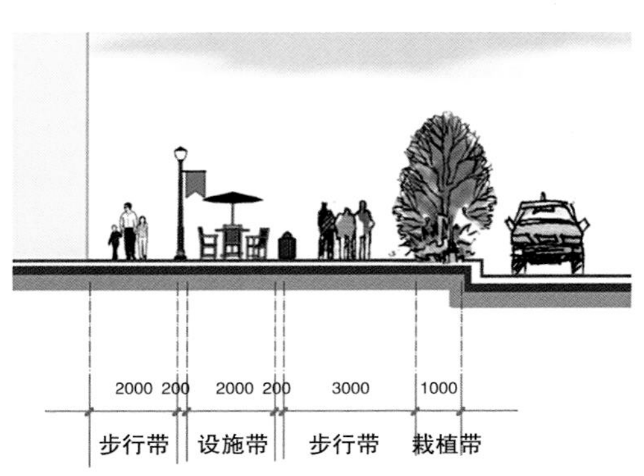


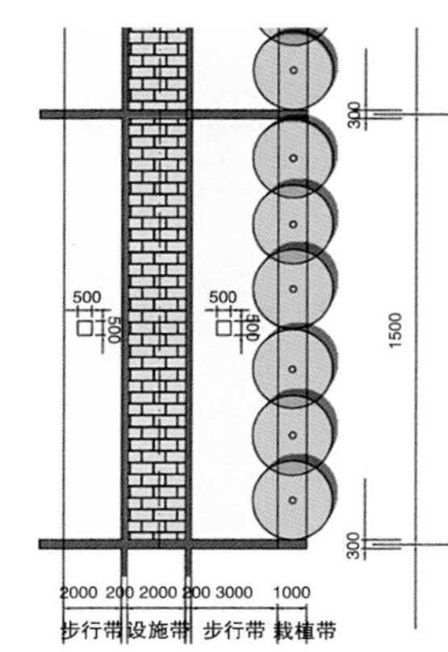


核心区周边街道示意图

# 开县盛山片区详细城市设计

*Detailed Urban Design of Shengshan Area in Kaixian, Chongqing*

一、项目背景

开县位于重庆市东北部，盛山片区位于汉丰湖北侧，用地呈狭长带状分布，东西长约2000米，南北宽约500米，北靠盛山公园，南临汉丰湖，与开县县城中心城区隔湖相望。城市设计区域面积约1.3平方公里，由重庆博建建筑规划设计有限公司于2016年担纲完成。

二、设计构思

盛山片区的设计目标为故城记忆之所、休闲生活中心、旅游度假胜地。故城记忆之所：塑造故城记忆场景，再现千年开州的深厚历史文化精髓。休闲生活中心：集休闲、创意、历史、文化、商业、娱乐、居住等多重功能，建造综合性生活中心。旅游度假胜地：以人文、生态、可持续发展的复合开发为主题，创造独具特色与主题的旅游休闲目的地。盛山片区总体上强调低强度、低密度、生态优先、人文优先的发展策略，延续汉丰镇传统建筑风貌，与南部城区形成差异化发展。

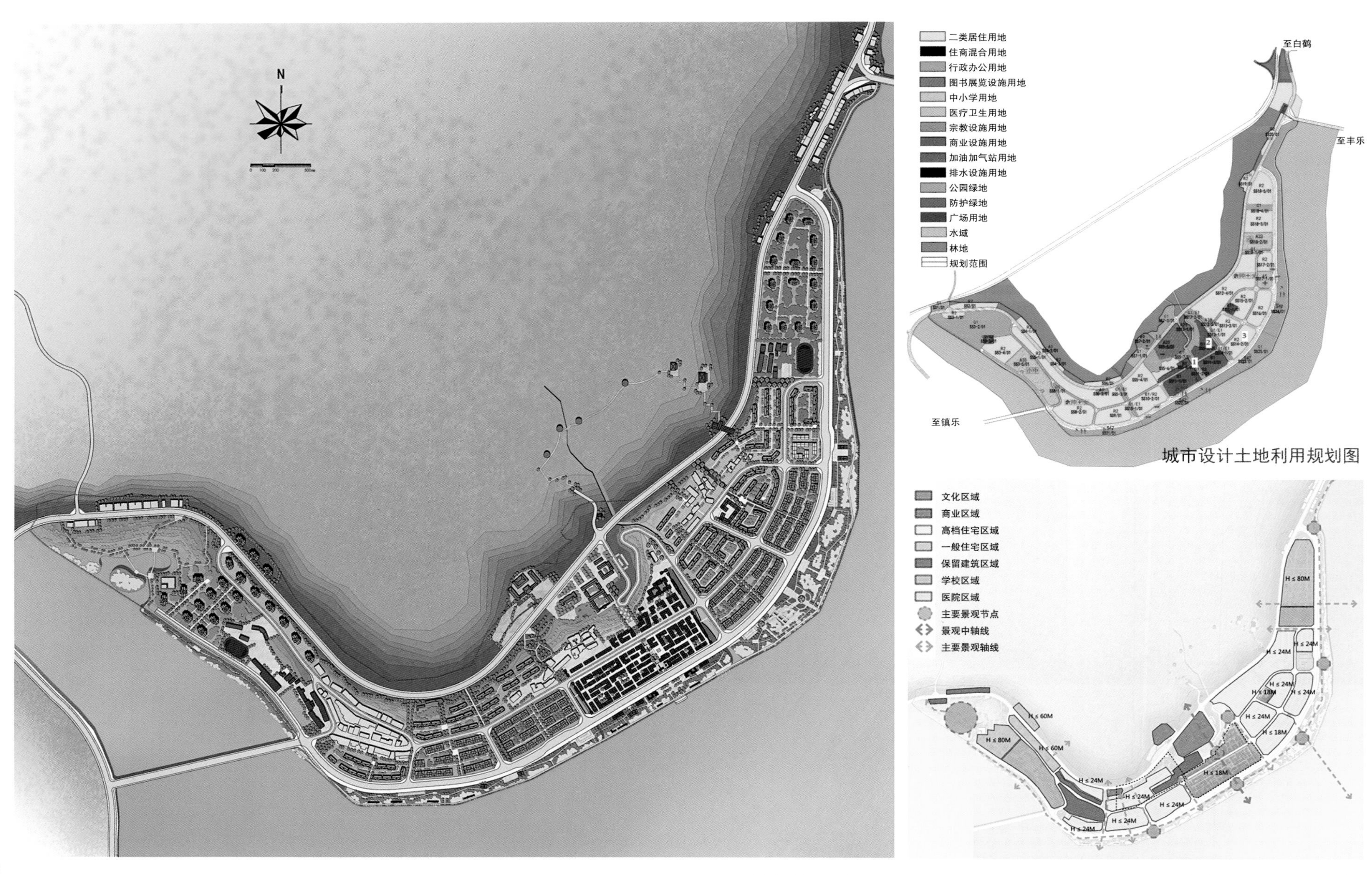


城市设计土地利用规划图

城市设计总平面图

建筑风貌及高度控制图

三、空间结构

设计方案形成“一心，两轴，两带，五片区”的空间结构。一心：以故城记忆片区为核心的盛山片区综合服务中心。两轴：用地中心横向连接盛山片区的城市功能发展轴和纵向连接刘帅纪念馆、故城记忆片区与汉丰湖的视线景观廊道。两带：即盛山对该片区的山体景观渗透带和汉丰湖对该片区的水体景观渗透带。五片区：根据用地布局特征及不同的开发时序将盛山片区分为五个不同主题片区。

四、主要内容

设计方案从系统控制、风貌形态引导两方面展开。系统控制包括拆迁与安置策略、分期开发实施、交通组织与道路控制指引、景观系统分析、开敞空间控制指引、旅游配套设施布局等内容。风貌形态引导包括主要景观立面设计、功能构成与建筑高度控制、建筑风貌引导三方面内容。同时设计方案将传统十字街区、开州古城典型标志、重要节点策划等列入了近期行动计划，对盛山片区近期建设提供指引。

古城记忆片区鸟瞰图

# 梁平县双桂湖片区详细城市设计

*Detailed Urban Design of Shuanggui Lake in Liangping, Chongqing*

一、项目背景

梁平双桂湖，距西南佛教祖庭——双桂堂5公里，距县城3公里，与渝万高速及县城至双桂堂的旅游公路跨界而过，并与规划新城紧密衔接。城市设计区域面积约3.2平方公里。湖泊常年水域面积1.19平方公里，为重庆地区第二大城市湖泊，周边完善的城市公共服务设施将助推双桂湖成为梁平新的城市活力聚核。城市设计由九禾景观设计公司于2012年担纲完成。

二、设计构思

保留肌理，蓝绿交融：以双桂湖为生态核心，与周边山体联系，形成蓝绿交融的生态构架。

多廊渗透，步行成网：规划沿道路形成绿色廊道，结合保留山体、街头绿地、节点广场等串联形成次级绿色步行网络。

活力双心、滨湖成轴：依托双桂湖滨水区，结合规划的商业文化中心、旅游接待中心，融入旅游、商业、文化休闲等功能，沿湖形成滨水经济发展轴。

兼顾配套、低碳宜居：规划区在满足城市发展的同时，也为周边城市组团进行配套服务，打造富有活力，低碳宜居的城市新区。

总体鸟瞰图（东北向）

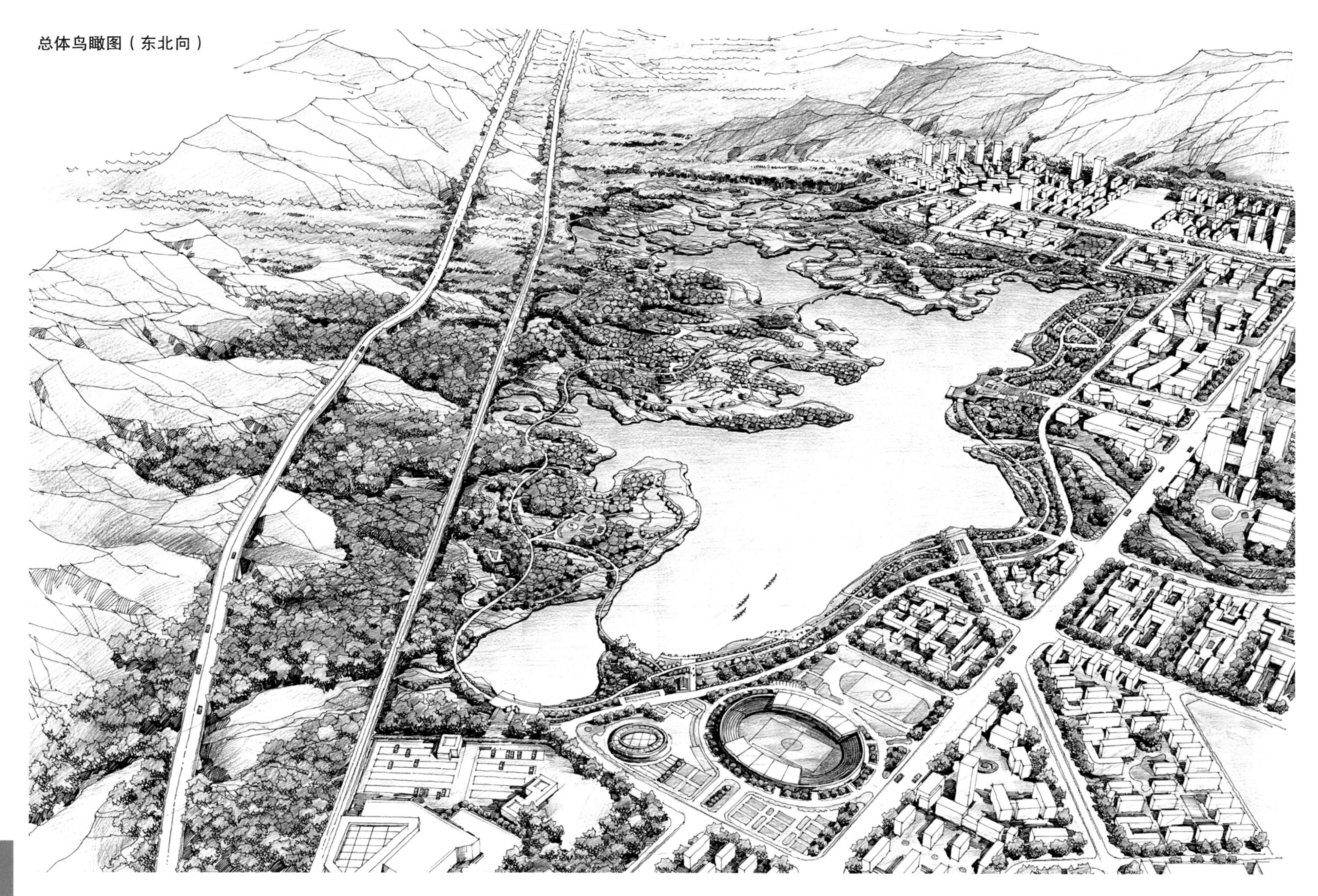

## 三、空间结构

设计方案基于对用地的地形地貌的分析，结合双桂湖及其生态廊道，形成“一湖引两脉、一轴连三片；双心融新区，多廊渗入城”的空间结构。

“一湖引两脉”：依托双桂湖延伸形成的两条天然绿脉，一条为现状泄洪渠形成的水脉；一条为联系牛头寨公园与双桂湖的景观绿脉。

“一轴连三片”：一轴为沿滨湖路形成的滨湖活力带，三片为被自然绿脉分隔形成的三个生态居住片区。

“双心融新区”：双心为规划的两个功能中心，一为商业文化中心，一为旅游接待服务中心。

“多廊渗入城”：沿道路、山体、街头绿地、广场形成的绿色廊道，成为基地内部的次级绿色网络。

## 四、主要内容

设计方案总体设计系统包含功能、空间、交通系统、生态绿地系统、旅游系统等主要内容。导则要素包含公共空间、建筑、景观环境等。

道路交通图

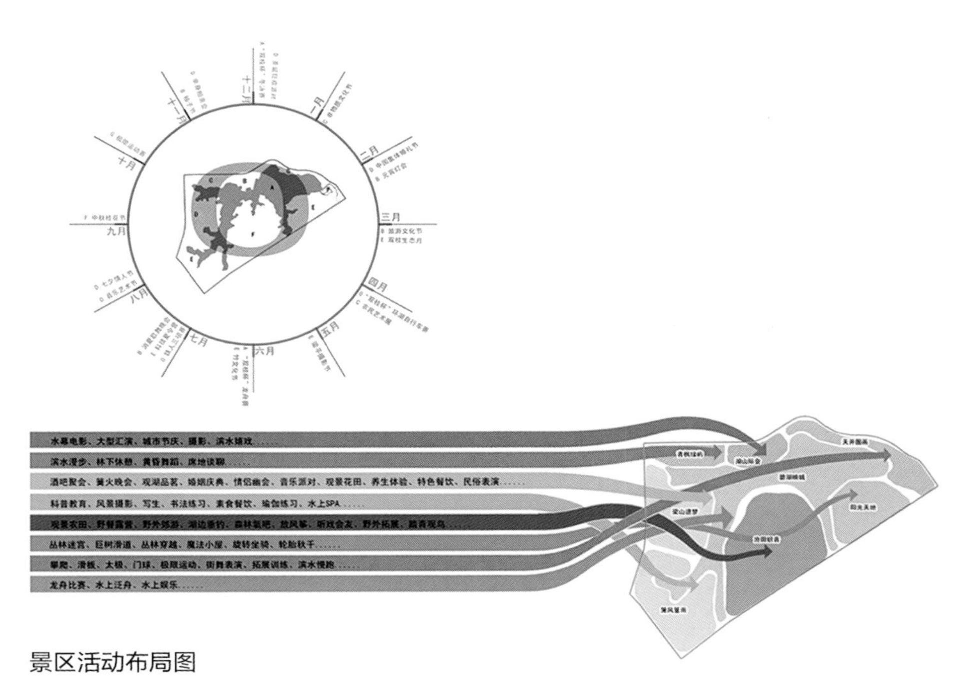

景区活动布局图

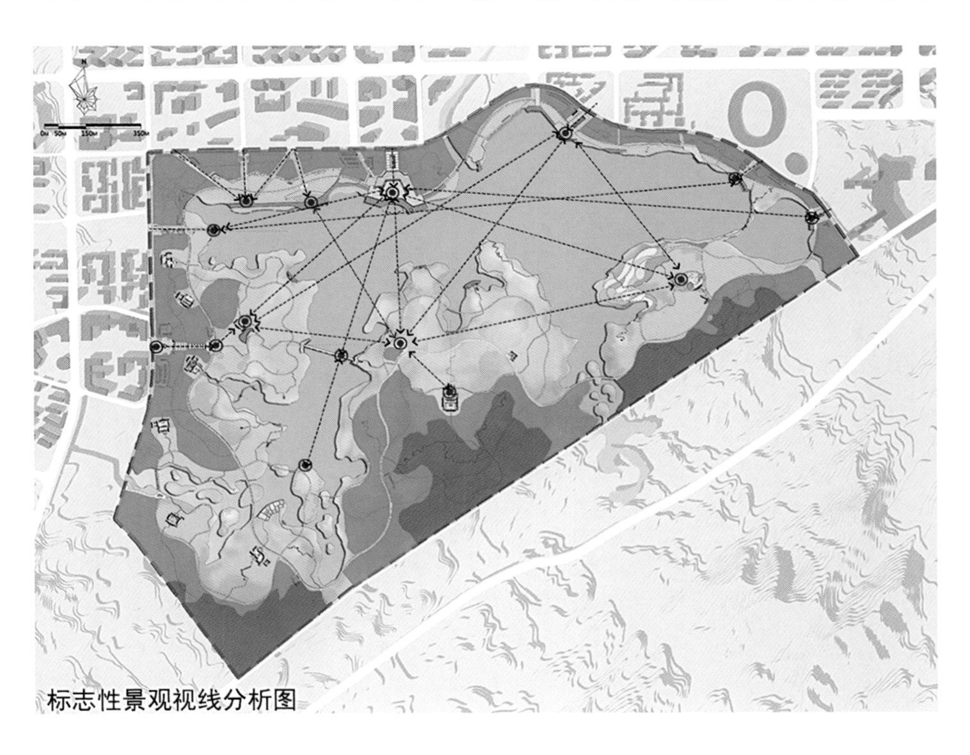

标志性景观视线分析图

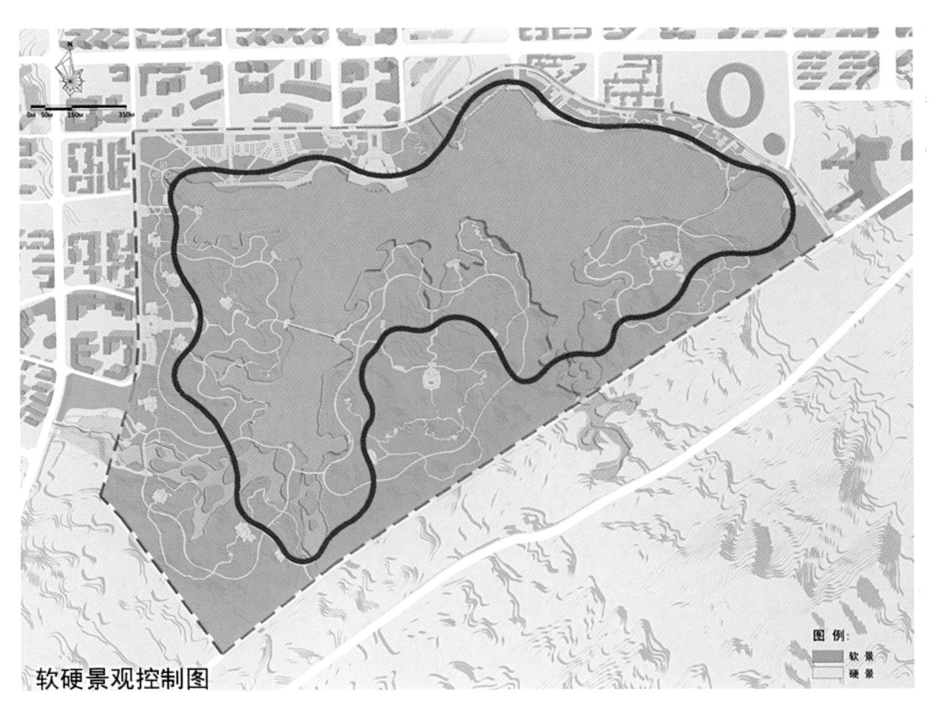


软硬景观控制图

# 梁平县安宁片区详细城市设计

*Detailed Urban Design of Anning Area in Liangping, Chongqing*

一、项目背景

梁平县位于重庆市东北部，安宁片区位于梁平县东部、老城区的西南侧，紧邻老城区，是梁平县城老城区组团的重要组成部分。城市设计区域面积约3.2平方公里，由中国城市规划设计研究院于2007年担纲完成。

二、设计构思

综合考虑安宁片区的区位特征、自然条件、现实发展状况等因素，结合城市总体规划提出的发展战略，确定安宁片区功能为：梁平县城的重要组成部分，体现生态和谐、环境友好的山水园林宜居生活组团。同时提出"以丘为脉、以河为络、以绿为底、以城为图；三峰成轴、多丘成链、溪河成趣、双桂映城"的设计理念，凸显安宁片区在"城、丘、绿、文"四个方面的特色。

三、空间结构

设计方案形成"一心、一轴、两带、四区"的空间结构。一心:镇龙寺南侧地区，设计为片区中心，布局大型公共活动空间。一轴：老城——啄子

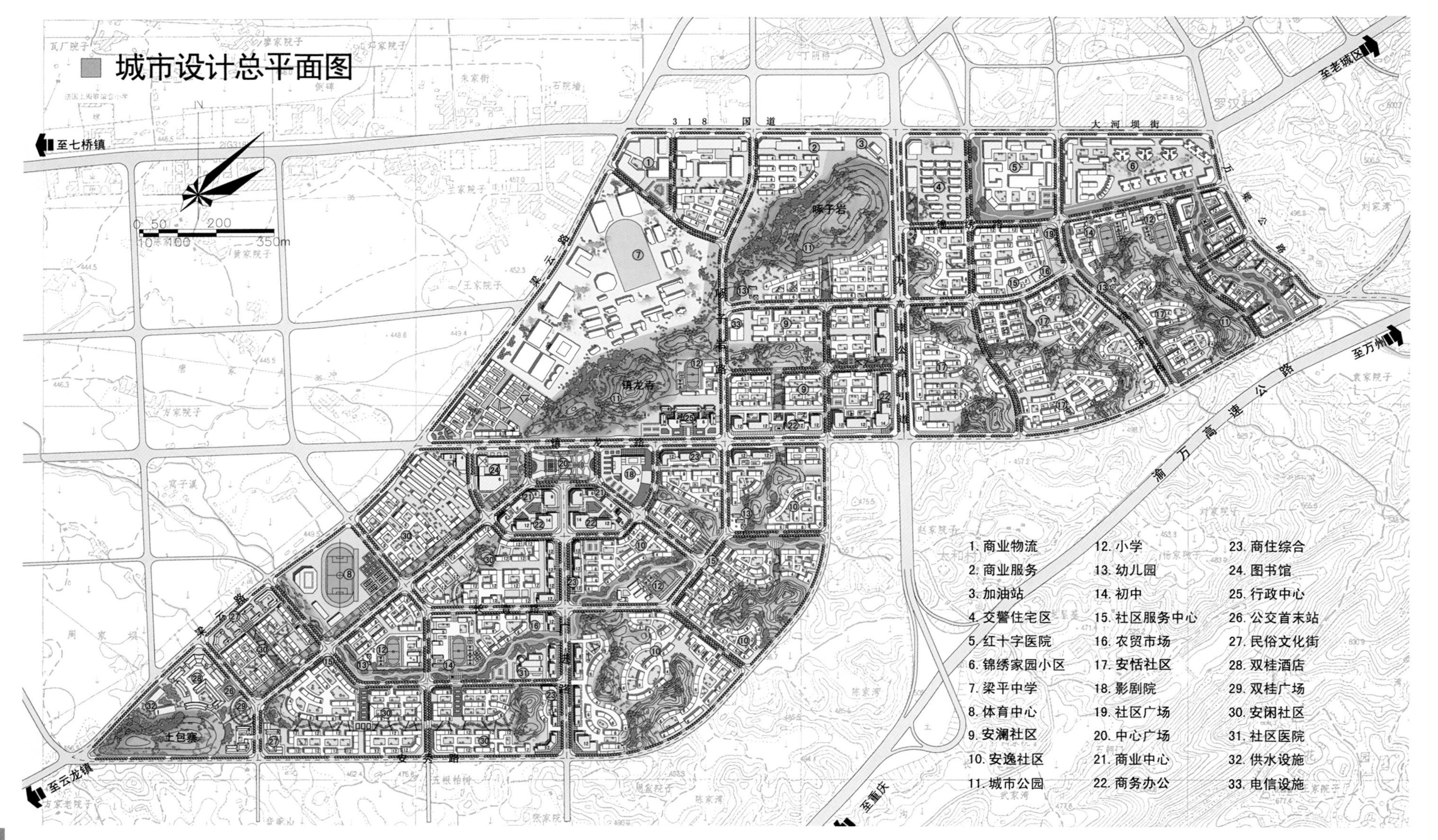


城市设计总平面图

岩——镇龙寺——片区中心——土包寨——双桂湖的城市空间结构主轴。两带：片区中心向东延伸的商务办公带及向南延伸的商业带。四区：强化各功能组团的不同风貌特征，体现文化多元连续性，结合场地特征采用各具特色的设计主题，打造安恬社区、安澜社区、安闲社区和安逸社区四个特色风貌社区。

## 四、主要内容

设计方案主要包括山丘系统、滨水空间、绿化开敞空间、景观视线、街道景观、出入口景观、景观标识、公共艺术、建筑色彩、建筑形式、建筑高度等方面的内容。

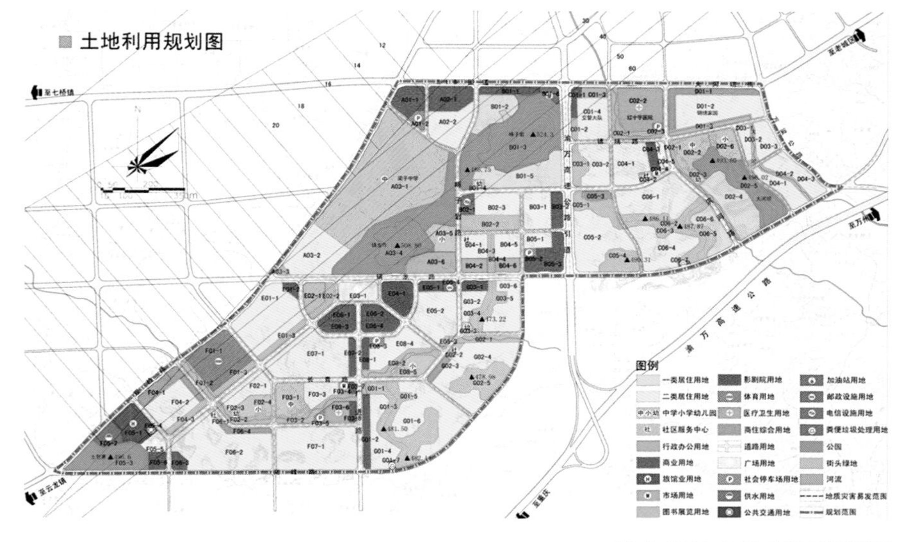


城市设计土地利用规划图

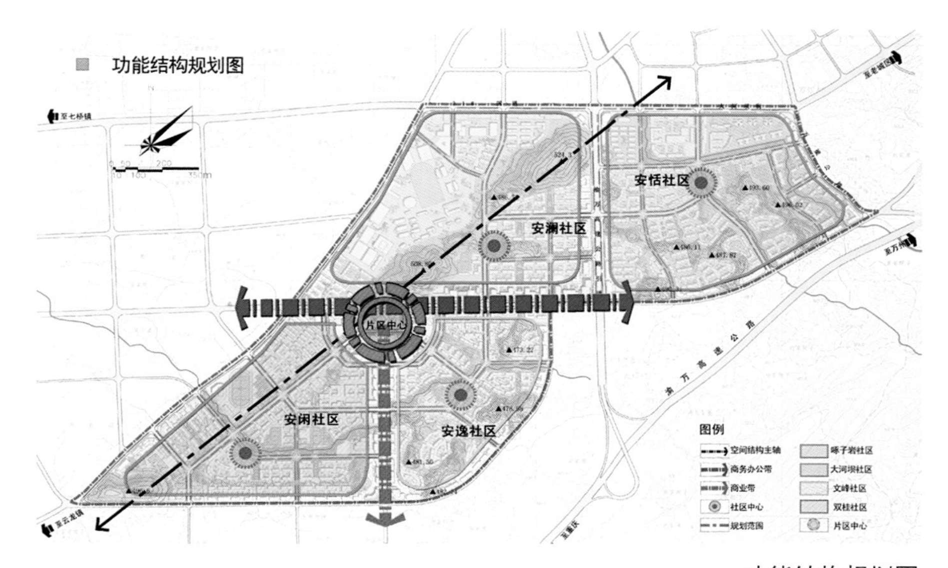


功能结构规划图

整体鸟瞰图

# 武隆县仙女山组团详细城市设计

*Detailed Urban Design of Xiannüshan in Wulong, Chongqing*

一、项目背景

武隆县位于重庆市中南部，境内仙女山国家森林公园为“国家5A级旅游景区”，仙女山组团地处武隆县中北部，位于武隆县城与仙女山国家森林公园之间，距离县城16公里，距离仙女山国家森林公园12公里，为武隆县重要的旅游服务接待基地和武隆主城重要的城市拓展区。城市设计区域面积约4.56平方公里，由重庆市规划设计研究院于2006年担纲完成。

二、设计构思

设计方案充分考虑自然景观与城市之间的有机融合，以“显山、露林、隐城”作为规划的核心理念，通过对仙女山组团周围特有的自然景观资源的充分保护和合理利用，以森林和山体景观为城市的背景和对景，强化城市的旅游休闲功能，保护和打通城市与自然景观之间的视线通廊，控制协调城市轮廓线和建筑风格，力图解决经济发展与生态环境保护之间的冲突，实现生态环境建设与经济发展互促互进、和谐共生。

三、空间结构

由于受山体和几条旅游公路的分割，形成东、西两大片区。城市发展以“武仙路”为主轴，形成“一线两片三中心”的城市空间格局。“一线”是指“武仙路”和“武天路”旅游干线；“两片”是指东部的旅游接待区和西部的城市发展区。“三中心”是指规划旅游服务中心、城市服务中心和城市绿化景观中心。

四、主要内容

设计方案包括山体保护、城市门户、建筑布局、建筑体量和尺度、建筑色彩、建筑风格、夜景照明、环境保护等主要内容。

现状武仙路沿街北立面改造示意图

现状武仙路沿街南立面改造示意图

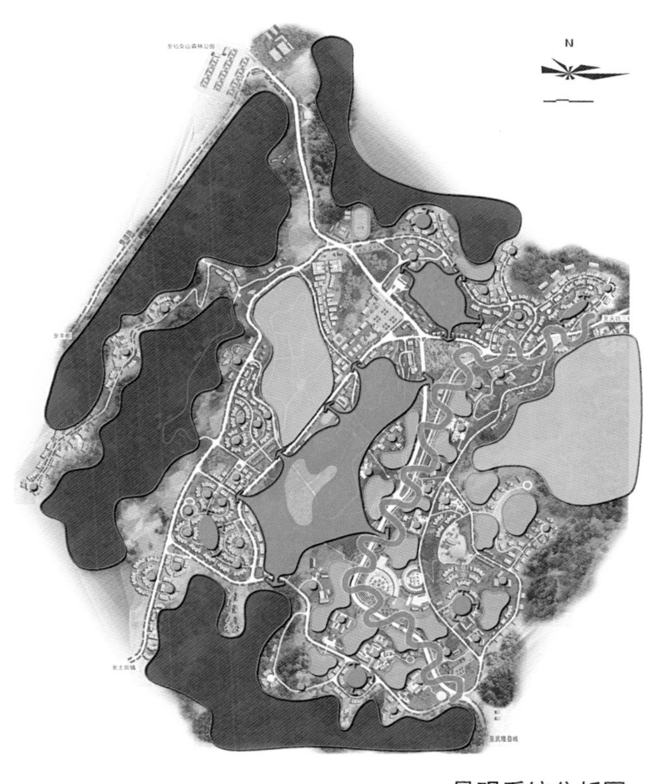
景观系统分析图

节点效果图

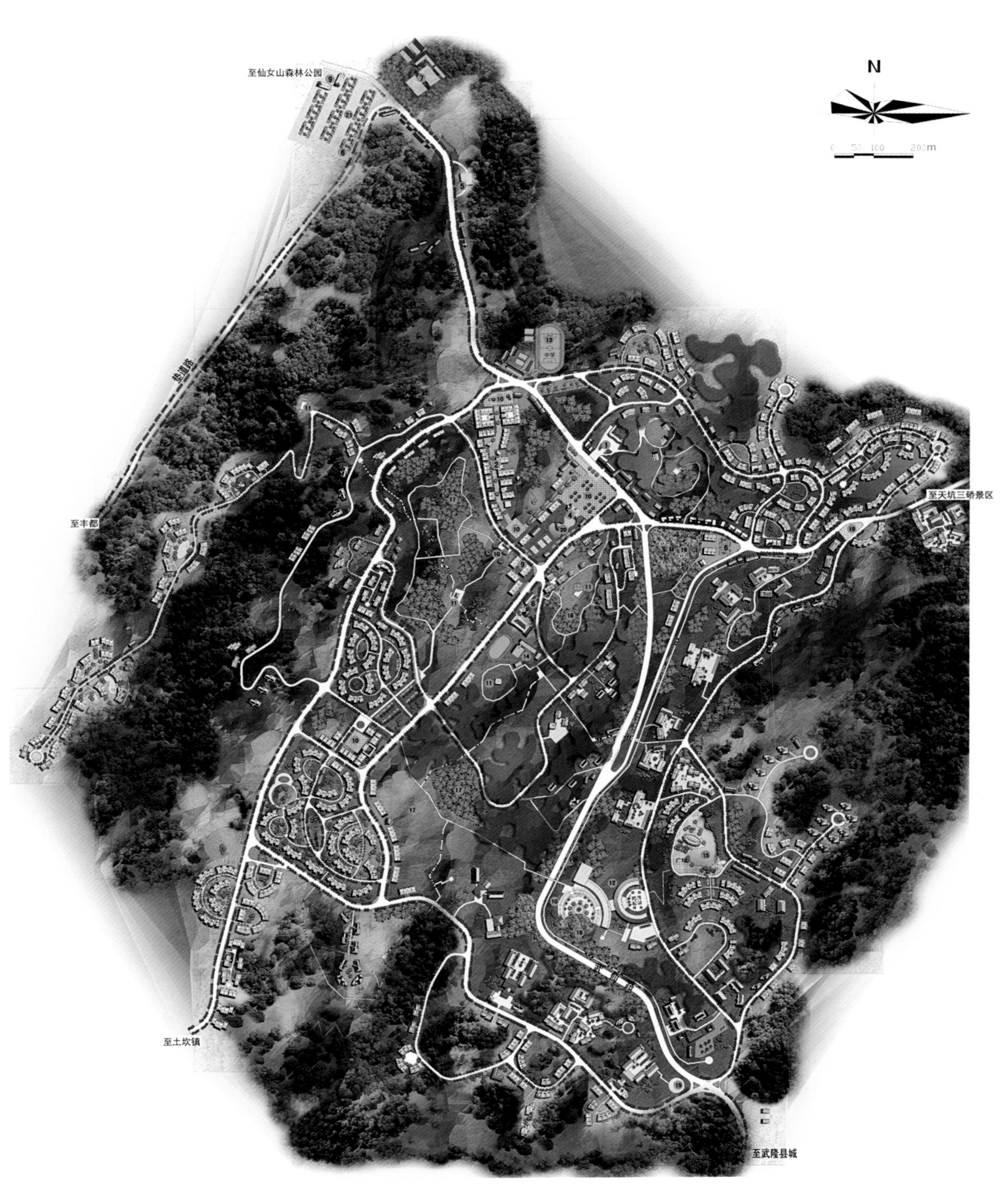

总平面图

# 丰都县名山组团中心片区详细城市设计

*Detailed Urban Design of Mingshan Area in Fengdu, Chongqing*

一、项目背景

名山组团地处长江北岸，是丰都县城六个组团中的一个，东与名山、双桂山风景区及老县城淹没区相接，南临长江与新县城相望。城市设计区域面积约0.36平方公里，总体功能定位为集民俗旅游、商贸、居住为一体的复合功能区，是展示丰都人文历史、民俗文化的重要窗口。该项目由重庆大学城市规划与设计研究院于2008年担纲完成。

二、设计构思

设计方案提出了“溯源之途、文化拓片、宜居小城”三大设计理念。溯源之途：“六门对六坊、五点结一带”。文化拓片：“缤纷六街区，民俗生活秀”。宜居小城：“院落高低分，偕山共一城”。

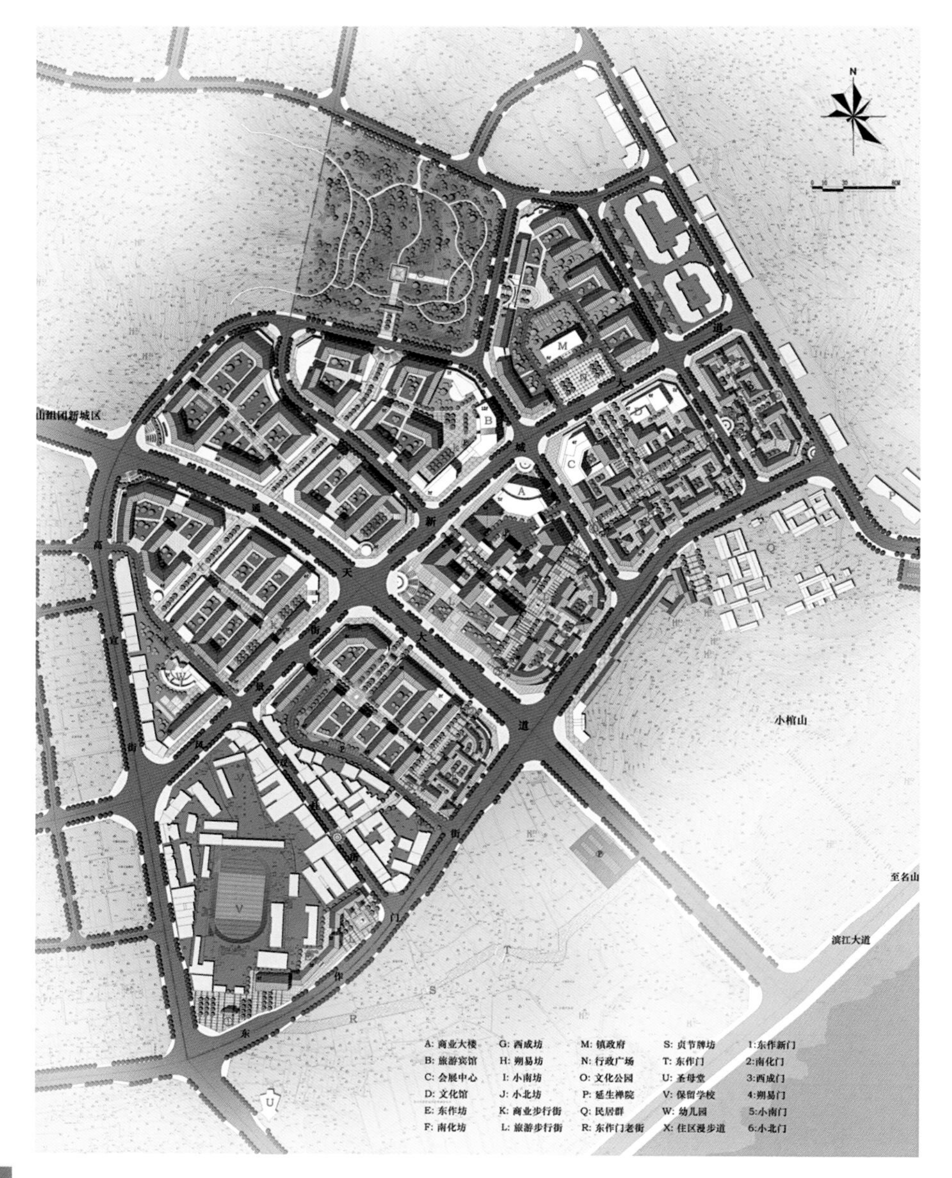


城市设计总平面图

中心区鸟瞰

效果示意图

### 三、空间结构

城市设计区域划分为民俗旅游风貌区、商业文化风貌区、山地居住风貌区、民俗居住风貌区等四种特色风貌区，各个风貌区通过城市空间中的轴带、节点、系统等连接起来，构成城市设计的总体框架结构。

### 四、主要内容

设计方案从功能布局、开发强度、道路交通系统、公共设施系统、风貌系统等方面进行系统控制，并将建筑高度与建筑色彩、第五立面、街道界面、景观环境纳入城市设计导则控制内容。

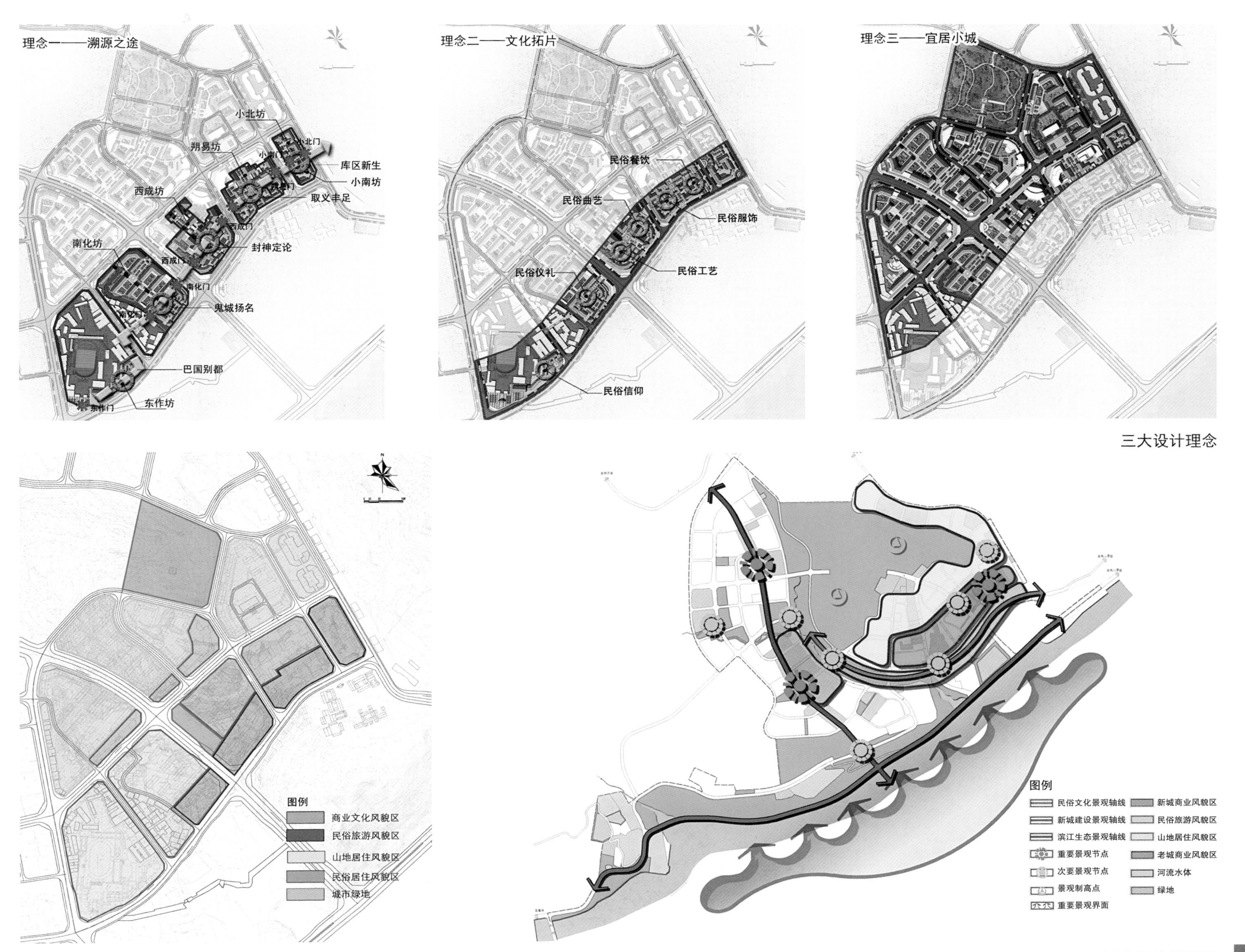


三大设计理念

风貌分区图

城市设计导引图

# 垫江县行政中心北区详细城市设计

*Detailed Urban Design of Administration Center in Dianjiang, Chongqing*

## 一、项目背景

本案位于垫江县城西北明月山脚下，南面紧邻在建行政中心区，东侧为老城中心商业区，西北侧为明月山风景区，北侧为垫江一中及规划居住用地。规划区包括新建的体育场及其周边地块，是城市体育文化中心和城市复合居住社区。城市设计区域面积约78.46公顷，由广州市科城规划勘测技术有限公司与重庆仁豪城市规划设计有限公司联合体于2009年共同担纲完成。

## 二、设计构思

城市设计首先构建了由“斑块—廊道—基质”组成的完整“生态系统”。保留基地内主要小山头，作为“生态斑块”；控制一系列绿化廊道将其有机联系起来，成为“生态廊道”；以居住等功能区作为基质；三者组合成完整的“生态系统”。其次，打造“绿色社区”为主题的健康社区。突出健康理念，选择较合适的生态廊道，控制一条贯穿全区的健身步道——绿色健康道。

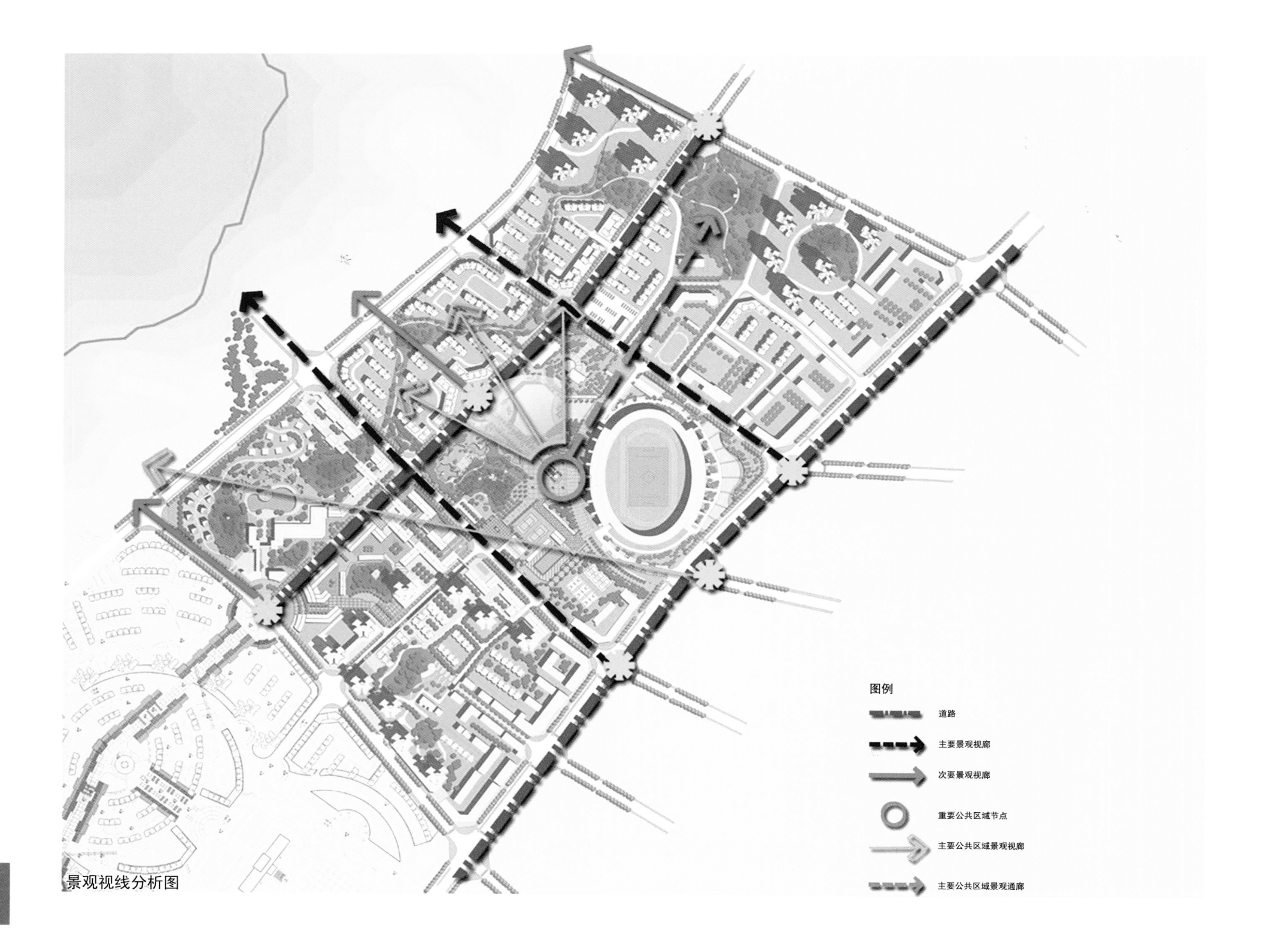


景观视线分析图

三、空间结构

设计方案将功能结构及景观生态结构叠加，形成社区的总体空间结构“一核、一带、一环、六区”。

一核——体育公园。它是一个磁核，辐射范围覆盖整个城市，同时也是社区的中心。设计方案保留现状体育场，完善其功能，补充两馆及其他活动场地，将其所在地块整个设计为一个综合型体育公园。

一带——公共服务带。沿着体育公园磁核外围，控制一条公共服务带，包括商业街、宣传文化中心、小学、青少年活动中心及公交首末站。

一环——景观生态环（健康步道环）。由一条景观生态廊道及其所串联的生态斑块（保留山头）所组成，其内设置一条健康步道。

六区——根据片区各地块的现状及区位等特征，将片区分为安置小区、商业中心、温泉城、3个居住小区等六大区（不含沿桂西大道已建成区）。

四、主要内容

设计方案尊重场地自然特征，打造完整的生态系统，形成一条串联整个区域的健康步道。

鸟瞰效果图

效果图

效果图

# 垫江县城桂西大道三期片区详细城市设计

*Detailed Urban Design of the Third Phase of Guixi Road in Dianjiang, Chongqing*

一、项目背景

垫江县城是重庆市重要的宜居城市，方案秉承这一理念，在设计范围内建设宜居垫江的形象区域，并打造以居住为主，兼具文化休闲、商业服务功能，环境优美，生态和谐的居住新区，使其成为展示垫江的重要窗口。城市设计总面积2.32平方公里，由中煤科工集团重庆设计研究院于2011年担纲完成。

二、设计构思

设计方案以“依山靠水、和谐共生；思山念水、驻足而憩”为设计主题，并提出“低碳垫江、和谐垫江、宜居垫江”的设计理念。

城市设计鸟瞰图

## 三、空间结构

由功能结构及景观生态结构叠加，形成“一环、一轴、四区、多廊道”的总体空间结构。“一环”指复合功能环，它是一个磁核，辐射大半个县城，同时也是规划区的中心。“一轴”指桂西大道综合发展轴，它是延续垫江县城发展的主要发展轴，也是片区综合发展轴。“四区”指根据片区各地块的现状及区位等特征，将片区分为四个复合居住社区。“多廊道”指由桂溪河滨河绿化带、高压线防护绿带、道路景观绿化带及各组团内部绿地形成的多种不同景观廊道。

## 四、主要内容

设计方案包括道路交通、步行系统、绿地系统、植物配置、开敞空间、城市天际轮廓线、滨水空间、风貌分区、建筑高度、建筑色彩、建筑屋顶、城市公共艺术、开发强度等控制要点。

城市设计平面图

# 忠县母家坝教育城片区详细城市设计

## Detailed Urban Design of Zhongxian Mujiaba Education District, Chongqing

一、项目背景

母家坝教育城片区位于忠县境内东南部，长江南岸，是忠县五大城市组团之一。场地西北靠翠屏山风景区，东北临东溪湖，环境优美。该城市设计着重把握“合理确定总体规模，深入挖掘地域文化，注重山水特色，强化城市整体形象的塑造”四个主题，充分利用区域特有的景观资源和土地资源，通过城市设计提升城市形象品质和环境质量，打造忠县的教育高地和体育运动新城。城市设计区域总面积1.71平方公里，由重庆市规划设计研究院于2012年担纲完成。

二、设计构思

城市设计方案提出了以文教和体育功能作为本区发展核心动力的规划理念，围绕文教和体育两大核心功能打造老街休闲商业和滨湖休闲旅游商业两大特色，同时打造商业、宾馆及居住等配套服务功能，提出了“依山、理水、引人、营城”的规划构思。

城市设计实体模型照片

三、空间结构

方案提出“两心、两带、一园、多廊道”的空间结构。“两心”指忠州中学新校区和体育中心，是本区发展的两个核心带动点；“两带”指202省道两侧规划改造的特色商业街和东溪湖沿线的旅游景观休闲带；“一园”指以翠屏山森林公园余脉山体为依托，结合体育中心打造的户外休闲运动公园；“多廊道”指以保留的山体、水体、规划的公园广场、街头绿地等共同构成的视线通廊。同时，按照功能总体分为五大风貌区：体育健身风貌区、学校教学风貌区、传统老街风貌区、景观休闲商业风貌区、品质居住风貌区。

四、主要内容

设计方案包括道路系统、慢行系统、绿化系统、开敞空间、眺望系统、天际轮廓线、建筑风貌、开发强度、公共服务设施、公共环境艺术和夜景照明等控制要点。

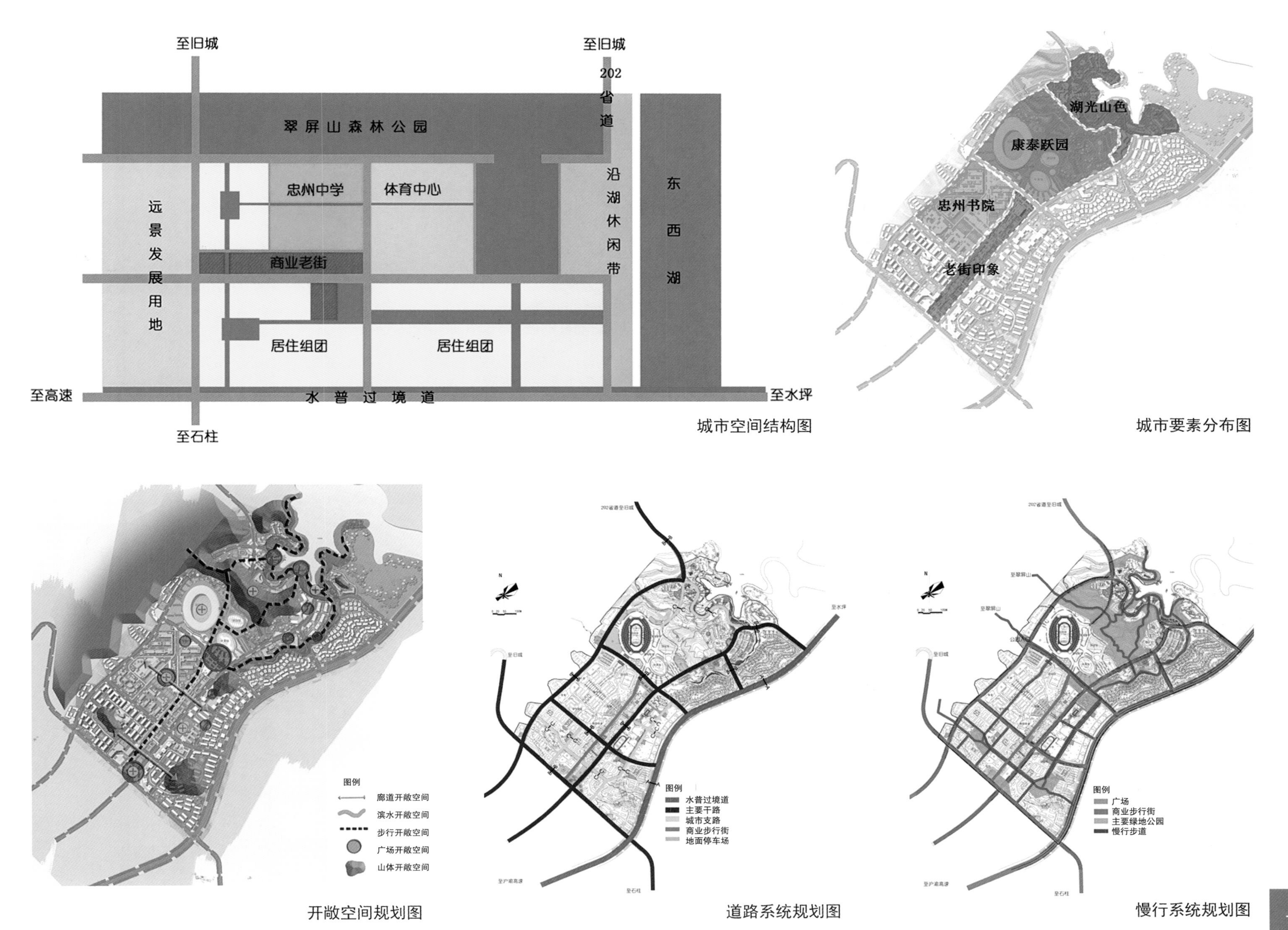


城市空间结构图　城市要素分布图

开敞空间规划图　道路系统规划图　慢行系统规划图

# 云阳县龙脊岭生态文化长廊详细城市设计

*Detailed Urban Design of Longjiling Ecological Culture Corridor in Yunyang, Chongqing*

## 一、项目背景

龙脊岭生态文化长廊位于城市长江片区和小江片区的中心分隔地带，沿龙脊山山脉的制高点，从磐石城一直延伸至两江交汇处的双井寨、人头山，是云阳县城内最大的公园绿地，城区中心的生态绿肺，将“山—水—城”三者联为一体的生态廊道。城市设计范围包含双井寨、龙脊岭、磐石城、小江片区滨江路滨水绿带等公园用地。城市设计区域面积约2.27平方公里,由海南雅克城市规划设计有限公司与重庆仁豪城市规划设计有限公司于2008年共同编制完成。

## 二、设计构思

云阳龙脊岭生态文化长廊定位为：以磐石城古军寨历史文化遗址和山岭生态环境保护为核心；以古军寨风貌、山岭绿色长廊为特色，以历史人文风貌、自然野趣为主要游赏内容，形成集文化体验、游憩、登高远眺、健身、娱乐为一体的生态型综合性开放式城市公园。突出“整体协调、多元保护、特色营造、人文关怀、自然生态、节约持续”六大设计理念和原则。

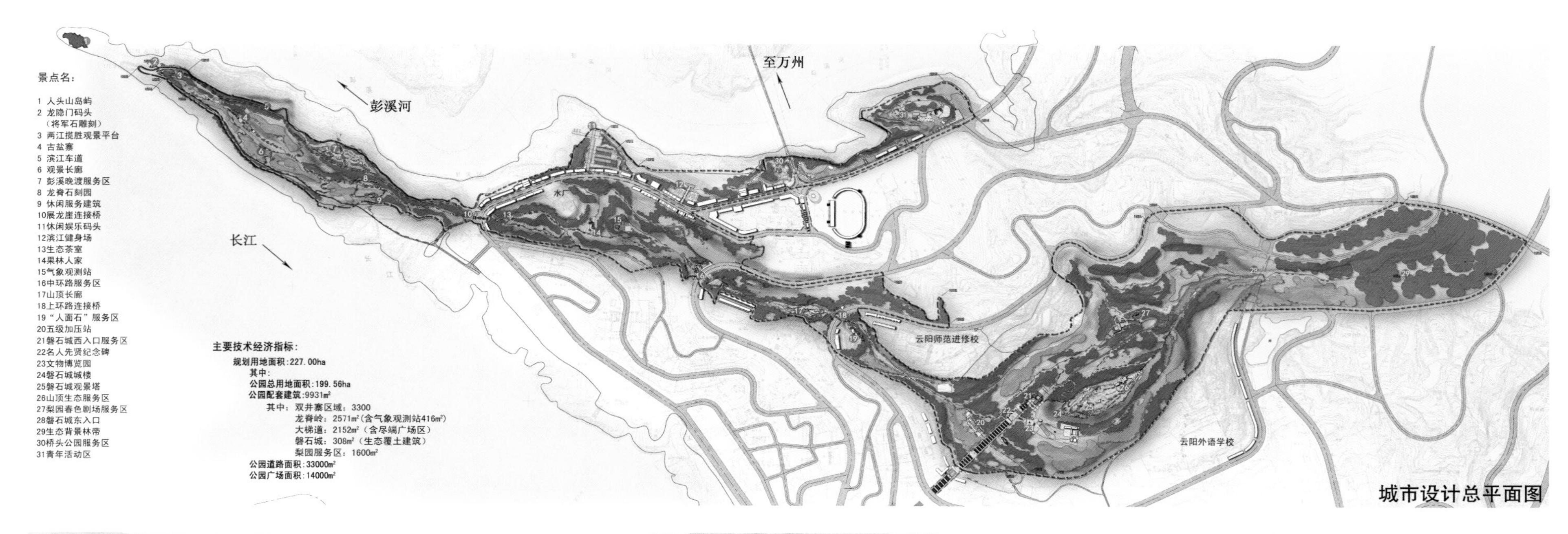

城市设计总平面图

总体鸟瞰图

大梯道示意图

## 三、空间结构

设计方案构建了“一脉、一带、双核”的空间结构。一脉：龙脊岭生态绿脉。以龙脊岭为中心的东西向轴线是城市中最重要的一条景观轴线，也是城市区域景观体系的支撑骨架。该轴线始于西端的双井寨人头山，经磐石寨以及川主庙，止于东部的龙脊山山脉，形成城市的生态绿脉。一带：长江—彭溪河滨水景观带。双核：双井寨半岛游览观光区和磐石城军寨遗址观光游憩区。

## 四、主要内容

设计方案从规划布局、历史保护、旅游游览系统、交通系统、设施系统等方面进行设计，同时对建筑风格、公共空间、建筑体量与高度、建筑形式与色彩、景观环境等要素进行控制。

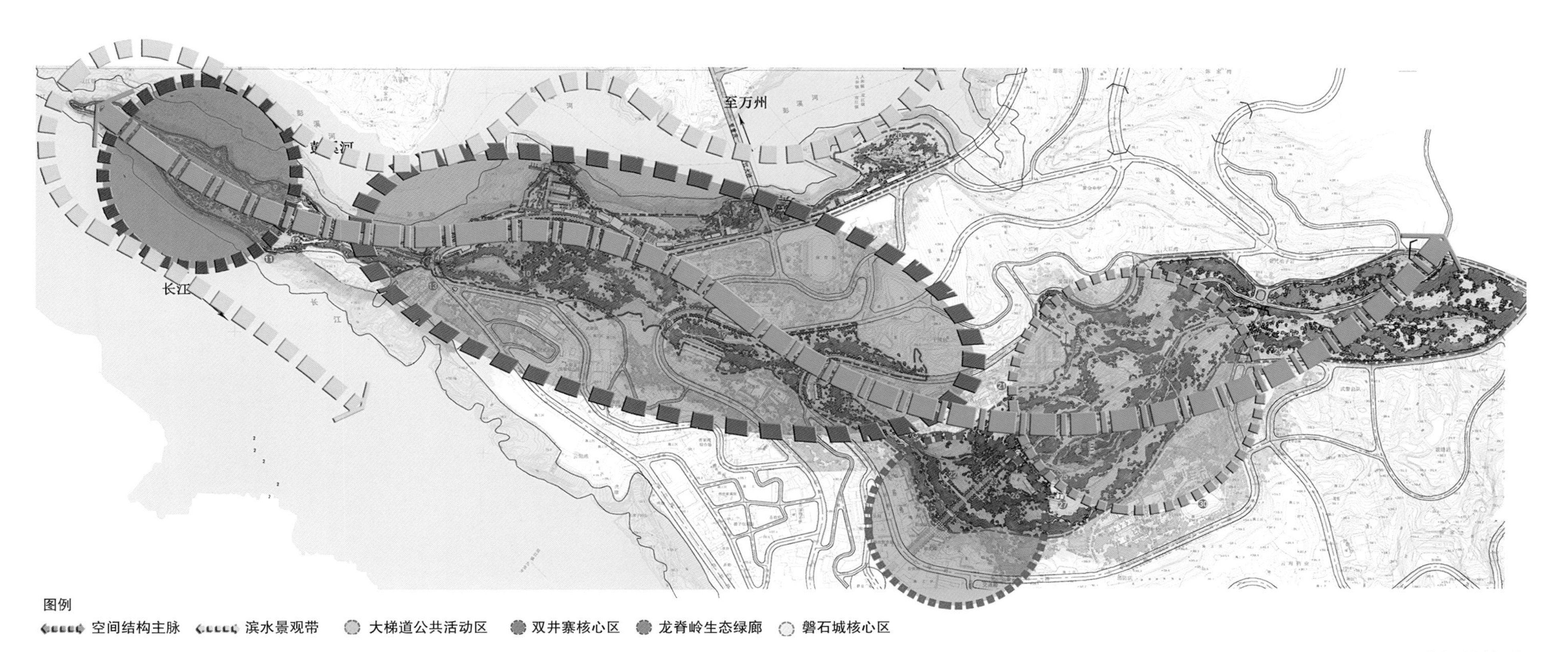


空间结构图

山顶长廊示意图

大梯道节点书画院示意图

# 云阳县城北部新区详细城市设计

*Detailed Urban Design of North New Area in Yunyang, Chongqing*

一、项目背景

城市设计范围位于云阳北部新区苦竹溪至紫金沟组团。城市设计范围东卧龙脊山脉，西依彭溪河，北临松树包组团，南临干树包组团。区位优势较明显，南面与云阳中心城区一山相隔（龙脊山），西面与人和片区隔河相望（彭溪河）；北侧万云高速是云阳城区的重要对外交通干道，东侧的龙脊山脉和盘山城构成城区的绿色核心。区内山水环境保存良好，是云阳县城滨江地带中生态宜居潜力突出的区域。在《重庆市云阳县城市总体规划（2005-2020）》中，北部新区定位为以居住、商业、文化、旅游服务等为主的新型城市综合区。城市设计区域面积6平方公里，由重庆大学规划与设计研究院于2011年担纲完成。

二、设计构思

城市设计方案包括城山相融、城江相融、城网相融、城景相融四个设计策略。其中，城山相融指突出生态保育区，完善区域生态格局，使城市建设与现状地形地貌相契合，塑造绿色生态之城；城江相融指合理利用滨水空间与沿江消落区，缝合被迎宾大道隔断的城区与滨江地带，打造滨水宜居之城；城网相融指完善功能系统与交通网络，完善城市整体功能结构，建设生机繁荣之城；城景相融指彰显山水风貌与人文景观，结合地貌布置景观要素，营建葱郁锦绣之城。

城市设计鸟瞰图

三、空间结构

“一心、两带、三廊、四组团”的规划结构。其中，“一心”指北部新区设置一处城市级副中心；“两带”指滨江景观带（即沿彭溪河形成滨江生态景观及娱乐休闲带）和城市商业带（即结合规划于迎宾大道与创业大道之间的城市生活性干道规划布局各组团商业中心，形成串珠状的商业轴带结构）；“三廊”指苦竹溪生态廊道、双洞子沟生态廊道、紫金沟生态廊道；“四组团”指鸡洞沟居住组团（即城市形象展示及生态住区）、苦竹溪居住组团（即城市商务综合住区）、双洞子组团（即城市行政中心及综合住区）、紫金沟居住组团（即山地商业综合住区）。

四、主要内容

城市设计方案通过绿脉镶城、融合自然，浪滨闲径、市民共享，完善功能、优化交通，台地叠楼、和谐天际四个方面对城市风貌、生态格局、滨江地带、交通流线和天际线进行设计，实现设计目标。

要素一：绿脉镶城，融合自然

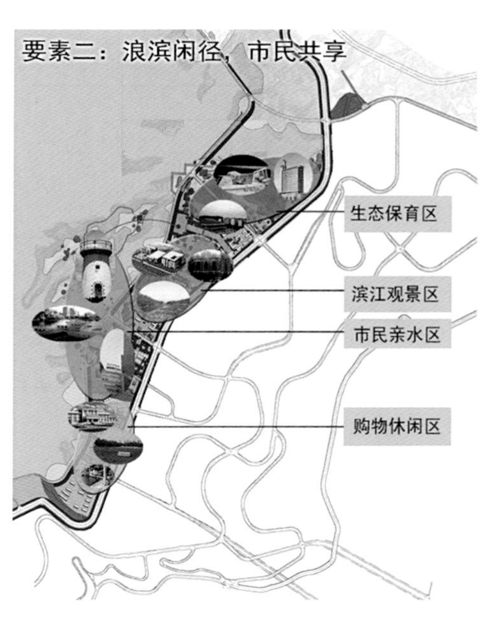


要素二：浪滨闲径，市民共享

要素三：完善功能，优化交通

要素四：台地叠楼，和谐天际

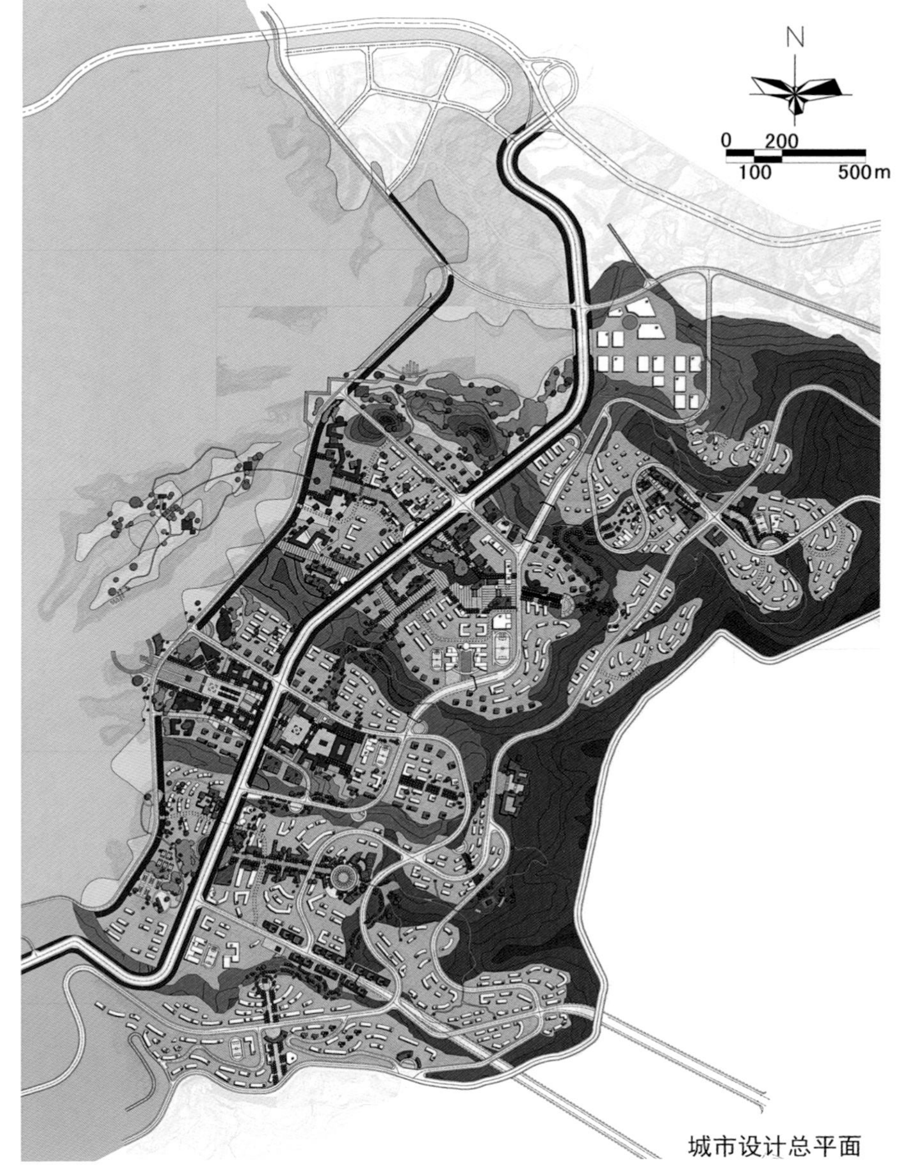


城市设计总平面

# 巫溪县旧城片区详细城市设计

*Detailed Urban Design of the Old City of Wuxi, Chongqing*

一、项目背景

巫溪县城坐落于大宁河畔，四面群山环抱，是全县的政治、经济、文化、旅游中心。县城小巧玲珑，幽静典雅。枕山踏水的自然山水格局，为打造特色的魅力城市提供了条件。城市设计区域面积约1.21平方公里，由重庆市规划设计研究院于2007年担纲完成。

二、设计构思

山水融合、功能植入、系统编织、空间疏导、文化沁润、印象唤起。

三、空间结构

设计方案的空间结构为“两区、一园”。“两区”即指中心商务区、东部新城区，中心商务区包含CBD区域（包括行政办公区、文化娱乐综合区、城

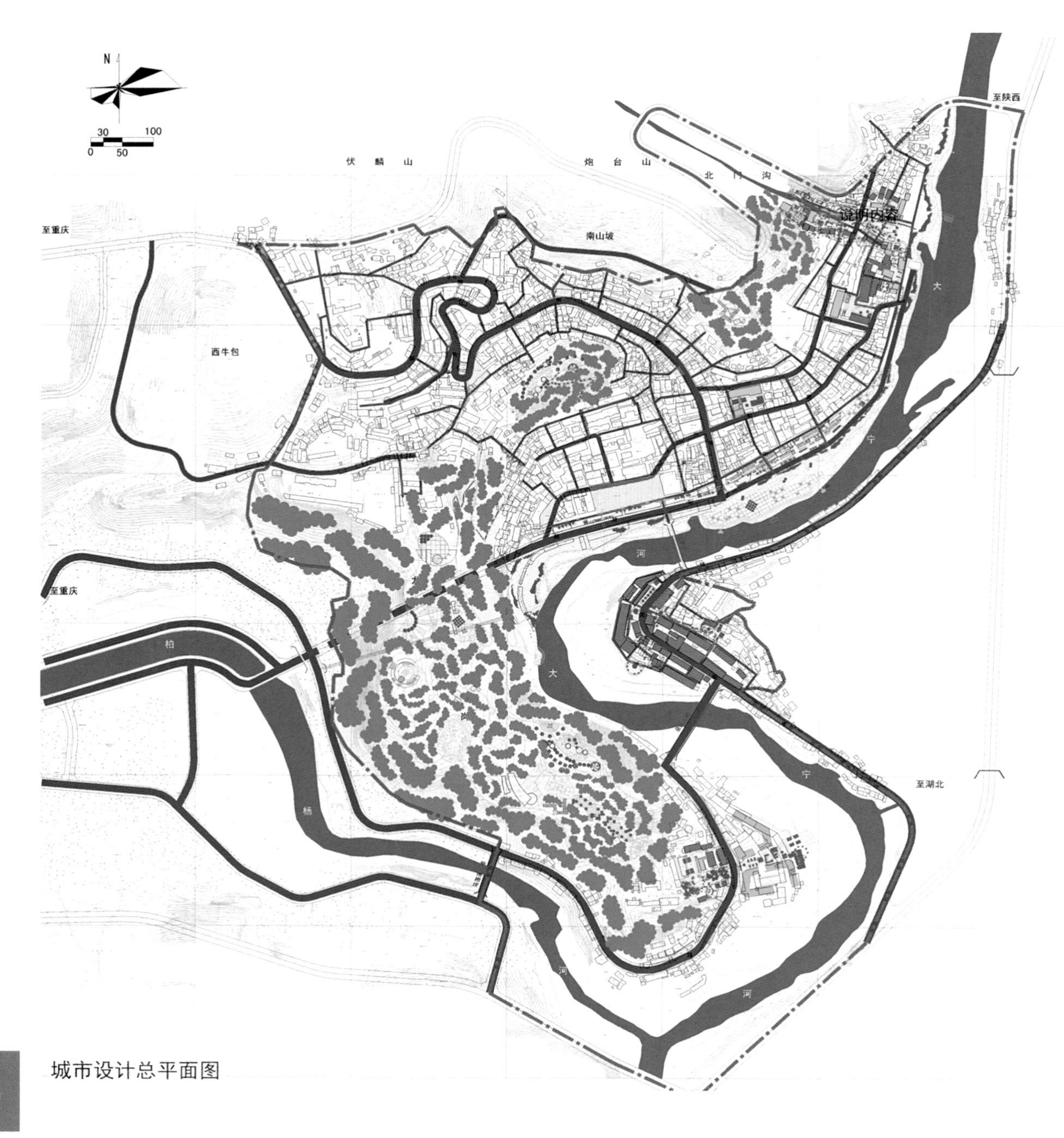


城市设计总平面图

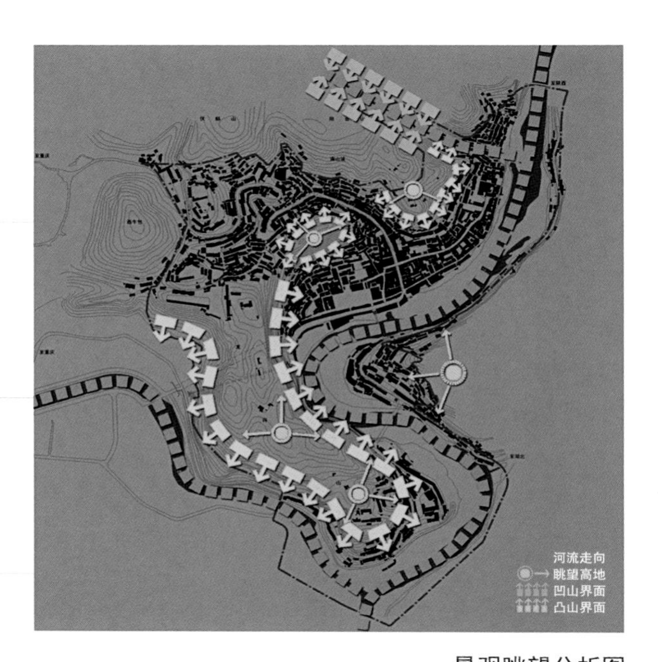


景观眺望分析图

文化要素布局图

市零售中心、商业金融中心、城市综合区）、滨湖休闲区，总部经济、科研教育区三部分；东部新城区分为巴岳谧居、学府雅居、清溪绿源、汽博新寓等四个风貌片区。“一园”即指龙景湖生态汽博公园。

四、主要内容

设计方案包括绿地系统、天际线、眺望系统、人文要素等系统控制内容，同时对七大主要节点提出详细的改造及设计要求。

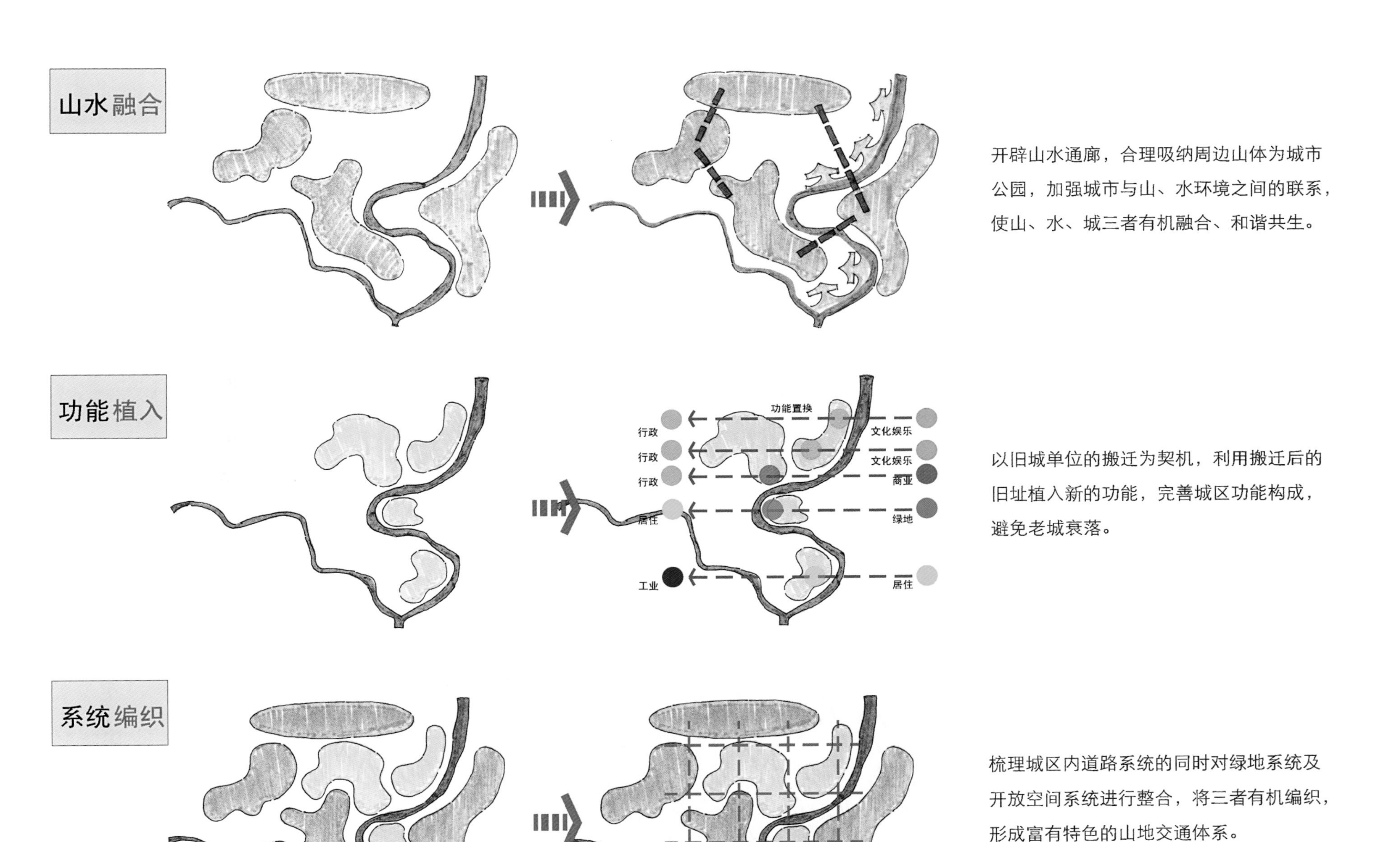


方案构思推演图

# 石柱县火车站片区详细城市设计

*Detailed Urban Design of Railway station Area in Shizhu, Chongqing*

一、项目背景

石柱县位于长江上游地区、重庆市东部，石柱县火车站位于渝利铁路（沪汉蓉）上，是县城对外交通的重要通道。城市设计区域面积约0.66平方公里，由重庆市规划设计研究院于2010年担纲完成。

二、设计构思

设计方案中石柱县火车站片区发展定位为未来的城市门户，火车站服务与配套功能区。方案以人文风情和滨水都市门户为出发点，将片区打造为“人文之区、活力之区、生态之区、休闲之区”。方案构思为“一河抱都·五脉通城”。以龙河侧畔环抱，溪谷通山之势，创造独特山水环境与空间格局，同时有机组织城市功能，以“护山、望水、理脉、筑城”的设计理念创造特色地域空间与地域风情。护山：维护山地环境特色；望水：以龙河为滨，设置山地观景平台；理脉：梳理生态绿脉，保留五条生态绿谷，创造特色景观；筑城：功能、景观、文化、生态有机融合城市空间与环境。

三、空间结构

设计方案将石柱县火车站片区的空间结构定位为“一核、二轴、三园、五区、五脉”。其中五区分别为城市门户区、传统商业街区、生态居住区、通廊

总体鸟瞰图

景观区、休闲公园区。方案还对道路交通结构进行了规划设计，主要结构为两横、两纵、两节点、两疏解。

四、主要内容

设计方案对绿地系统、公共开敞空间、道路交通、城市家具设计、城市装饰设计等方面进行控制。由于方案地处石柱县交通要道，人、车、物流的合理规划就显得尤为重要。本次设计方案对公交流线、长途车流线、出租车流线、社会车辆流线、消防车流线、人行流线、货运流线等进行了详细规划设计，实现了交通上的合理渠化，理论上保障了区域流动的畅通，实现了区域的核心价值与功能。

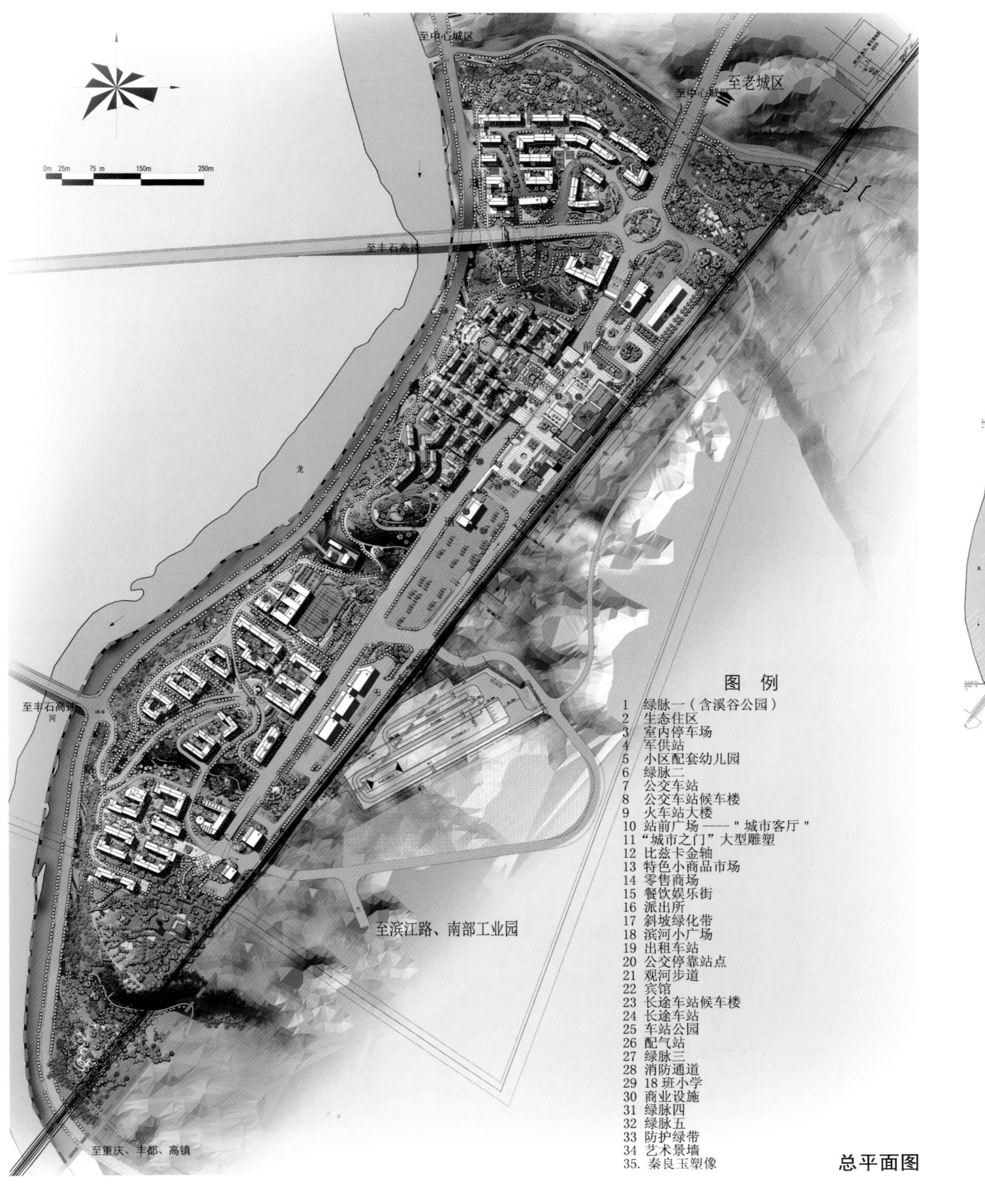

总平面图

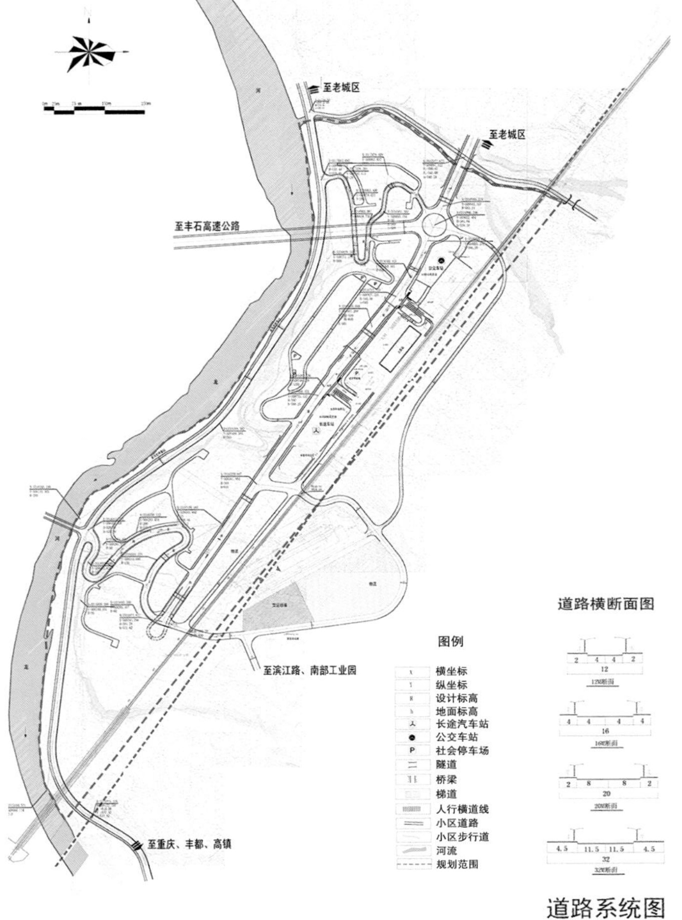

道路系统图

站前片区局部鸟瞰图

在山水之间构建联系，形成“指状结构、三大组团”的空间结构框架体系。

四、主要内容

设计方案将滨江带分为五段，设置两个一级节点（北端的庙嘴节点、南端的绿荫轩节点），以及五个二级节点。通过对节点的分类、岸线分类、交通组织、护堤设计及控制、绿化种植、公共设施布局、建筑风貌等方面进行详细管控，实现滨水地区城市风貌的合理管控。

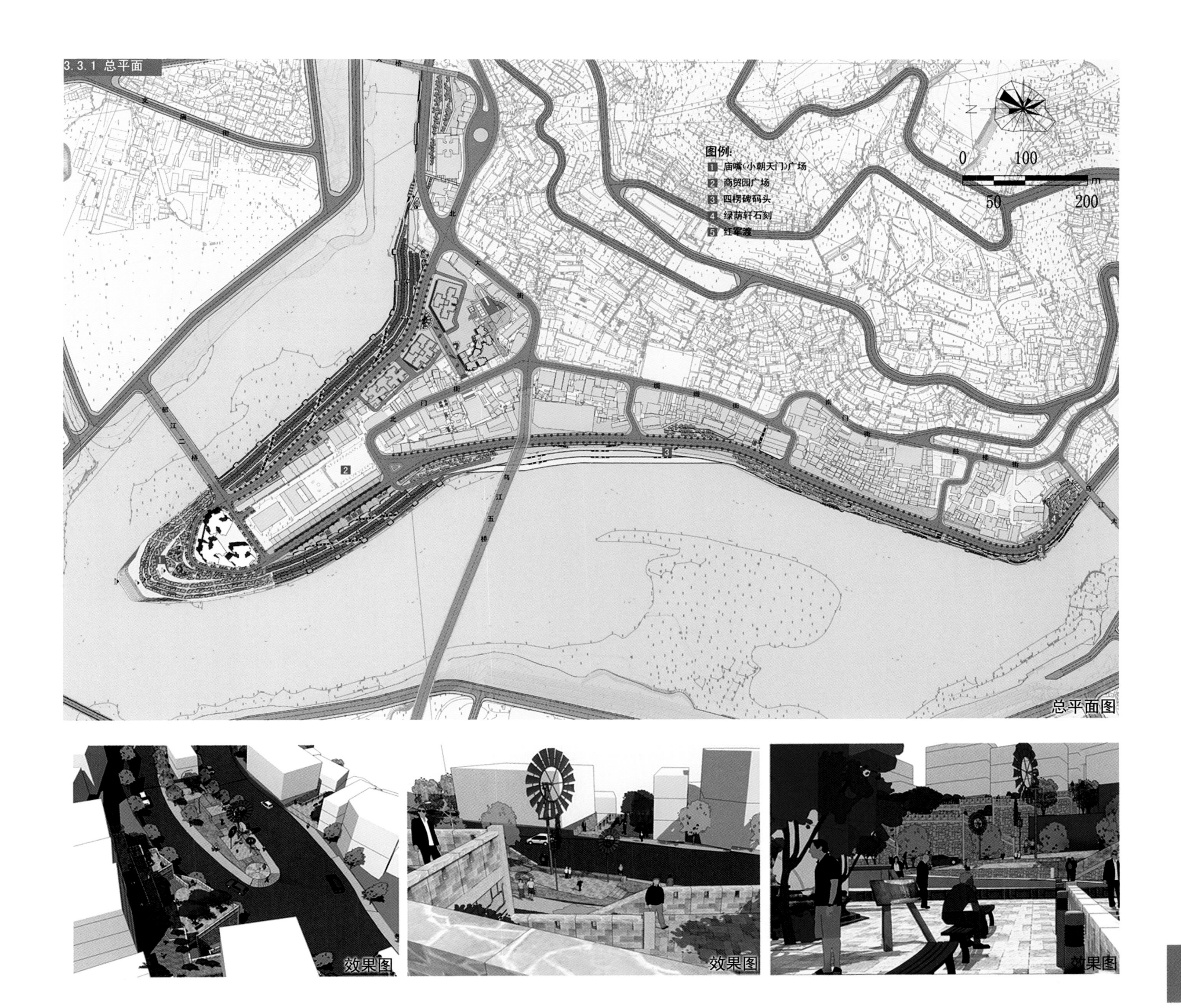

# 区县重要地区规划设计办公室工作手册目录

*Working Manual Contents of Urban Design Office in Important Districts*

一、内部标准化作业表单
（一）区县重要地区规划设计项目推进流程表
（二）区县重要地区规划设计工作流程表
（三）区县重要地区规划设计办公室日常会议安排流程表
（四）项目召开评审会议确认函
（五）方案征集工作推进预控表
（六）区县重要地区规划设计项目测绘任务书通知单
（七）区县重要地区规划设计项目推进一览表
（八）征集文件的流程
（九）某项目方案征集报名预选表
（十）XX城市设计方案征集入围通知/项目说明会通知
（十一）重庆市规划局关于XX设计方案征集单位遴选结果的复函（挂局外网）
（十二）重庆市规划局关于XX设计方案征集评审结果的通知（挂局外网）
（十三）重庆市XX城市设计方案征集项目发布会议程
（十四）城市设计项目征集评选会会议议程
（十五）方案征集评审会签到单
（十六）城市设计方案征集评审量化评分表
（十七）方案征集专家意见表
（十八）方案征集评审结果
（十九）重庆市规划局区县重要地区规划设计成果审核程序
（二十）日常会议记录单
（二十一）区县重要地区规划设计项目专家意见表
二、专家联系方式
三、2013 年首席规划师名单及联系方式
四、参与区县重要地区规划设计编制单位情况
五、规划文件汇总
六、内部管理执行文件
（一）规划设计工作议事规则
（二）重庆市规划局区县重要地区规划设计计费实施细则
（三）区县重要地区规划设计编制单位招标评审办法
（四）重庆市规划局区县重要地区规划设计成果审核程序
（五）专职技术人员任职与日常工作要求
（六）区县重要地区规划设计办公室某项目付费情况表
七、区县重要地区规划设计办公室工作开展背景
八、“十一五”期间工作开展情况（第一阶段）
九、“十二五”期间工作开展情况（第二阶段）
十、“十一五”、“十二五”期间工作开展成效及市领导批示
十一、市领导关于区县重要地区规划设计的批示文件

# 重庆市区县重要地区规划设计编制单位征集办法

Collection Methods for Urban Design Institute in Important Districts, Chongqing

第一条（目的依据）为规范区县重要地区规划设计编制单位征集工作，公开选择优秀的规划设计编制单位，根据《重庆市城乡规划条例》等有关法律法规，结合实际，制定本办法。

第二条（适用范围）本办法适用于列入了市政府要求市规划局组织编制的区县重要地区规划设计项目的公开征集组织工作。

第三条（征集原则）规划编制单位的征集遵循公平、公正、科学、择优的原则，在报名参加征集的国内外优秀规划、建筑设计单位中选择。

第四条（组织机构）依据重庆市人民政府对《重庆市规划局关于开展我市重要地区规划设计工作的请示》（渝规文［2004］60号）、《重庆市规划局关于报送2006年区县重要地区规划设计工作总结的报告》（渝规文［2007］27号）等批示文件，市规划局成立区县重要地区规划设计工作领导小组。下设重庆市规划局区县重要地区规划设计工作领导小组办公室（以下简称征集办）承担具体组织工作。

第五条（征集程序）规划编制单位的征集分为初步遴选和确定签约两个阶段。初步遴选指从报名单位中遴选3～5家参加项目建议书的编制；确定签约指通过专家对项目建议书的评审确定签约单位。

第六条（征集文件与公布）开展规划编制单位征集工作时，应当拟定征集文件并发布到市规划局网站。征集文件应当包括项目背景、主办单位、征集内容与要求、征集程序以及奖励、保密要求等内容。

第七条（入围单位遴选程序）领导小组成员单位通过召开遴选会议，对报名单位进行遴选，以参会人员记名投票方式遴选确定入围单位名单。入围单位一般不超过五家。入围单位名单在市规划局网站上公布。

第八条（遴选基本条件和一般规则）对入围单位的遴选应综合考虑参加单位的资质、项目负责人的适合度、项目组专业人员构成、对规划设计成果后期服务的承诺，同时参考参加单位在以往征集活动中的参与情况和表现情况、已完成其他规划设计成果的质量和诚信情况、区县规划部门对其在本区县规划项目的服务情况评价及类似项目的业绩等。

第九条（项目说明会）征集办会同规划设计任务所涉及区县的城乡规划主管部门组织入围单位参加项目说明会、踏勘现场、交流本次规划设计项目建议书制作的相关问题。

第十条（项目建议书的提交）入围单位在规定时限内完成并提交项目建议书。项目建议书等资料中应匿名，不能出现有关本编制单位的信息。

第十一条（评审委员会）征集办负责组织项目建议书评审专家委员会，对每一次征集的各入围单位提交的项目建议书进行匿名评审。评审委员会成员由城市规划、城市设计、建筑设计、交通市政规划以及规划管理等方面的3～7位专家组成。参加项目建议书编制的单位的人员和项目组成员及其亲属不得担任评审委员会成员。市规划局和相关区县城乡规划主管部门的人员不作为评审委员会成员。评审委员会成员名单在评审会前保密。

第十二条（评审专家的资格）参加规划设计方案征集评审的专家在下列人员中选择：具备丰富城市设计实践经验的技术类专家，从事相关设计工作经历在10年以上，具备高级工程师及以上职称；长期从事城市规划管理的副处级及以上公务员；重庆市政府的顾问专家（拥有市政府颁发的聘书）；区县首席规划师。参加评审的专家应当作风正派，无不良记录。

第十三条（对评审过程的监督）市规划局纪检监察部门负责对遴选和评审全过程进行监督。

第十四条（评审会程序及规则）项目建议书评审按照查看项目建议书相关资料，打分、统计分数、确定首选签约单位排序的程序进行。项目建议书的编制单位信息在评审前和评审过程中，征集结果揭晓前应保密。

评审委员会成员采用记名投票方式确定各个项目建议书的排名顺序。排序第一的计5分，排序第二的计4分，排序第三的计3分，其余依此类推。评审委员会成员的排序评分表由市规划局工作人员现场汇总。

在汇总前，征集办应对专家的评分表进行校核。有下列情况之一的，应提请评审委员会商议，商议后可要求该专家重新评分：

（一）未按排序规定的分值给分的；

（二）给两家及以上单位相同分数的。

汇总后得分最高的项目建议书为第一名，该项目建议书的编制单位即作为该城市设计项目的首选签约单位。评审结果由局纪检监察部门监督人员现场签字存档。

两个或两个以上项目建议书总分相同的，应就得分相同的方案重新进行投票。

第十五条（征集无效的情形）参加项目建议书征集的规划设计编制单位均未提供符合要求的项目建议书，评审委员会可以建议方案征集无效；评审委员会发现项目建议书有明显的违反规定的情形，评审委员会可以建议该项目建议书无效。征集办应当研究评审委员会的建议。确定项目建议书无效的，应作出书面说明并请评审委员会成员签字确认。其中，确定方案征集无效的，应当重新组织征集。

第十六条（确定签约单位）首选签约单位结果应在重庆市规划局网站公布，并由征集办与首选签约单位商谈合同事项。若该单位放弃签订合同，征集办按排序另行确定签约单位。

第十七条（施行时间）本办法自发布之日起施行。《区县重要地区规划设计单位招标评审办法》（渝规发［2008］50号）同时废止。

# 《奉节县总体城市设计》、《奉节县西部新区火车站组团详细城市设计》方案征集文件（示例）

重庆市规划局

2015年10月

一、项目背景

奉节县位于长江上游地区、重庆东北部，长江三峡库区腹心，是渝东北地区的门户。奉节县东邻巫山县，南界湖北省恩施市，西连云阳县，北接巫溪县，辖区面积4087平方公里。

为进一步提升奉节县城市品质，改善城市形象和人居环境，拟在国内选择优秀规划设计单位承担奉节县城市设计方案的编制，特举办《奉节县总体城市设计》、《奉节县西部新区火车站组团详细城市设计》方案征集活动。

二、主办单位：重庆市规划局

三、征集程序

（一）第一阶段（报名预选）

1. 报名时间：自公告之日起至2015年11月2日16:00前。

2. 报名条件：凡符合以下条件之一者均可报名：

（1）具有城市规划编制甲级资质的单位；

（2）具有建筑设计甲级资质的单位。

3. 报名方式：本次征集不接受网上邮件报名。报名材料应通过邮政专递寄送（以邮件到达时间为准，过期送达视为报名无效）或派专人直接送达，名称统一为“XXX 院／公司奉节县总体城市设计、奉节县西部新区火车站组团详细城市设计征集报名—2015”。

4. 报名材料：

包括加盖单位公章的纸质文本报名材料及对应电子文档资料（介质为光盘，内容为不超过10页的Powerpoint文件）。具体所需内容如下：

（1）设计单位简介（明确联系人及联系电话）；

（2）设计资质证书及营业执照的复印件；

（3）法定代表人身份证复印件；

（4）法人代表授权委托书及委托人身份证复印件；

（5）参加城市设计方案征集活动志愿书（附件1）；

（6）资信文件，内容包括：

① 城市设计方案负责人的详细情况，姓名、年龄、学历及专业、职称、近两年主持的类似城市设计方案业绩、获奖情况及有关图片、联系电话等（请严格按照附件2填写）。

② 城市设计方案组的构成；

5. 审查预选：我局将对报名单位提交的报名材料进行综合审查，按照有关程序选取5家编制机构作为城市设计方案征集的入围单位。

（二）第二阶段

我局将在2015年11月30日后对入围的5家设计单位发出书面邀请，并组织城市设计方案说明会、现场踏勘、提供统一的基础资料。城市设计方案建议书编制时间从现场踏勘之日第二天算起，25日内提交。重庆市内设计单位可将城市设计方案建议书直接送至市规划局；市外设计单位也可通过邮政特快专递按时送达。

入围单位接受我局邀请后，请按时递交符合要求的城市设计方案建议书，避免被列入不诚信单位名单。

四、征集结果及酬劳

（一）我局将按照相关程序组织评审委员会，对报送的城市设计方案建议书进行评分排序，优先选择得分最高的设计单位作为规划编制首选签约单位。若得分最高的设计单位放弃签约，则由得分第二的设计单位递补，依此类推。

（二）签约设计费用总价193万元人民币。签约单位不再奖励城市设计方案建议书编制或其他费用。签约费用包含专家咨询及现场调研等费用。

（三）其他提交了符合条件的城市设计方案建议书的设计单位，按得分高低依次付给酬金人民币5万元、4万元、3万元、3万元。

（四）我局在收到设计单位的正式发票后两周内支付酬金。设计单位所获酬金的税金自理。

五、成果要求

（一）城市设计方案建议书要求

1. 城市设计方案建议书应能够清晰表达主要规划设计理念、规划控制要素和控制要求，包括纸质的文字说明和图纸，Powerpoint汇报文件。

2. 城市设计方案建议书格式要求：

（1）技术文件单独装订成册（A3双面打印，软质封面包装，一式八份）。

文件内容应紧密围绕城市设计方案本身，突出重点，简明扼要，理念和要素及意图的表达清楚明白。

（2）Powerpoint汇报文件为自动及手动播放格式各一份，自动播放格式文件应配有解说配音，时间控制在8分钟以内。

3. 城市设计方案建议书有下列情况之一的将被视为无效：

（1）提交的技术文件和Powerpoint汇报文件出现标明设计单位和人员名称的文字或标志的；

（2）提交的技术文件不符合本文件规定的内容和格式要求的；

（3）逾期送达的；

（4）图纸和文字辨认不清、内容不全的；

（5）将设计任务转包其他单位或被发现与其他单位合作的。

（二）总体城市设计及详细城市设计成果要求见附件3

六、附则

（一）本次征集活动的作品使用权归主办单位所有。主办单位有权毫无保留地自由利用设计单位提供的城市设计方案，可以通过传播媒介、专业杂志、书刊或其他形式介绍、展示或评介征集到的城市设计方案。

（二）所有参加单位提交的技术文件在评审后不退回。

（三）本次征集活动的解释权归主办单位重庆市规划局。

# 项目一览表

*Project Checklist*

## 总体城市设计项目名录

| 序号 | 项目名称 | 编制单位 | 完成时间 |
|---|---|---|---|
| 1 | 永川区新城区总体城市设计 | 重庆市规划设计研究院 | 2007 |
| 2 | 黔江区正阳组团总体城市设计 | 重庆市规划设计研究院 | 2008 |
| 3 | 铜梁县城总体城市设计 | 中国城市规划设计研究院 | 2008 |
| 4 | 忠县独珠组团总体城市设计 | 广州市科城规划勘测技术有限公司/重庆仁豪城市规划设计有限公司 | 2009 |
| 5 | 潼南县城总体城市设计 | 重庆市设计院 | 2010 |
| 6 | 彭水县主城区总体城市设计 | 重庆大学城市规划与设计研究院 | 2010 |
| 7 | 城口县城总体城市设计 | 北京清华城市规划设计研究院 | 2010 |
| 8 | 黔江区总体城市设计 | 哈尔滨工业大学深圳研究生院 | 2010 |
| 9 | 垫江县高峰镇总体城市设计 | 重庆仁豪城市规划设计有限公司 | 2010 |
| 10 | 南川区总体城市设计 | 中外建工程设计与顾问有限公司 | 2011 |
| 11 | 荣昌县城总体城市设计 | 广州市城市规划勘测设计研究院 | 2011 |
| 12 | 綦江区东部新城片区总体城市设计 | 北京世纪千府国际工程有限公司 | 2012 |
| 13 | 石柱县黄水镇总体城市设计 | 上海红东规划建筑设计有限公司 | 2012 |
| 14 | 石柱县总体城市设计 | 重庆市规划设计研究院 | 2015 |
| 15 | 合川区中心城区总体城市设计 | 林同棪国际工程（中国）咨询有限公司 | 2016 |
| 16 | 开县县城中心城区（汉丰湖区域）总体城市设计 | 重庆博建建筑规划设计有限公司 | 2016 |
| 17 | 丰都县总体城市设计 | 北京世纪千府国际工程设计有限公司 | 2016 |
| 18 | 酉阳县中心城区总体城市设计 | 深圳市城市空间规划建筑设计有限公司 | 2016 |
| 19 | 梁平区总体城市设计 | 中机中联工程有限公司 | 2017 |
| 20 | 秀山县总体城市设计 | 北京中海华艺城市规划设计有限公司 | 2017 |
| 21 | 黔江区老城区组团总体城市设计 | 浙江大学城乡规划设计研究院有限公司 | 2017 |
| 22 | 铜梁区总体城市设计 | 重庆大学规划设计研究院有限公司 | 2017 |
| 23 | 巫溪县城总体城市设计 | 深圳市城市规划设计研究院有限公司 | 2017 |
| 24 | 江津区中心城区总体城市设计 | 重庆市规划院设计研究院 | 2017 |
| 25 | 潼南区总体城市设计 | 上海同济城市规划设计研究院 | 2017 |
| 26 | 云阳县总体城市设计 | 重庆热地建筑规划设计有限责任公司 | 2017 |
| 27 | 奉节县总体城市设计 | 重庆仁豪城市规划设计有限公司 | 2017 |
| 28 | 綦江区一河两岸总体城市设计 | 广州市城市规划勘测设计研究院 | 2017 |
| 29 | 垫江县工农路以西片区总体城市设计 | 重庆何方城市规划设计有限公司 | 2017 |
| 30 | 万盛经开区中心城区总体城市设计 | 重庆市规划设计研究院 | 2017 |

## 详细城市设计项目名录

| 序号 | 项目名称 | 编制单位 | 完成时间 |
|---|---|---|---|
| 1 | 武隆县仙女山组团详细城市设计 | 重庆市规划设计研究院 | 2006 |
| 2 | 永川区新城区石松大道片区详细城市设计 | 重庆市规划设计研究院 | 2007 |
| 3 | 合川区东渡片区详细城市设计 | 重庆市规划设计研究院 | 2007 |
| 4 | 巫溪县旧城片区详细城市设计 | 重庆市规划设计研究院 | 2007 |
| 5 | 黔江区正阳组团中心区详细城市设计 | 重庆市规划设计研究院 | 2007 |

续表

## 详细城市设计项目名录

| 序号 | 项目名称 | 编制单位 | 完成时间 |
|---|---|---|---|
| 6 | 铜梁县新城中心区详细城市设计 | 重庆都会城市规划设计研究院 | 2007 |
| 7 | 荣昌县城迎宾大道片区详细城市设计 | 中国城市规划设计研究院 | 2007 |
| 8 | 石柱县鲤塘坝新区详细城市设计 | 中国城市规划设计研究院 | 2007 |
| 9 | 荣昌县濑溪河西区详细城市设计 | 中国城市规划设计研究院 | 2007 |
| 10 | 璧山县大路镇渝遂高速路入口片区城市设计 | 深圳市城市规划设计研究院 | 2007 |
| 11 | 梁平县安宁片区详细城市设计 | 中国城市规划设计研究院 | 2007 |
| 12 | 綦江区通惠新区详细城市设计 | 重庆大学城市规划与设计研究院 | 2008 |
| 13 | 丰都县名山组团中心片区详细城市设计 | 重庆大学城市规划与设计研究院 | 2008 |
| 14 | 开县汉丰湖滨水区详细城市设计 | 重庆大学城市规划与设计研究院 | 2008 |
| 15 | 云阳县龙脊岭生态文化长廊详细城市设计 | 海南雅克城市规划设计有限公司/重庆仁豪城市规划设计有限公司 | 2008 |
| 16 | 大足县龙岗组团中心区详细城市设计 | 深圳市城市规划设计研究院 | 2008 |
| 17 | 巫溪县新城滨水区详细城市设计 | 重庆市规划设计研究院 | 2008 |
| 18 | 秀山县滨河路地区详细城市设计 | 重庆市规划设计研究院 | 2008 |
| 19 | 潼南县城市入口片区详细城市设计 | 重庆博建建筑规划设计有限公司/重庆日清城市景观设计有限公司 | 2009 |
| 20 | 潼南县滨江片区详细城市设计 | 重庆博建建筑规划设计有限公司/重庆日清城市景观设计有限公司 | 2009 |
| 21 | 垫江县行政中心北区详细城市设计 | 海南雅克城市规划设计有限公司/重庆仁豪城市规划设计有限公司 | 2009 |
| 22 | 璧山县璧南河景观整治详细城市设计 | 重庆仁杰园林景观设计工程有限公司 | 2009 |
| 23 | 潼南县城市滨水空间详细城市设计 | 易道（上海）环境规划设计有限公司 | 2009 |
| 24 | 永川区G标准分区详细城市设计 | 广州市科城规划勘测技术有限公司 | 2009 |
| 25 | 酉阳县渤海组团详细城市设计 | 夏邦杰建筑设计咨询（上海）有限公司/上海三益建筑设计有限公司 | 2009 |
| 26 | 永川区H标准分区详细城市设计 | 新加坡雅莱恩建筑规划设计公司/重庆市规划设计研究院 | 2009 |
| 27 | 彭水县滨水重点片区详细城市设计 | 重庆大学城市规划与设计研究院 | 2009 |
| 28 | 垫江县迎宾大道片区详细城市设计 | 中国城市规划设计研究院 | 2010 |
| 29 | 城口县城重点片区详细城市设计 | 北京清华城市规划设计研究院 | 2010 |
| 30 | 梁平县双桂湖公园详细城市设计 | 重庆市九禾园林景观设计工程有限公司 | 2010 |
| 31 | 万盛区中心组团东林片区详细城市设计 | 重庆市规划设计研究院 | 2010 |
| 32 | 石柱县火车站片区详细城市设计 | 重庆市规划设计研究院 | 2010 |
| 33 | 大足县双桥区北部片区详细城市设计 | 重庆市设计院 | 2010 |
| 34 | 铜梁县白土坝片区详细城市设计 | 中国城市规划设计研究院 | 2010 |
| 35 | 南川区核心区详细城市设计 | 中外建工程设计与顾问有限公司 | 2010 |
| 36 | 大足县龙岗组团中心南区详细城市设计 | 广州市科城规划勘测技术有限公司/重庆仁豪城市规划设计有限公司 | 2010 |
| 37 | 梁平县双桂湖片区详细城市设计 | 北京世纪千府国际工程设计有限公司与重庆仁豪城市规划设计有限公司 | 2010 |
| 38 | 黔江区重点地区详细城市设计 | 哈尔滨工业大学深圳研究生院 | 2010 |
| 39 | 云阳县城北部新区详细城市设计 | 重庆大学规划与设计研究院 | 2011 |
| 40 | 荣昌县黄金坡组团详细城市设计 | 深圳市城市空间规划建筑设计有限公司 | 2011 |
| 41 | 武隆县城中堆坝片区详细城市设计 | 重庆市规划设计研究院/重庆雅凯斯凯建筑设计有限公司 | 2011 |
| 42 | 垫江县城桂西大道三期片区详细城市设计 | 中煤科工集团重庆设计研究院 | 2011 |
| 43 | 城口县北环路片区详细城市设计 | 重庆大学建筑设计研究院 | 2011 |
| 44 | 城口县花坪片区详细城市设计 | 重庆大学建筑设计研究院 | 2011 |
| 45 | 长寿区北部片区详细城市设计 | 重庆市规划设计研究院 | 2011 |
| 46 | 石柱县冷水镇详细城市设计 | 上海红东规划建筑设计有限公司 | 2011 |

续表

## 详细城市设计项目名录

| 序号 | 项目名称 | 编制单位 | 完成时间 |
| --- | --- | --- | --- |
| 47 | 石柱县枫木乡详细城市设计 | 上海红东规划建筑设计有限公司 | 2011 |
| 48 | 丰都区火车站片区详细城市设计 | 重庆仁豪城市规划设计有限公司 | 2012 |
| 49 | 长寿区凤西片区详细城市设计 | 重庆市规划院设计研究院 | 2012 |
| 50 | 忠县母家坝教育城片区详细城市设计 | 重庆市设计院 | 2012 |
| 51 | 璧山县来凤片区详细城市设计 | 深圳市城市空间规划建筑设计有限公司 | 2012 |
| 52 | 石柱县站前大道详细城市设计 | 北京世纪千府国际工程设计有限公司 | 2012 |
| 53 | 石柱县甄子坪片区详细城市设计 | 北京世纪千府国际工程设计有限公司 | 2012 |
| 54 | 巫山县早阳组团详细城市设计 | 浙江大学城乡规划设计研究院有限公司 | 2013 |
| 55 | 南川区花山片区详细城市设计 | 深圳市华阳国际工程设计有限公司 | 2013 |
| 56 | 江津区双福新区核心区详细城市设计 | 美国ASA景观规划与城市设计集团 | 2013 |
| 57 | 南川区龙岩河片区详细城市设计 | 浙江大学城乡规划设计研究院有限公司 | 2015 |
| 58 | 璧山区丁家片区详细城市设计 | 重庆市规划院设计研究院 | 2015 |
| 59 | 开县盛山片区详细城市设计 | 重庆博建建筑规划设计有限公司 | 2016 |
| 60 | 酉阳县小坝组团桃花源互通片区详细城市设计 | 深圳市城市空间规划建筑设计有限公司 | 2016 |
| 61 | 酉阳县钟多组团城北新区详细城市设计 | 深圳市城市空间规划建筑设计有限公司 | 2016 |
| 62 | 合川区东津沱片区详细城市设计 | 林同棪国际工程（中国）咨询有限公司 | 2016 |
| 63 | 梁平区云龙镇详细城市设计 | 中机中联工程有限公司 | 2017 |
| 64 | 彭水县旧城江东片区详细城市设计 | 重庆市规划院设计研究院 | 2017 |
| 65 | 秀山县环南市场至雷家河片区详细城市设计 | 北京中海华艺城市规划设计有限公司 | 2017 |
| 66 | 秀山县黄杨大道南段及锦江路南侧片区详细城市设计 | 北京中海华艺城市规划设计有限公司 | 2017 |
| 67 | 秀山县平凯片区详细城市设计 | 北京中海华艺城市规划设计有限公司 | 2017 |
| 68 | 永川区凤凰湖东侧拓展区详细城市设计 | 中机中联工程有限公司 | 2017 |
| 69 | 永川区麻柳河片区详细城市设计 | 中机中联工程有限公司 | 2017 |
| 70 | 黔江区舟白组团北部片区详细城市设计 | 浙江大学城乡规划设计研究院有限公司 | 2017 |
| 71 | 黔江区零换乘枢纽片区详细城市设计 | 浙江大学城乡规划设计研究院有限公司 | 2017 |
| 72 | 黔江区舟白组团茶山片区详细城市设计 | 浙江大学城乡规划设计研究院有限公司 | 2017 |
| 73 | 铜梁区南城新区详细城市设计 | 江苏省城市规划设计研究院 | 2017 |
| 74 | 大足区龙水新城详细城市设计 | 笛东规划设计（北京）股份有限公司 | 2017 |
| 75 | 巫溪县城马镇坝组团北部片区详细城市设计 | 深圳市城市规划设计研究院有限公司 | 2017 |
| 76 | 巫溪县城王家湾片区详细城市设计 | 深圳市城市规划设计研究院有限公司 | 2017 |
| 77 | 巫溪县城赵家坝组团北部片区详细城市设计 | 深圳市城市规划设计研究院有限公司 | 2017 |
| 78 | 江津区支坪组团核心区详细城市设计 | 重庆博建建筑规划设计有限公司 | 2017 |
| 79 | 江津区珞璜组团马宗片区详细城市设计 | 重庆博建建筑规划设计有限公司 | 2017 |
| 80 | 潼南区站前大道西侧片区详细城市设计 | 上海同济城市规划设计研究院 | 2017 |
| 81 | 奉节县西部新区火车站组团详细城市设计 | 重庆仁豪城市规划设计有限公司 | 2017 |
| 82 | 綦江区火车站沿线重点地段详细城市设计 | 广州市城市规划勘测设计研究院 | 2017 |
| 83 | 垫江县明月大道沿线详细城市设计 | 重庆何方城市规划设计有限公司 | 2017 |
| 84 | 涪陵区李渡组团泛CBD区域详细城市设计 | 重庆大学规划设计研究院有限公司 | 2017 |
| 85 | 万盛经开区六井坝片区及孝子河两侧重点地段详细城市设计 | 重庆市规划设计研究院 | 2017 |

# 后 记

《山地城市设计的重庆实践（2006—2016）》编辑工作历时一年半，汇集了众人的心血与汗水。区县重要地区规划设计领导小组办公室为本书的编写提供了相关城市设计的历年电子文档资料，重庆市规划局邱建林副局长对本书的内容框架、成书版式、项目选取等提出了建设性的指导意见，局总规划师余颖和局区县处倪明、杨林，总工办李献忠等同志对本书的编写进行了指导。重庆市规划设计研究院彭瑶玲副院长兼总规划师具体负责本书编辑工作，规划四所董海峰和马希旻两位副所长、康彤曦、郭琼霜、洪霞、贾力以及李晓黎、张妹凝、杨乐等同志齐心协力完成了本书的编辑工作，其中包括制定成书的内容框架、项目选取、内容选取、文稿起草与图文编排以及校核审查、商定出版事宜等。成书期间，编辑小组经常加班加点工作。感谢重庆市规划设计研究院总工办余军、李勇强等多位副总工程师对图文进行的校核审查。感谢康彤曦、郭琼霜、洪霞、贾力等同志在浩繁的项目遴选和图文选取编排等方面付出的辛勤劳动。

在本书编写过程中，我们还举办了两次领导专家座谈会，邀请了20多位曾经参与重庆区县城市设计管理工作的领导，以及参与城市设计方案审查的资深专家，共同回顾工作历程、座谈交流感想，使我们对重庆区县城市设计的缘起、目的意义、开展过程、创新特色、机制建设等有了更加全面的认识了解。我们还有幸请到了重庆大学黄天其教授，就山地城市设计做了专题学术讲座。为了准备此次讲座，年过八旬的老教授熬夜制作幻灯片，做了近4个小时的精彩演讲，使聆听者受益匪浅。领导和专家们的许多真知灼见、宝贵意见和建议我们已充分吸取并纳入到本书的内容之中。在此，我们对关心支持本书编辑工作的各位领导、专家，以及其他对本书作出贡献的同志，致以衷心的感谢！

借此机会，还要特别感谢十年来对区县城市设计工作给予关心支持的局领导、相关处室同志！感谢长期参加方案指导和评审的各位专家！感谢积极参加方案征集及城市设计编制工作的各家设计机构！感谢各区县政府、规划主管部门对我们工作的支持与配合！

时光荏苒，岁月如梭，随着对城市设计重要作用认识的提升，重庆山地城市设计的探索正如火如荼，区县城市设计工作也将在新的基础上继续深入开展，让我们一起期待下一个十年！

编者

2018年2月

图书在版编目（CIP）数据

山地城市设计的重庆实践（2006—2016）／重庆市规划设计研究院编著．—北京：中国建筑工业出版社，2017.12
ISBN 978-7-112-21704-5

Ⅰ．①山… Ⅱ．①重… Ⅲ．①山区城市－城市规划－建筑设计－重庆－2006－2016 Ⅳ．①TU984.271.9

中国版本图书馆CIP数据核字（2017）第317869号

责任编辑：易　娜
责任校对：王　烨

山地城市设计的重庆实践（2006—2016）
重庆市规划设计研究院　编著
*
中国建筑工业出版社出版、发行（北京海淀三里河路9号）
各地新华书店、建筑书店经销
北京锋尚制版有限公司制版
北京富诚彩色印刷有限公司印刷
*
开本：889×1194毫米　1/12　印张：14　字数：434千字
2019年1月第一版　2019年1月第一次印刷
定价：218.00元
ISBN 978－7－112－21704－5
（31548）